国家公园规划研究与实践

朱彦鹏　付梦娣　李俊生　房　志　等 编著

中国环境出版集团・北京

图书在版编目（CIP）数据

国家公园规划研究与实践/朱彦鹏等编著. —北京：中国环境出版集团，2020.12

ISBN 978-7-5111-4536-9

Ⅰ. ①国… Ⅱ. ①朱… Ⅲ. ①国家公园—规划—研究 Ⅳ. ①S759.9

中国版本图书馆 CIP 数据核字（2020）第 251390 号

审图号：GS（2021）952 号

出 版 人　武德凯
责任编辑　李兰兰
责任校对　任　丽
封面设计　宋　瑞

出版发行　中国环境出版集团
（100062　北京市东城区广渠门内大街 16 号）
网　　址：http: //www.cesp.com.cn
电子邮箱：bjgl@cesp.com.cn
联系电话：010-67112765（编辑管理部）
010-67112735（第一分社）
发行热线：010-67125803，010-67113405（传真）

印　　刷　北京中科印刷有限公司
经　　销　各地新华书店
版　　次　2020 年 12 月第 1 版
印　　次　2020 年 12 月第 1 次印刷
开　　本　787×1092　1/16
印　　张　14
字　　数　300 千字
定　　价　112.00 元

《国家公园规划研究与实践》

编著者名单

朱彦鹏　付梦娣　李俊生　房　志

李博炎　任月恒　刘伟玮　李　爽

彭　涛　吕凤春　蔡　谡

前　言

自然保护地是我国实施生态安全保护战略的基础，是建设生态文明的核心载体、美丽中国的重要象征。建立以国家公园为主体的自然保护地体系，是贯彻习近平生态文明思想的重大举措，是党的十九大提出的重大改革任务。2013年11月，党的十八届三中全会提出要“严格按照主体功能区定位推动发展，建立国家公园体制”，由此拉开了中国国家公园建设的序幕。2015年1月，国家发展改革委等13部门联合印发了《建立国家公园体制试点方案》，确定在青海等省份开展建立国家公园体制试点，我国国家公园体制建设全面进入试点阶段。2017年9月，中共中央办公厅、国务院办公厅印发《建立国家公园体制总体方案》，明确了建立国家公园体制的目标和要求。2017年10月，党的十九大报告指出要“构建国土空间开发保护制度，完善主体功能区配套政策，建立以国家公园为主体的自然保护地体系”。2019年6月，中共中央办公厅、国务院办公厅印发《关于建立以国家公园为主体的自然保护地体系的指导意见》，明确了自然保护地规划作为国土空间专项规划的基本定位，提出要“落实国家发展规划提出的国土空间开发保护要求，依据国土空间规划，编制自然保护地规划”，自然保护地事业进入全面深化改革的新阶段。

国家公园规划是通过确定国家公园保护与发展目标，制定实现该目标的途径、步骤和行动纲领，实现自然资源科学保护和合理利用的纲领性文件。目前，各国家公园体制试点区的总体规划已陆续通过审批并发布、实施，在缺少上位法规授权和相关技术规程支撑的情况下，各试点区对规划编制内容和编制体例进行了探索；相关研究初步建立了国家公园总体规划基本框架和技术指南。但不同层面的探索和研究进展显示出国家公园规划的内容构成、技术路线和制度体系尚不完善。本书重点梳理了国内外现行国家公园及其他自然保护地规划体系，并分析了存在的问题，在此基础上对我国国家公园规划的目的与意义、理论与方法、层级与内容、审批与实施等提出了具体建议，并以三江源国家公园等为研究对象，进行了规划实践。

本书由朱彦鹏、付梦娣、李俊生负责大纲制订和内容安排，第 1 章、第 2 章和第 5 章由李爽、朱彦鹏、彭涛撰写，第 3 章和第 4 章由李博炎撰写，第 6 章由任月恒撰写，第 7 章由李博炎、任月恒、刘伟玮、付梦娣、彭涛撰写，第 8 章和第 9 章由刘伟玮撰写，第 10 章由付梦娣、彭涛撰写，第 11 章由朱彦鹏、付梦娣撰写，最后由李俊生、房志负责统稿和校对。本书在撰写过程中得到了生态环境部自然生态保护司、国家发展改革委社会发展司、三江源国家公园管理局等单位的支持和帮助，参考了国内外多个研究机构和研究人员的研究成果，在此表示诚挚的感谢。

本书可供国家公园体制改革推进者、各层级规划编制者、自然保护地管理工作者、相关专业科研人员和学生，以及对国家公园等自然保护地感兴趣的读者使用。

由于资料和时间限制，不足之处在所难免，敬请广大读者不吝指正。

编　者

2020 年 9 月于北京

目　录

第 1 章　国家公园规划概述

国家公园规划是为国家公园建设、发展而设计的一整套行动方案，是国家公园建设管理的重要抓手。科学合理的国家公园规划体系是国家公园建设的基础和前提（唐小平等，2019）。根据我国现行自然保护地规划体系和国家公园建设总体要求，在总结试点经验基础上，借鉴国外国家公园规划体系，将我国国家公园规划体系设计为 4 个层级，即发展规划、总体规划、专项规划、年度工作计划，是一种“自上而下”“由面到点”的规划体系。

1.1　国家公园概念

1.1.1　国外国家公园的概念

“国家公园”概念自美国早期自然保护运动兴起，1832 年美国艺术家乔治·卡特琳提出至今，各个国家根据区域条件、本国国情和认知程度形成了差异化的国家公园定义（表 1-1）。虽然各个国家关于国家公园的表述方式不尽相同，但均认为国家公园是自然环境优美，资源独特，具有区域典型性、代表性，保护价值大的自然区域。国家公园不受或较少受到人类活动的影响，是一个国家或地区维护自然生态系统平衡，保护生态环境和生物多样性，开展科学研究、环境教育和发展旅游游憩的重要场所。世界自然保护联盟（International Union for Conservation of Nature，IUCN）自 20 世纪 70 年代开始致力于构建一套可以广泛被各国所接受和使用的术语和标准体系，经过不断的完善和发展，IUCN 认为国家公园是指“用于生态系统保护及娱乐活动的保护地——天然的陆地或海洋，即为现代人和后代提供一个或多个完整的生态系统；排除任何形式的有损于保护管理目的的开发或占用；提供在环境上和文化上相容的，精神的、科学的、教育的、娱乐的和游览的机会”（李俊生等，2018）。

表 1-1　不同国家对国家公园概念的界定

国家	国家公园概念
美国	保护风景、自然和历史纪念物，让当代及子孙后代享受欣赏资源相同的机会，具有国家重要性，面积足够大以确保其承载的资源和价值可被充分保护

国家	国家公园概念
加拿大	以典型自然景观区域为主体，是加拿大人民世代获得享用、接受教育、进行娱乐和欣赏的区域
德国	是一种具有法律约束力的面积相对较大而又具有独特性质的自然保护区域。国家公园一般具有 3 个性质：一是国家公园的大部分区域满足保护区域的前提条件；二是国家公园不受或很少受到人类的影响；三是国家公园的主要保护目标是维护自然生态演替过程，最大限度地保护物种丰富的地方的动植物生存环境
英国	一个广阔的地区，以其自然美和能为户外欣赏提供机会以及与中心区人口的相关位置为特征
瑞典	一个具有某些类型景观的大规模连接区域，理想的情况下，该地区应未受到商业或工业的污染并且尽可能地接近自然状态
法国	保护自然环境，尤其是动植物群落、土壤、空气、水质、景观和具有特别意义的文化遗产的大陆和海洋区域
俄罗斯	是境内具有特殊生态价值、历史价值和美学价值的自然资源，并可用于环保、教育、科研和文化目的及开展限制性旅游活动的自然保护、生态教育和科学研究的陆地或水域
澳大利亚	澳大利亚各州对国家公园的定义是不同的。首都直辖区：国家公园是用于保护自然生态系统、娱乐以及进行自然环境研究和公众休闲的大面积区域。新南威尔士州：国家公园是以未被破坏的自然景观和动植物区系为主体建立的相当大面积的区域，永久性地用于公众娱乐、教育和陶冶情操的目的；所有与基本管理目标相抵触的活动一律禁止，以便保护其自然特征。昆士兰州：国家公园是动植物区系多样性极为丰富、有一定历史意义的、具有高水准自然景观的相当大面积的区域，永久性地用于公众娱乐和教育，禁止与基本管理目标不符的活动，以确保其自然特征。塔斯马尼亚州：国家公园是用于保护自然生态系统、娱乐、研究自然环境以及公众休闲和旅游的大面积区域
新西兰	是为保留自然而划定的区域，确切地说是指国家为了保护一个或多个典型生态系统的完整性，为给生态旅游、科学研究和环境教育提供场所而划定的需要特殊保护、管理和利用的自然区域
南非	是一个提供科学、教育、休闲以及旅游机会的区域，同时该区域要兼顾环境保护，并且使当地获得相关经济的发展
韩国	指可以代表韩国自然生态界或自然及文化景观的地区
日本	能够代表日本自然风景的，为保护自然风景而对人的开发行为进行限制的，同时为了人们便于游赏风景、接触自然而提供必要信息和利用设施的区域

1.1.2　我国国家公园的概念

根据《关于建立以国家公园为主体的自然保护地体系的指导意见》（以下简称《指导意见》），国家公园是指以保护具有国家代表性的自然生态系统为主要目的，实现自然资源科学保护和合理利用的特定陆域或海域，是我国自然生态系统中最重要、自然景观最独特、自然遗产最精华、生物多样性最富集的部分，保护范围大，生态过程完整，具有全球价值、国家象征，国民认同度高。

国家公园是一种能够合理处理生态环境与自然资源开发利用关系，统筹兼顾当代人和后代人的权利，既不能为了当代人而损害后代人的发展能力，也不能为了后代人利益就剥夺当代人应该享有的权利，以最小利用实现最大保护的一种有效保护模式。中国的国家公园有两个主要特征：一是国家公园生态系统的完整性和原真性，即国家公园通常都以天然形成的系统组成完整、组织结构完整、功能健康的一个或多个自然生态系统为基础，以天然的自然遗迹和景观为主，人工设施只是必要辅助；二是国家公园生态系统自然遗迹、景观的典型性、代表性和稀有性，即国家公园是全国同类生态系统和自然遗迹、景观中典型代表区域，通常为全国所罕见，并在世界上都有着不可替代的重要而特别的影响（李俊生等，2018）。

1.2 我国建立国家公园体制改革的总体要求

1.2.1 贯彻落实党中央、国务院改革部署

2013 年 11 月，中国共产党第十八届中央委员会第三次全体会议通过了《中共中央关于全面深化改革若干重大问题的决定》，首次提出建立国家公园体制的改革要求。2015 年 5 月，《中共中央 国务院关于加快推进生态文明建设的意见》提出“建立国家公园体制，实行分级、统一管理，保护自然生态和自然文化遗产原真性、完整性”。2015 年 9 月，中共中央、国务院印发的《生态文明体制改革总体方案》提出“加强对重要生态系统的保护和永续利用，改革各部门分头设置自然保护区、风景名胜区、文化自然遗产、地质公园、森林公园等的体制，对上述保护地进行功能重组，合理界定国家公园范围。国家公园实行更严格保护，除不损害生态系统的原住民生活生产设施改造和自然观光科研教育旅游外，禁止其他开发建设，保护自然生态和自然文化遗产原真性、完整性。加强对国家公园试点的指导，在试点基础上研究制定建立国家公园体制总体方案”。同时提出由中央政府对部分国家公园直接行使所有权，制定完善国家公园法律法规。

2015 年 12 月，中央全面深化改革领导小组第十九次会议审议通过了《中国三江源国家公园体制试点方案》，提出在青海三江源地区选择典型和代表区域开展国家公园体制试点，对实现三江源地区重要自然资源国家所有、全民共享、世代传承，促进自然资源的持久保育和永续利用，具有十分重要的意义。要坚持保护优先、自然修复为主，突出保护修复生态，创新生态保护管理体制机制，建立资金保障长效机制，有序扩大社会参与。要着力对自然保护区进行优化重组，增强联通性、协调性、完整性，坚持生态保护与民生改善相协调，将国家公园建成青藏高原生态保护修复示范区，三江源共建共享、人与自然和谐

共生的先行区，青藏高原大自然保护展示和生态文化传承区。2016 年 1 月，中央财经领导小组第十二次会议中提出中央批准了三江源国家公园试点，在此基础上要再整合设立一批国家公园，建立国家公园的目的是保护自然生态系统的原真性和完整性，给子孙后代留下一些自然遗产，把最应该保护的地方保护起来，解决好跨地区、跨部门的体制性问题。2016 年 8 月，习近平总书记到青海考察时就三江源国家公园体制试点提出了要求，希望各级党委和政府进一步摸索和完善国家公园体制试点，切实保护好三江源地区生态环境。

2016 年 12 月，中央全面深化改革领导小组第三十次会议审议通过了《东北虎豹国家公园体制试点方案》和《大熊猫国家公园体制试点方案》。开展大熊猫和东北虎豹国家公园体制试点，有利于增强大熊猫、东北虎豹栖息地的联通性、协调性、完整性，推动整体保护、系统修复，实现种群稳定繁衍；要统筹生态保护和经济社会发展、国家公园建设和保护地体系完善，在统一规范管理、建立财政保障、明确产权归属、完善法律制度等方面取得实质性突破。

2017 年 6 月，中央全面深化改革领导小组第三十六次会议审议通过了《祁连山国家公园体制试点方案》。祁连山是我国西部重要生态安全屏障，是黄河流域重要水源产流地，也是我国生物多样性保护优先区域。开展祁连山国家公园体制试点，要抓住体制机制这个重点，突出生态系统整体保护和系统修复，以探索解决跨地区、跨部门体制性问题为着力点，按照“山水林田湖”是一个生命共同体的理念，在系统保护和综合治理、民生保护和民生改善协调发展、健全资源开发管控和有序退出等方面积极作为，依法实行更加严格的保护。要抓紧清理关停违法违规项目，强化对开发利用活动的监管。

2019 年 1 月，中央全面深化改革委员会第六次会议审议通过了《关于建立以国家公园为主体的自然保护地体系的指导意见》。建立以国家公园为主体的自然保护地体系，要按照山水林田湖草是一个生命共同体的理念，创新自然保护地管理体制机制，实施自然保护地统一设置、分级管理、分区管控，把具有国家代表性的重要自然生态系统纳入国家公园体系，实行严格保护，形成以国家公园为主体、自然保护区为基础、各类自然公园为补充的自然保护地管理体系。此外，审议通过了《海南热带雨林国家公园体制试点方案》。开展海南热带雨林国家公园体制试点，目的是要牢固树立和全面践行绿水青山就是金山银山理念，在资源环境生态条件好的地方先行先试，为全国生态文明建设积累经验。海南省要精心组织，明确任务，落实责任，抓出成效。

中央领导关于国家公园建设的重要指示批示，以及党中央、国务院系列文件，明确了未来一个时期我国国家公园建设总的设计图和路线图，对我国建立国家公园体制起到了重要的引领指导作用。

1.2.2 坚持正确的指导思想和原则

建立国家公园体制要按照党中央、国务院加快推进生态文明建设和改革的决策部署，坚定不移地实施主体功能区战略和制度，严守生态保护红线，以加强自然生态系统原真性和完整性保护为基础，以实现国家所有、全民共享、世代传承为目标，理顺管理体制，创新运营机制，健全法律保障，强化监督管理，构建统一、规范、高效的中国特色国家公园体制，建立分类科学、保护有力的自然保护地体系。建立国家公园体制要坚持以下基本原则。

一是坚持科学定位、整体保护的原则。将“山水林田湖草”作为一个生命共同体，统筹考虑保护与利用，对相关自然保护地进行功能重组，合理确定国家公园的范围。按照自然生态系统整体性、系统性及其内在规律，对国家公园实行整体保护、系统修复、综合治理。

二是坚持合理布局、稳步推进的原则。立足我国生态保护现实需求和发展所处阶段，科学制定我国国家公园空间布局。将创新体制和完善机制放在优先位置，做好制度转换过程中的衔接，成熟一个设立一个，分步骤、分阶段推进国家公园建设。

三是坚持国家主导、共同参与的原则。国家公园由国家确立，以国家为主导进行管理，加大财政投入，积极引导社会资金多渠道投入。建立健全政府、企业、社会组织和公众共同参与的长效机制，探索各方面社会力量参与自然资源管理和生态保护的新模式（彭福伟等，2019）。

1.2.3 建立国家公园体制的目标

建立国家公园体制的总体目标：建成统一、规范、高效的中国特色国家公园管理体制，交叉重叠、多头管理的碎片化问题得到有效解决，国家重要的自然生态系统原真性、完整性得到有效保护，形成自然生态系统保护的新体制、新模式，促进生态文明治理体系和治理能力现代化，保障国家生态安全，培养国家共同意识，实现人与自然和谐共生。

到 2020 年，建立国家公园体制试点基本完成，整合设立 5～10 个国家公园，国家公园建设开始起步。统一分级的管理体制初步建立，国家公园总体布局基本确立，资金保障机制逐步健全，自然资源资产产权归属更加清晰，国家公园法制建设步伐加快。

到 2030 年，完善的国家公园体制初步形成，15～20 个国家公园正式设立，国家公园建设全面推开。统一分级的管理体制更健全，资金保障体系基本建立，国家公园法律制度更加完善，保护管理效能明显提高，科研教育等功能充分发挥，与社区发展实现互促共进，成为我国生态保护的典范。

到 2050 年，成熟的国家公园体制基本形成，60 个左右的国家公园正式设立，国家公园建设布局基本完成，保护成效显著，国家公园的综合功能不断提升，国家公园文化和理念深入人心，成为全球生态环境保护的典范（彭福伟等，2019）。

1.2.4 建立国家公园体制与生态文明体制改革的关系

生态文明是人类遵循人与自然和谐发展规律，推进社会、经济和文化发展所取得的物质与精神成果的总和，是指以人与自然、人与人和谐共生、全面发展、持续繁荣为基本宗旨的文化伦理形态。生态文明建设的总体要求是必须树立尊重自然、顺应自然、保护自然的生态文明理念，把生态文明建设放在突出地位，融入经济建设、政治建设、文化建设、社会建设的各方面和全过程，努力建设美丽中国，实现中华民族永续发展。生态文明建设是站在文明的高度，通过体系化的顶层设计，实现人与自然和谐发展，其根本目的是通过资源节约和环境保护，维护人类的整体利益和长远利益，其核心是对自然资源价值的正确认知。建立国家公园体制的主要目标是保护自然生态系统完整性和原真性，实现自然遗产的世代传承，两者具有共同的核心价值。

（1）建立国家公园体制是生态文明体制改革的重要组成部分。

《中共中央关于全面深化改革若干重大问题的决定》在“加快生态文明制度建设”部分提出建立国家公园体制改革要求。《中共中央 国务院关于加快推进生态文明建设的意见》对建立国家公园体制也提出了明确要求，尤其是《生态文明体制改革总体方案》更是将“建立国家公园体制”单列一节，对建立国家公园体制及其构建目标做了清晰的阐释。建立国家公园体制是我国生态文明体制的重要组成部分，是完善我国国土空间开发保护制度的重要制度设计。

（2）国家公园体制试点区是生态文明建设的突破口和落脚点。

国家公园体制试点主要在国家禁止开发区内，通过理顺各类保护地关系，建立有效、规范、统一的管理体制，保护生态环境，维护生态安全，这与生态文明建设的战略布局和目标不谋而合。国家公园体制改革的相关要求要与健全自然资源资产产权制度、国土空间用途管制制度、资源有偿使用制度、生态补偿制度和生态损害责任追究制度等生态文明制度改革协调推进。如“山水林田湖草”是一个生命共同体的理念就可以通过改革各部门分头设置各类自然保护地，对相关自然保护地进行功能重组，合理界定国家公园范围来实现。

（3）国家公园体制试点区是生态文明体制改革的先行先试区。

国家公园体制试点区能够为生态文明各项制度试点和配套实施提供可能。如三江源国家公园、东北虎豹国家公园在开展国家公园体制试点的同时，也同步开展了自然资源资产管理体制试点；武夷山国家公园既是国家公园体制试点，其所在的福建省也是国家生态文明试验区。钱江源国家公园体制试点区所在的开化县也是“多规合一”的改革试点。此外，三江源国家公园体制试点还是自然资源统一确权登记试点之一。

（4）建立国家公园体制亟须生态文明各项制度的保障。

国家公园体制改革面临着很多制度性“瓶颈”。如按照所有者和监管者分开和一件事由一个部门负责的原则，落实组建统一管理机构承担国家公园管理职责，将有利于推进国家公园体制建设。另外，建立完善生态文明绩效评价考核和责任追究制度，将推动国家公园管理机构和地方政府领导干部切实履行自然资源资产管理和生态环境保护责任，保障国家公园体制改革成果不受损害。

因此，建立国家公园体制不是孤立的事件，要在我国建设生态文明的宏观背景下，与生态文明体制改革相结合，并将其作为生态文明建设的重要抓手，国家公园体制才能找到自己的落脚点（彭福伟等，2019）。

1.3　国家公园功能定位

国家公园将是我国自然保护地体系中最为重要的一种类型，由国家划定，实施统一或委托地方管理，土地和自然资源均由国家所有或管控，建设管理所需资金以中央财政投入为主，并具有保护、科研、宣教、游憩等功能。

（1）生态保护功能。

国家公园内保存了我国甚至世界重要的、有代表性的自然生态系统，是我国生态安全格局的骨架和重要节点；此外，国家公园内完整健康的生态系统有着较强的生态调节功能，对维持和提升区域生态环境质量具有重要作用，是维系全国生态功能和保护重要物种（如东北虎、大熊猫等）栖息地和基因库的关键区域。

（2）科学研究功能。

国家公园可直观反映关键区域生态系统和自然资源的现状及变化趋势，为生态环境保护与恢复提供科学的背景数据，具有十分重要的科学和研究价值，是我国最重要的科研平台。

（3）科普宣教功能。

国家公园蕴含着丰富的人文、自然知识，是人们了解、学习自然科学和人文历史，激发环保意识，增加民族自豪感，培养爱国主义精神的重要基地。

（4）休闲游憩功能。

国家公园资源独特、环境优美，具有较高的观赏价值，国民认同度高，在合理开发的前提下，为国民提供了亲近自然、了解自然、愉悦身心的场所（彭福伟等，2019）。

1.4 国家公园规划

规划是国家公园建设的前提，是协调保护与发展的有效手段。国家公园规划是国家公园建设与管理的一系列规范性文件，在对区域资源、环境、社会、经济、管理经营等调查、评价与综合分析基础上，明确国家公园发展目标、规模和划定区域，明确界定国家公园范围、具体目标和功能分区，制定生态保护、科学研究、环境教育、生态体验、社区发展和特许经营等方面的措施与行动的过程。国家公园规划体系是包含发展规划、总体规划、专项规划、年度工作计划 4 个层级在内的一种“自上而下”“由面到点”的规划体系（图 1-1）。

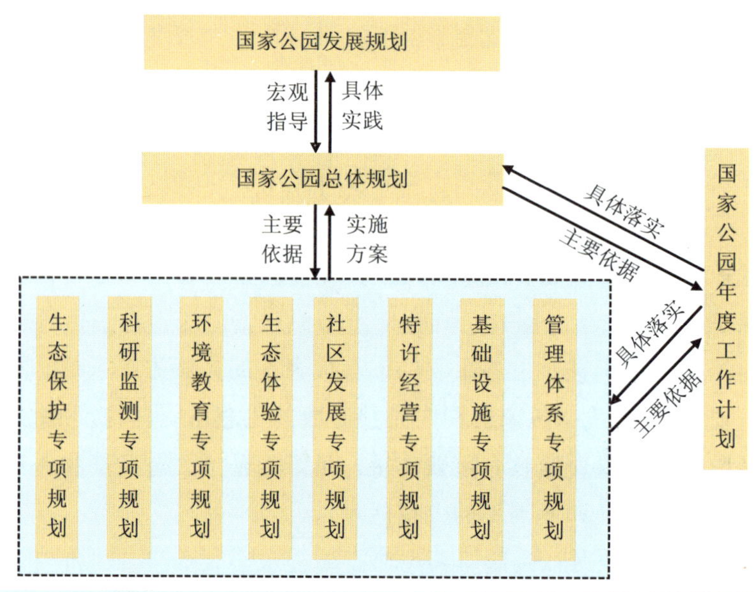

图 1-1　国家公园规划体系

（1）发展规划。

发展规划是从国家层面统筹考虑国家公园的数量、区域分布、建设时序等内容的宏观规划，是其他规划的宏观指导框架，确定全国国家公园发展的长期目标。

（2）总体规划。

总体规划较发展规划更为具体，是在对某个国家公园内资源、环境、经济、管理等进行全面调查、科学评价、战略分析的基础上，明确国家公园范围、面积、性质、发展思路、方向和目标，并制定保护、科研、教育、游憩、社区发展、管理、实施保障等方面的措施与行动的过程（唐芳林，2017）。

（3）专项规划。

专项规划是在总体规划的框架下，针对某一领域而制定的具体实施方案，是对总体规划中内容的细化与完善，包括生态保护专项规划、环境教育专项规划、社区发展专项规划、特许经营专项规划等。

（4）年度工作计划。

年度工作计划是在总结本年度工作计划完成情况的基础上，制定的下一年度在保护管理、财政预算等方面的实施计划。

国家公园规划是由不同层级规划组合而成的一种规划体系，各层级的规划既有其独特的指导功能和管理目标，又在时间上相互链接、关联。在编制规划时，一方面应明确其属于哪个层级的规划，尽可能地减少层级间的重叠与混淆；另一方面应明确其上位规划有哪些具体要求，以规避与上位规划不符的风险。

1.5 国家公园规划与其他规划的关系

1.5.1 国家公园规划与国土空间规划的关系

《中共中央 国务院关于建立国土空间规划体系并监督实施的若干意见》提出，国土空间规划是对一定区域国土空间开发保护在空间和时间上作出的安排，是国家空间发展的指南、可持续发展的空间蓝图，是各类开发保护建设活动的基本依据，包括总体规划、详细规划和相关专项规划。国家公园等自然保护地规划属于国土空间规划中的专项规划。

国家公园作为最重要、保护最严格的自然生态空间，是新时代整体谋划国土空间开发保护格局的焦点。国家公园规划既要与各个层面的国土空间规划充分衔接，又要在国土空间规划中体现其重要性。在国家层面，应基于国家生态安全格局和生态地理区划成果，独立开展自然生态空间保护价值评估，将具有国家代表性的典型生态系统、自然遗迹、自然景观以及生物多样性富集区作为国家公园空间布局的潜在区，优先纳入全国国土空间规划纲要；在省级层面，应基于更详细的自然生态本底和自然遗迹调查摸底成果，结合自然保护地整合优化，对潜在区进一步研究形成国家公园边界范围，优先纳入省级空间规划的生态空间；在市县详细规划层面，国家公园总体规划应承接省级空间规划对园区空间范围提出的管控要求，落实相关控制指标，代替市县级空间规划对国家公园内镇区和农村居民点的建设调控作用；在乡镇层面，考虑国家公园内城镇和农村社会等事务仍然归属于地方政府，也可同步编制乡镇级空间规划与国家公园社区专项规划等，将空间管控指标、传统生产、集体建设用地布局和分区准入标准等协调一致。

1.5.2 国家公园规划与国民经济和社会发展规划的关系

国民经济和社会发展规划作为全国或者某一地区经济、社会发展的总体纲要，是具有战略意义的指导性文件，作为一个独立完整的体系与国土空间规划并行，它们之间不是相互割裂的关系。国土空间规划应以国民经济和社会发展规划为依据，按照其所确定的目标任务、相关要求等，合理确定国土空间的开发与保护格局；国民经济和社会发展规划的制定则应结合空间规划所确定的资源环境承载力、空间开发适宜性、“三区三线”、空间要素配置等科学合理地确定经济社会发展目标与任务。因此，国家公园规划作为国土空间规划的组成部分，在规划过程中也应明确发展任务。就国家公园发展规划而言，应全方位纳入国家国民经济和社会发展规划，将发展目标、空间布局、阶段任务和重点项目在国家层面予以明确；就国家公园总体规划而言，应与同域范围的省、市、县国民经济和社会发展规划充分衔接，将需要地方政府承担的事权（如社会发展、经济转型、公共服务、防灾减灾等）纳入同级国民经济和社会发展规划。

1.5.3 国家公园规划与其他非空间类专项规划的关系

国家、地方编制并颁布实施的非空间类专项规划（如天然林保护修复中长期规划、湿地保护修复规划等）在保护、发展、协调保护与发展方面发挥着重要作用。因此，国家公园规划应受其指导或约束。就国家公园发展规划而言，应将相关非空间类专项规划明确的目标、任务、措施等作为规划的基本依据。就国家公园总体规划而言，同一国家公园内往往存在若干不同类型、不同实施范围的非空间类规划，且各类规划编制不仅在逻辑思路和目标任务上存在差异，在空间上也存在重叠现象，这很容易导致责任交叉、内容嵌套等问题。因此，国家公园管理机构应与地方政府、相关部门等建立规划协同机制，在国家公园总体规划中做好融合或整合。凡是国家、地方实施的重大工程项目规划，在国家公园总体规划中应以融合为主，规划之间的规划目标、实施范围、任务要求要统一，但资金渠道、建设标准、管理要求等由规划主管部门自行设定。对于生态保护、资源利用、公共服务、经济转型等非空间类规划，原则上纳入国家公园总体规划，做到“多规合一”。

第 2 章　国家公园规划理论与方法

科学的理论对规划具有重要指导作用，科学的方法是保证规划具有合理性的重要手段。国家公园规划作为国家公园建设管理的重要依据，直接决定着国家公园建设的成败。只有将科学的理论贯穿于国家公园规划的始终，将科学的方法应用于国家公园规划的全过程，才能保证国家公园规划的科学性、合理性，从而保证国家公园建设的顺利进行。

2.1　主要理论基础

2.1.1　保护生物学理论

2.1.1.1　保护生物学概念

保护生物学概念最早于 1937 年出现在美国野生动物学会创办的《野生动物管理》杂志的一篇文章中，但当时并没有引起过多的关注。直到 1980 年，Soule 和 Wilcox 在主编首届国际保护生物学大会的论文集时，在书名中正式启用了“保护生物学”一词，保护生物学的概念才逐渐被人们了解，并开始广泛传播。现在普遍认为，他们的论文集《自然保护生物学-进化生态学展望》是保护生物学诞生的真正标志。这本书将保护生物学界定为由纯理论科学与应用科学共同组成、被危机所驱动、又肩负使命的新学科（贾竞波，2011）。

保护生物学是一门与应用科学、自然科学等相互交叉的综合性学科（图 2-1），作为一门研究生态危机起因及预防机制的公共科学，它将自然科学、社会科学以及自然资源管理进行有机结合，重视保护的科学依据与社区参与，致力于生物多样性保护的同时关注人类福祉最大化（魏辅文，2018）。目前，保护生物学的研究主要聚焦于珍稀濒危物种、栖息地、生态系统等方面（魏辅文，2018），主要目标包括掌握生物多样性的现状、了解人类活动和自然灾害对生物多样性的影响，以及制定保护方案以防止物种的灭绝、维持物种的基因多样性和保护生物赖以生存的生态系统。

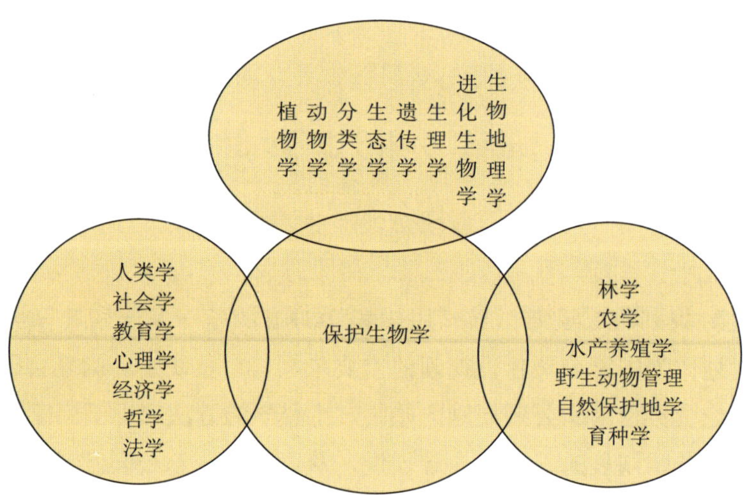

图 2-1 保护生物学与其他学科的关系

2.1.1.2 基本原理

保护生物学的原理分为功能性原理和伦理学原理两类（Soule，1985）。

（1）功能性原理。

①构成自然群落的物种区系是经历长期选择、适应、协同进化的产物，任何一种或多种物种的丧失将导致一系列连锁后果，特别是关键种的命运更关系到整个群落的兴衰。

②足够大的空间范围是保持生态过程正常运行的条件，空间小型化使随机性增强，将导致系统的不稳定性增加；生态系统空间范围被分割或片断化，将导致生态过程处于临界状态，甚至中断。

③种群的存活能力依赖其种群的大小，当种群小于一定数量时，其灭绝的可能性增加。

④一般认为，面积偏小的保护区具有与岛屿生物类似的局限性，即保护功能上的失衡与脆弱性。

（2）伦理学原理。

①生物多样性。自然灭绝过程可淘汰那些不适应的物种，改良生物基因库。除灾难性事件造成的灭绝外，自然灭绝并不会降低生物多样性，因为在灭绝的同时，也会有新物种形成。自然界中绝大多数物种的灭绝是由人为因素导致，人为因素导致的物种灭绝速度大大超过了物种的自然灭绝速度。人为因素导致的物种灭绝已成为威胁自然和人类生存的不利因素。

②生态复杂性。这一论点主要强调自然比人工好，野生的比人工的好，生境多样性和复杂生态过程具有重要价值。

③进化。这一论点主要强调尽可能地保持进化过程的连续性、完整性和避免更多的干扰。

④生命的多样性具有其内在价值。这一论点强调物种的存在就表示它们在长期进化过程中具有自己的价值，无论是获得的，还是失去的，都具有潜在的或是遗传的价值。

2.1.1.3 研究内容

保护生物学的研究内容主要集中在小种群生存机制、确定和保护生物多样性热点地区、物种濒危灭绝机制、生境破碎问题、自然保护地理论、立法与公众教育等方面（表 2-1）。

表 2-1 保护生态学的研究内容

分类	表述
小种群生存机制	在生物进化的过程中，由于生境的异质性和个体扩散，往往形成了许多小种群。一个物种的命运最终取决于构成该物种的所有小种群的命运。随着小种群内近交系数的逐代上升，遗传杂合性逐代降低，导致种群的适合度下降，最终导致小种群的灭绝。在迁地保护物种时，保存的种群大小需考虑资金的投入和保护的效果。因此，物种的最小可生存种群应如何确定是一个热点问题
确定和保护生物多样性热点地区	世界上物种最多的地区是热带雨林、珊瑚礁和热带湖泊。从全球来看，物种多样性以赤道地区为最高。但位于生物多样性高的热带地区的国家大多缺少保护资金，如何保护这些国家的生物多样性是一个现实问题
物种濒危灭绝机制	物种灭绝后的遗传损失大小与物种分类地位有关。当今生物多样性保护的着眼点首先是减缓现有物种的灭绝速率，特别是减缓那些单种科、单种属的灭绝速率；其次是研究防止生态系统中旗舰种和关键种灭绝的措施
生境破碎问题	研究热点主要有生境破碎的动态过程、生境破碎与生境异质性、生境斑块的隔离程度、边缘效应与岛屿效应、生境斑块中种群生灭动态、生境斑块的微气候环境，以及在破碎生境中维持生物多样性的措施等
自然保护地理论	实践证明建立自然保护地是一种有效的保护措施。目前仍然存在如何科学确定保护地的位置、大小、形状，如何在保护地之间建立网络联系，如何减少保护地内的边缘效应和破碎效应，如何建设保护地的生境走廊，如何管理保护地等亟待深入研究的问题
立法与公众教育	制定生物多样性保护法律法规，规范全民保护生物多样性的行为，是保护生物多样性的重要措施。研究热点主要有普及野生动物保护法律知识、提高公众的生物多样性保护意识、总结少数民族利用和保护生物资源的经验、开展生物多样性保护与持续利用宣传教育等

国家公园建立的根本目的是保护国家重要自然生态系统的原真性和完整性，实现资源的全民共享、世代传承，主要任务是保护资源，为公众提供教育展示和休闲游憩的机会。

这就要求对国家公园进行科学规划，在规划中统筹考虑物种、栖息地面积、生物多样性、生态系统和区域经济社会发展之间的多重复杂关系，这正是保护生物学研究的主要内容。因此，将保护生物学的相关研究融入国家公园规划的过程中，能够更好地保障国家公园目标的实现。

2.1.2 系统理论

2.1.2.1 系统的概念

系统理论是 20 世纪 40 年代由美籍奥地利生物学家 L Von Bertalanffy 创立的一门新兴学科（王莉娟，2017），该理论将系统定义为“处于一定的相互关系中的并与环境发生联系的各组成要素的集合”。我国学者钱学森将系统定义为“由相互作用和相互依赖的若干组成部分结合成的具有特定功能的有机整体”。综上，一个具体的系统须具备以下 3 个条件：一是系统必须由 2 个或 2 个以上的要素组成；二是要素与要素、要素与整体、整体与环境之间，存在着相互作用和相互联系；三是系统整体应具有确定的功能。

2.1.2.2 系统理论的主要思想

（1）核心思想。

系统理论的核心思想是系统的整体观念。任何系统都是一个有机的整体，它不是各个部分的机械组合或简单相加，系统的整体功能是各要素在孤立状态下所没有的。系统中各要素不是孤立地存在着，每个要素在系统中都处于一定的位置，起着特定的作用；要素之间相互关联，构成了一个不可分割的整体；要素是整体中的要素，如果将要素从系统整体中割离出来，它将失去要素的作用。

（2）基本思想。

系统理论的基本思想就是把所研究和处理的对象当作一个系统，分析系统的结构和功能，研究系统、要素、环境三者的相互关系和变动的规律性，用优化系统观点看问题，认为世界上任何事物都可以看成是一个系统，系统是普遍存在的。

2.1.2.3 系统的属性

所有系统都具有整体性、动态相关性、层次等级性、有序性等属性（唐晓岚，2012）（表 2-2）。

表 2-2　系统的属性

属性	表述
整体性	是指构成系统的各要素集合起来的整体性能，是构成系统的各要素相互联系的统一性。要素一旦构成系统，系统作为有机联系的整体，就获得了各个组成要素所没有的特性。换言之，系统的整体功能不是各组成要素功能的简单叠加，而是呈现出各组成要素所没有的新功能，即出现整体涌现性，使得“整体大于部分之和”
动态相关性	是指任何系统都处在不断发展变化之中，系统状态是时间的函数，这就是系统的动态性。系统的动态性取决于系统的相关性。系统的相关性是指系统的要素之间、要素与系统整体之间、系统与环境之间是相互作用和相互联系的，它们之间相互制约、相互影响、相互作用，存在着不可分割的有机联系。当某一要素发生变化，其他相关联的要素也会相应地改变和调整，从而使系统整体保持最佳状态
层次等级性	是指要素的组织形式就是系统的结构，而结构又可以分成不同的层次等级。在简单系统之中，结构只有一个层次，在复杂系统中，存在着不同等级的系统层次关系。一个系统的组成要素，是由低一级要素组成的子系统，而系统本身又是高级系统的组成要素。系统的层次等级结构是一些物质系统具有的普遍形式。处于不同等级层次的系统具有不同的结构和功能，不同层次等级的系统之间是相互联系、相互制约的，它们是辩证统一关系
有序性	是指构成系统的各个要素通过相互作用，在时间和空间上按一定秩序组合和排列，形成一定的结构，这种结构决定着系统的特殊功能。系统的有序性表示系统的结构实现系统功能的程度。结构合理，系统的有序度就高，功能就好；结构不合理，系统的有序度就低，功能就差

国家公园内存在多种要素，各要素间具有复杂的相互影响、相互作用和相互制约的关系。将系统理论引入国家公园建设，在分析国家公园系统整体性、目的性、层次性、适应性的基础上，对系统内部价值、结构、功能等诸要素的组合以及系统与外部环境的关系进行协调，不仅能为研究国家公园发展模式提供“整体、关联、等级结构、动态平衡、时序”的系统思考方法，还能为国家公园的自然资源保护、空间规划、评价体系构建、质量和目标的科学管理提供“整体、协调、优化”的评价尺度。

2.1.3　景观生态学理论

2.1.3.1　景观生态学概念

1939 年，德国生物地理学家 Troll 首次提出“景观生态学”一词，并将其定义为“研究一个给定景观区段中生物群落和其环境间复杂因果关系的科学”，同时指出“这些关系在区域分布上有一定的空间格局（景观镶嵌体、景观格局），在自然地理分布上具有等级结构”。Turner 等于 2001 年将景观生态学定义为“研究空间格局和生态过程相互关系，或不同尺度上空间异质性的原因和后果的生态学分支学科”；Wu 和 Hobbs 于 2006 年把景观生态学定义为“研究和改善空间格局与生态和社会经济过程相互关系的整合性交叉科学，研究的热点问题包括景观格局、景观过程、景观尺度等”。

2.1.3.2 结构单元

斑块—廊道—基质模型是构成景观空间结构的一个基本模式，也是描述景观空间异质性的一个基本模式（表 2-3）。

表 2-3 景观的结构单元

单元	表述
斑块	泛指与周围环境在外貌或性质上不同，并具有一定内部均质性的空间单元。内部均质性是相对于其周围环境而言的。斑块可以是植物群落、湖泊、草原、农田或居民区等。不同类型斑块的大小、形状、边界以及内部均质程度都会表现出很大的不同。以保护为主要目的的自然环境，尽量使斑块边缘隆起突出，增加与其他绿地介质的接触面积。这样可以使环境保护和动物迁徙更好地运行，同时维持内部生态平衡
廊道	指不同于两侧基质的狭长地带，主要是公路、街道及河渠等。根据廊道结构功能的不同，可将廊道分为 3 种：①线性廊道，面积狭窄的道路或景观带，可作为边缘物种的临时栖息地；②带状廊道，面积较宽，为物种内部活动提供内部环境；③网络廊道，由带状或线性廊道组织构成，可为物种提供多种选择通道
基质	指景观设计中的背景地域，作为景观中面积最大、连接性最好的景观要素类型，决定着景观的性质，在景观系统中发挥主导作用。基质是对景观控制作用最强的要素，它控制并且影响着生境中斑块间的物质能量交换，同时也控制着整个景观的连接度，影响着斑块间物种的迁移

2.1.3.3 基本原理

1986 年，美国哈佛大学的 Forman 和 Godron 根据对景观的结构、功能和动态的初步研究，总结出 7 个景观生态学基本原理（表 2-4）。

表 2-4 景观生态学基本原理

原理	表述
景观结构和功能原理	景观生态要素的空间布局形成了景观结构，不同的景观结构形成独特的景观功能，但结构的形成和发展又受到功能的影响。景观结构和功能与景观尺度有直接的关系
生物多样性原理	景观多样性是描述景观中嵌块体复杂性的指标，包括斑块多样性、类型多样性和格局多样性。此外，物种多样性能够提高生境中的物质丰富度，有助于维持生境的稳定性和安全性

原理	表述
物种流动原理	指借助景观结构和物种间能量、物质流动调节生态系统的能量流动。当斑块、廊道遭到外来物种侵入时，景观生态要素内部会形成干扰区。干扰区是否适宜入侵物种的生存决定了干扰区敏感物种的生存状况
养分再分配原理	矿质养分通过风、水及动物等在景观中进出，实现了矿质养分在不同生态系统中进行重新分配。景观要素间矿质养分的再分配速度随景观要素干扰强度的增大而增加
能量流动原理	景观的能量流动与斑块的物质差异及形状密切相关。斑块中的物质差异越大，能量流动越多。斑块形状越复杂，周长越大，与外界的接触面越大，进行能量、物质交换越容易
景观变化原理	适度的干扰能够增加景观的异质性。当不受干扰时，景观的水平结构逐渐趋向均质化。在一定程度上增加或改善景观异质性有助于内部物种的稳定。严重干扰可能增加或减少异质性
景观稳定性原理	景观稳定性以景观要素的抗干扰能力和被干扰后自身恢复能力作为衡量因素。景观中没有生物的情况下，很容易受外界作用的影响，不具备生物学层面的稳定性。在群落演替的初期，景观中的生物量较小，系统的抗干扰能力弱；但也因其生物量小，物质、能量转移灵活，具有较强的恢复力。在群落演替的后期，景观中的生物处于稳定阶段，系统的抗干扰能力强；但也因其生物量大，一旦抵抗不了外界的干扰便很难恢复

2.1.3.4　研究内容

研究内容可概括为景观结构、景观功能、景观动态 3 个方面（图 2-2）（邬建国，2007）。

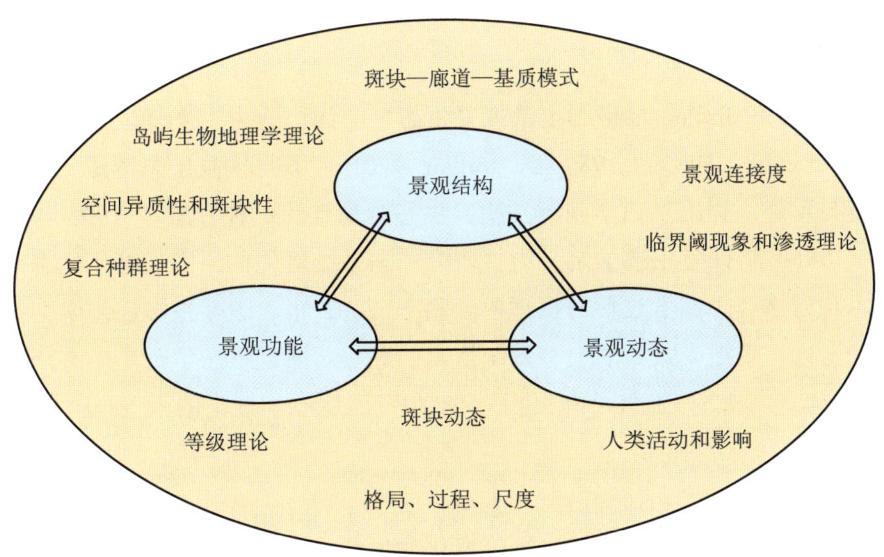

图 2-2　景观生态学的研究内容（邬建国，2007）

（1）景观结构。

景观结构是指景观组成单元的类型、多样性及其空间关系。例如，景观中不同生态系统（或土地利用类型）的面积、形状和丰富度，它们的空间格局以及能量、物质和生物体的空间分布等，均属于景观结构特征。

（2）景观功能。

景观功能是指景观结构与生态学过程的相互作用，或景观结构单元之间的相互作用。这些作用主要体现在能量、物质和生物有机体在景观镶嵌体中的运动过程中。

（3）景观动态。

景观动态是指斑块镶嵌结构与功能随时间的变化。具体来讲，景观动态包括景观结构单元的组成成分、多样性、形状和空间格局的变化，以及由此导致的能量、物质和生物在分布与运动方面的差异。

景观的结构、功能和动态是相互依赖、相互作用的。无论在哪一个生态学组织层次上，结构与功能都是相互联系的。结构在一定程度上决定功能，而结构的形成和发展又受到功能的影响。景观结构和功能都必然地要随时间发生变化，而景观动态反映了多种自然的和人为的、生物的和非生物的因素及其作用的综合影响。

国家公园各层级的规划某种程度上可看作是对不同尺度景观的规划，将景观生态学理论融入其中，对于确定国家公园的范围、边界、功能分区等具有重要意义。

2.1.4 恢复生态学理论

2.1.4.1 恢复生态学的概念

1985 年，Aber 和 Jordan 最早提出“恢复生态”一词，认为“恢复生态是环境管理的一种形式”（Aber et al.，1985）。1987 年，Jordan 等（1987）将恢复生态学定义为“针对生态系统的恢复与重建，提出生态学问题并检验生态学观点的一种方法”。1996 年，我国学者余作岳等（1996）将恢复生态学定义为“研究生态系统退化的原因、退化生态系统恢复与重建的技术与方法、生态学过程与机理的学科”。2002 年，国际生态恢复学会指出：生态恢复是帮助退化、受损或毁坏的生态系统恢复的过程；恢复生态学则是生态恢复这一实践活动的理论、模式、方法与工具，同时也是检验和发展生态学理论的平台（于泳等，2015）。

2.1.4.2 目标与方法

生态恢复工程的目标有 4 点：恢复极度退化的生境；提高退化土地的生产力；去除重要景观内的干扰，加强保护；对现有生态系统进行合理利用和保护，维持及提升生态系统服务（任海等，2004）。

不同生态系统类型、不同程度的退化生态系统，其恢复方法不同。从生态系统的组成成分角度看，生态恢复包括非生物系统和生物系统的恢复。其中，无机环境的恢复技术包括水体恢复技术（如控制污染、去除富营养化、换水、积水、排涝和灌溉技术等）、土壤恢复技术（如耕作制度和方式的改变、施肥、土壤改良、表土稳定、控制水土侵蚀、换土及分解污染物等）、空气恢复技术（如烟尘吸附、生物和化学吸附等）。生物系统的恢复技术包括植被（如物种的引入、品种改良、植物快速繁殖、植物的搭配、植物的种植、林分改造等）、消费者（如捕食者的引进、病虫害的控制等）和分解者（如微生物的引种及控制）的重建技术和生态规划技术（如“3S”）。在生态恢复实践中，一个生态修复工程会综合应用上述多种技术（彭少麟，2002）。

2.1.4.3　主要步骤

在生态恢复实践中，明确一些重要步骤可以更好地指导生态恢复和生态系统管理。重要步骤主要有：确定恢复对象的时空范围；评价样点并鉴定导致生态系统退化的原因及过程；找出控制和减缓退化的方法；根据生态、社会、经济和文化条件判定生态系统恢复与重建的结构和功能目标；制定易于测量的成功标准；发展在大尺度情况下完成有关目标的实践技术并推广；恢复实践；与土地规划、管理部门交流有关理论和方法；监测恢复中的关键变量与过程，并根据出现的新情况作出适当的调整（Kauffman，1995）。

2.1.4.4　成效判定标准

由于生态系统的复杂性及动态性，确定恢复成效的判定标准具有一定的复杂性。国际恢复生态学会提出：通过比较恢复系统与参照系统的生物多样性、群落结构、生态系统功能、干扰体系以及非生物的生态服务功能判定恢复成效。一些学者从不同角度提出了生态恢复成功的标准（表 2-5）。

表 2-5　不同学者提出的生态恢复成功标准

学者	生态恢复成功标准
Cairns（1977）	恢复到初始的结构和功能条件、可利用、被公众感觉到
Bradsaw（1987）	包括可持续性（可自然更新）、不可入侵性（与自然群落一样能抵制入侵）、生产力（与自然群落一样高）、营养保持力、生物种间相互作用（植物、动物、微生物）
Lamd（1994）	包括造林产量指标（如幼苗成活率、幼苗的高度、基径、蓄材生长、种植密度、病虫害受控情况等）、生态指标（如适当的物种多样性、目标种是否出现、自然更新能否发生、适量的固氮树种、适当的植物覆盖率、土壤表面稳定性、土壤有机质含量、水土保持等）和社会经济指标（如当地人口稳定、商品价格稳定、食物和能源供应充足、农林业平衡、从恢复中得到经济效益与支出平衡、对肥料和除草剂的需求等）

学者	生态恢复成功标准
Davis（1996）、Margaret 等（1997）	结构恢复指标为乡土种的丰富度，功能恢复指标包括初级生产力和次级生产力、食物网结构、在物种组成与生态系统过程中存在反馈
任海等（1998）	森林恢复的标准包括结构（物种的数量及密度、生物量）、功能（植物、动物和微生物间形成食物网、生产力和土壤肥力）和动态（可自然更新和演替）
Caraher 等（1995）	提出采用记分卡的方法，假设生态系统有 5 个重要参数，评价每个参数是否已达到正常波动范围或与该范围还有多大的差距

国家公园的首要功能是重要自然生态系统的完整性、原真性保护。而要实现这一功能，就需要在国家公园规划过程中，对现有生态系统进行评估，识别出需要进行生态修复的生态系统，将恢复生态学的理论与方法运用到国家公园生态保护修复中。

2.1.5 利益相关者理论

2.1.5.1 利益相关者的概念

斯坦福大学研究院于 1963 年首先提出“利益相关者”这一概念（郑仕华，2006）。Cohen 和 Rhenman（1971）认为利益相关者与企业是一种相互依存的关系，前者依靠后者来实现自身目标，后者依靠前者维持生存和发展。Freeman（1983）将利益相关者定义为“能够影响一个组织目标的实现，或者受到一个组织实现其目标过程影响的所有个体和群体”。Clarkson（1995）将利益相关者定义为“在企业中投入了大量人力、物力、财力，或其他类型的成本，并因此承担了风险的个人或团体”。Grimble 和 Wellard（1997）将利益相关者定义为“所有能够影响政策的制定、实施或者被动受其影响的个人、社团及相关机构等”。陈宏辉等（2003）认为“企业利益相关者是那些在企业中进行了一定的投资，并因此承担了相应风险的个体和群体，其活动能够影响该企业目标的实现，或者受到该企业实现其目标过程的影响”。鹿奇（2015）把世界文化遗产地的利益相关者定义为“任何影响世界文化遗产地保护和开发这两个目标的实现或受这两个目标影响的个人和群体”。综上所述，利益相关者的概念大多是从对组织产生影响或被组织影响两个方面对利益相关者加以定义的。由于国家公园的主要目标是实现资源的科学保护和合理利用，因此，我们认为国家公园的利益相关者是指任何影响国家公园资源的科学保护和合理利用这个目标的实现或受这个目标影响的个人和群体，具体包括政府、社区居民、社会组织、企业、公众以及其他个人或群体。

2.1.5.2　分类方法

“米切尔评分法”是利益相关者分类最常用的方法。该方法从合法性、权利性、紧急性 3 项属性对可能的利益相关者进行评分（Michael et al.，1998）。根据分值确定某一个体或者群体是不是企业的利益相关者，以及是哪一类型的利益相关者。

①合法性：是否被赋有法律上的、道义上的或者特定的对企业的索取权；②权利性：是否拥有影响企业决策的地位、能力和相应的手段；③紧急性：所提要求能否立即引起企业管理层的关注。

利益相关者可划分为 3 个类型：确定型利益相关者，同时拥有对企业问题的合法性、权利性和紧急性；预期型利益相关者，与企业保持较密切的联系，拥有 2 项属性；潜在的利益相关者，只拥有 1 项属性（Michael et al.，1998）。

此外，夏赞才（2003）采用利益性质、关系程度、影响力 3 个因素对利益相关者进行分类，并将其分为核心层、战略层和外围层。陈宏辉等（2004）从利益相关者的主动性、重要性和利益要求的紧急性 3 个维度对利益相关者进行分类，并将其分为核心利益相关者、蛰伏利益相关者和边缘利益相关者。

2.1.5.3　国家公园核心利益相关者

国家公园的核心利益相关者主要有国家公园管理部门、地方政府、社区居民、特许经营者和访客。各自立场和利益诉求的不同，使得这 5 个利益主体的关系错综复杂。根据利益关系的强弱，可将他们的利益关系划分为以下 3 个层面（图 2-3、表 2-6）（刘伟玮等，2019）。

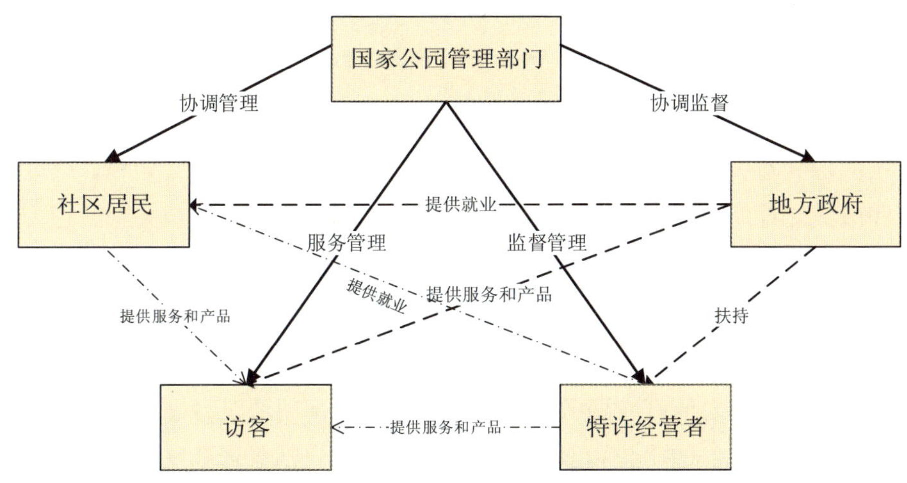

图 2-3　国家公园核心利益相关者关系

表 2-6 国家公园核心利益相关者利益关系及其强度

利益主体		利益趋同	强度	利益矛盾	强度
国家公园管理部门	地方政府	自然生态系统的原真性、完整性保护，以及地方传统文化的保护	◆◆◆◆	地方政府在经济社会发展方面依然存在一定的利益倾向，可能对国家公园的保护产生不利影响	◆◆
	社区居民	自然生态环境的保护，地方文化的传承，以及提升社区居民的经济生活水平	◆◆◆	社区居民生存发展需求与国家公园保护管理要求不一致	◆◆◆
	特许经营者	扩大国家公园品牌，提升特许经营服务水平，保护好自然生态环境	◆◆◆	经营利用的需求与国家公园保护管理要求不一致	◆◆
	访客	提供良好的游憩服务体验，保护好自然生态环境	◆◆◆	访客游憩体验的需要与国家公园保护管理要求不一致	◆◆
地方政府	社区居民	提升社区居民的经济生活水平和社会服务能力	◆◆◆	地方政府保障能力与社区居民的发展需求有差距	◆
	特许经营者	提升特许经营服务水平，带动地方经济社会发展	◆◆	地方政府保障能力与特许经营的发展需求有差距	◆
	访客	以建设入口社区等形式，为访客在国家公园周边提供良好的服务和产品	◆◆	地方政府为访客提供的服务与访客的心理需求有差距	◆
社区居民	特许经营者	特许经营活动能够为部分社区居民提供就业机会	◆◆	特许经营活动影响了社区居民的生活	◆◆
	访客	为访客提供简单、有限的服务和产品	◆◆	访客活动影响了社区居民的生活	◆◆
特许经营者	访客	为访客提供全面、专业的服务和产品	◆◆◆◆	特许经营者为访客提供的服务与访客的心理需求有差距	◆◆◆

注：国家公园利益相关者之间的利益关系强度用“◆”表示，其中两者之间关系强度最大为“◆◆◆◆◆”。

第一层面的利益关系是国家公园管理部门作为国家公园的管理者角色，通过出台相关法律法规和政策文件，对国家公园进行保护管理，规范各核心利益相关者的行为。该层面利益关系强度相对较高，其中，国家公园管理部门与地方政府之间存在相互协调、互相监督的关系；国家公园管理部门与社区居民之间存在协调管理的关系，一方面需要社区居民配合保护，另一方面需要通过相关制度设计，补偿社区居民因保护而损失的发展权利；国家公园管理部门与访客之间存在服务管理的关系，管理部门通过合理规划，在严格保护的前提下，为访客提供良好的平台和服务，将国家公园的自然景观和文化资源展示给访客；国家公园管理部门与特许经营者之间存在监督管理的关系，管理部门依据相关经营管理办法，对特许经营者开展的相关产业活动进行监督，确保不会对生态环境产生不利影响。

第二层面的利益关系是地方政府作为地方行政管理机构和协助国家公园管理的角色，在保护和发展过程中，与社区居民、特许经营者和访客之间的关系。该层面利益关系强度中等，在生态保护的前提下，地方政府充分依托国家公园的品牌优势，带动地方文化旅游等相关产业发展。其中，针对社区居民，主要为社区居民提供更多的就业岗位，提升其经济生活水平；针对访客，加强入口社区建设，在国家公园周边提供更多更好的服务，满足访客的物质和精神需求；针对特许经营者，联合国家公园管理部门，提供政策、资金、技术等方面的保障，提升特许经营能力，进一步带动地方经济社会发展。

第三层面的利益关系是在国家公园管理机构的管理和协调下，社区居民、特许经营者和访客之间的关系。该层面利益关系强度相对较低。其中，社区居民和特许经营者之间：特许经营活动能够为社区居民带来就业机会，提升经济生活水平，同时，特许经营活动也可能对社区居民的生活生产造成影响；社区居民和访客之间：社区居民可以为访客提供有限的服务和产品，同时，访客的活动也可能对社区居民生活产生干扰；特许经营者和访客之间：特许经营者在坚持生态理念的条件下，为访客提供交通、住宿、餐饮等基本服务，以及具有国家公园特色的服务和产品。

由此可见，国家公园的核心利益相关者之间的关系十分复杂，任何利益相关者之间产生严重矛盾冲突都将对国家公园的建设产生不利影响。因此，将利益相关者理论应用于国家公园的规划中，有助于明确国家公园各利益相关者之间的关系，对于协调国家公园各利益相关者之间的冲突具有一定的指导作用。此外，还可以完善我国各类保护地管理体制，规范国家公园等各类自然保护地建设管理，实现重要自然生态系统的有效保护和自然遗产的世代传承。

2.1.6 综合生态系统管理理论

2.1.6.1 综合生态系统管理的概念

综合生态系统管理理论起源于传统的自然资源管理和利用领域，形成于 20 世纪 90 年代。基于对生态系统组成、结构和功能过程的理解，在一定的时空尺度范围内将人类价值和社会经济条件整合到生态系统经营中，以恢复或维持生态系统整体性和可持续性（曾永成，2003）。综合生态系统管理的定义：一个用以制定政策和管理战略，以解决资源利用和环境保护冲突，控制人类活动对区域环境影响的持续的、动态的过程。综合生态系统管理的目标是确保区域自然资源达到最佳的持续利用，切实保护生态环境、维护丰富的生物多样性（冉东亚，2005）。

2.1.6.2 要素组成

综合生态系统管理由综合生态系统管理目标、综合生态系统管理内容和综合生态系统管理方法3个要素组成（表2-7、图2-4）。

表2-7 综合生态系统管理的要素组成

要素	表述
综合生态系统管理目标	是促进可持续发展，保证满足当代人和后代人的持久需要。具体目标为加强多部门的规划和管理；促进自然资源的合理利用，并最大限度地降低资源使用上的冲突；保持生物多样性、生态系统及其服务功能（张灵杰，2001）
综合生态系统管理内容	重点是自然资源与生态环境的规划和管理，包括解决资源利用和环境保护冲突，控制人类活动的干扰，协调各类相关机构为共同的目标而合作（冉东亚，2005）
综合生态系统管理方法	基于对自然资源、生态环境、社会经济复合系统的分析，建立综合和协调机制。综合管理的有效实施，关键在于改进分析手段和强化信息库，这将有助于优选管理内容和制定管理政策（冉东亚，2005）

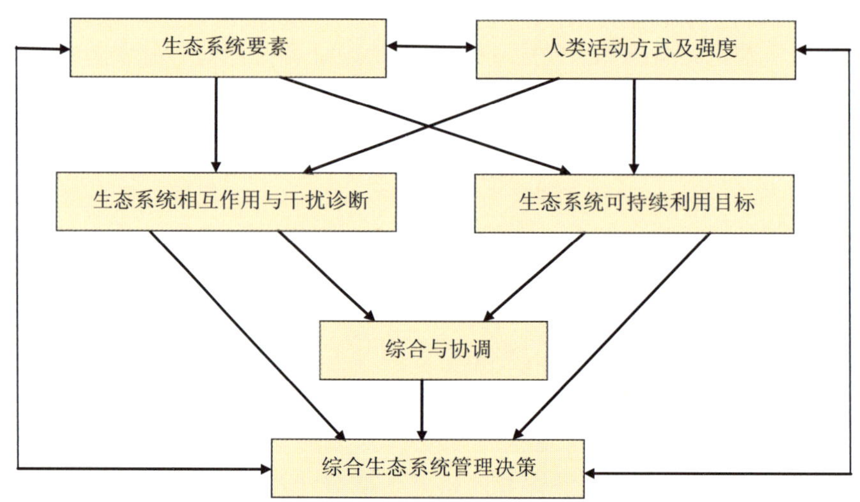

图2-4 综合生态系统管理框架（冉东亚，2005）

2.1.6.3 管理步骤

综合生态系统管理需要把生态学知识应用到自然资源的管理活动中，从概念到实践的转化是一个很困难的挑战，包括确定可持续发展目标、调节空间尺度、调整时间尺度、使系统具有适应性并可解释等步骤（表2-8）（周道玮等，2004）。

表 2-8 综合生态系统管理的步骤

序号	内容	表述
步骤 1	确定可持续发展目标	确立明确的可持续发展目标
步骤 2	调节空间尺度	如果管理权限与生态系统过程在空间上协调一致，那么生态系统管理的实施将大大简化。因此，生态系统管理必须在每个生态系统的不同管理者中寻求一致性
步骤 3	调整时间尺度	鉴于管理机构常被迫做一些以财政年度为基础的决定，生态系统管理必须处理超越人类生命限度的时间尺度。因此，生态系统管理需要长期的计划
步骤 4	使系统具有适应性并可解释	成功的生态系统管理需要一种体制，这种体制能适应生态系统特征的变化和公众认知。适应性管理需要科学家们同管理者和公众联合起来，三方之间进行交流和沟通

将综合生态系统管理理论融入国家公园各层级的规划之中，有助于建立国家公园长期发展战略、制定国家公园评价标准、形成国家公园生态化管理系统、构建国家公园生态友好型社区关系。

2.1.7 可持续发展理论

2.1.7.1 可持续发展的概念

世界自然保护联盟（IUCN）、世界自然基金（WWF）与联合国环境规划署（UNEP）于 1980 年共同发表的《世界自然保护纲要》，首次提出了可持续发展概念（戴云菲，2016）。世界环境和发展委员会在 1987 年发表的《我们共同的未来》中，将可持续发展定义为：“既能满足当代人的需求，又不对后代人满足其需求的能力构成危害的发展”，该定义被广泛认可（WCED，1987）。

2.1.7.2 内涵

（1）共同发展。地球是一个复杂的巨系统，最根本特征是整体性，每个子系统都和其他子系统相互联系与相互作用，任何一个系统发生问题，都会直接或间接影响其他系统，甚至会诱发系统的整体突变。可持续发展追求的是整体发展和协调发展，即共同发展。

（2）协调发展。包括经济、社会、环境三大系统的整体协调；世界、国家和地区 3 个空间层面的协调；一个国家或地区经济与人口、资源、环境、社会以及内部各个阶层的协调。

（3）公平发展。包括时间维度上的公平，当代人的发展不能以损害后代人的发展能力为代价；空间维度上的公平，一个国家或地区的发展不能以损害其他国家或地区的发展能力为代价。

（4）高效发展。是指在经济、社会、资源、环境、人口等协调下的高效率发展。

（5）多维发展。各国与各地区在实施可持续发展战略时，应该从国情或区情出发，走符合本国或本区实际的、多样性的、多模式的可持续发展道路。

2.1.7.3 特征

可持续发展的特征包括自然可持续性、经济可持续性和社会可持续性 3 方面（表 2-9）（唐晓岚，2012）。

表 2-9 可持续发展的特征

特征	表述
自然可持续性	是指人们在利用自然资源时，不能造成自然资源质量的退化。在资源利用的过程中，尊重自然规律，将利用强度控制在自然资源容量范围内，使保护与利用相协调。保护资源的自然可持续性可以协调当前和未来的关系，防止竭泽而渔的行为，是持续发展的基础
经济可持续性	是指在资源质量不发生退化的前提下人们可以持续不断地取得净收益，以牺牲环境质量为代价换取高收益的利用方式是经济不可持续的
社会可持续性	是指那些只顾局部利益而不考虑区域发展，只考虑部分人利益而不顾社会利益的行为都会破坏系统的社会可接受性，从而失去社会可持续性

国家公园的理念之一就是坚持世代传承，给子孙后代留下珍贵的自然遗产。国家公园在建设过程中，如果开发过度或者管理不善，很可能面临自然资源在一定程度上受到损坏的威胁，这种损坏轻者会造成国家公园内自然资源质量的下降，重者则会导致国家公园的珍贵自然资源不复存在。因此，只有将可持续发展的理论贯穿于国家公园规划的始终，才能真正实现国家公园的世代传承。

2.1.8 可接受的改变极限理论

2.1.8.1 可接受的改变极限的概念

可接受的改变极限（Limits of Acceptable Change，LAC）这一概念是由美国学者 Frissell 于 1963 年提出的。他认为开展旅游活动会给区域资源和环境带来一定的负面影响，要设定一个环境改变的极限值，即当一个地区的资源状况到达预先设定的极限值时，就必须采取措施，阻止环境的进一步变化（杨锐，2003a）。1972 年，Frissell 和 Stankey 对 LAC 这一概念进行了补充和完善，认为不仅应对自然资源的生态环境状况设定极限，还应为游客的体验水准设定极限（杨锐，2003b）。1984 年，Stankey 在题为《可接受改变的极限：管理鲍勃·马苏荒野地的新思路》的论文中首次提出了 LAC 框架；1985 年，美国林业局出版了《荒野地规划中的可接受改变理论》，系统地提出了 LAC 理论框架和实施方案。LAC 理论是从游憩环境容量概念中衍生出来的一种理论，用于解决国家公园和保护区中的资源保护与利用问题。20 世纪 90 年代以后广泛应用于美国、加拿大、澳大利亚等国家的国家公园和保护区规划和管理中（杨锐，2003c）。

2.1.8.2　可接受的改变极限理论的内涵

LAC 理论的概念体系实际包含以下几个部分（姚莉，2011）：

（1）只要有旅游活动产生，就会对环境造成影响。

（2）多大的影响是不可接受的是其关键所在。旅游承载力不是控制游客数量，而是明确对环境和游客及居民心理造成多大的影响为不可接受，即明确一个环境变化和心理承受的极限。

（3）找出能够灵敏反映环境变化和心理承受的指标。

（4）对这些指标进行监测，当超过极限时，便采取管理措施，将其控制在极限值以内。这种管理措施不是仅限于对游客数量的控制，而是针对与该指标相关联的其他方面，包括对游客行为、管理方式、硬件设施、政策调整、宣传教育等多方面的调控。

LAC 理论的 5 个基本认识（姚莉，2011）：

（1）应当明确所有管理保护的对象及目标；

（2）自然系统中总会出现环境的变化；

（3）任何旅游行为都会带来环境的变化；

（4）管理规划所要解决的首要问题就是明确多大程度的变化是可以接受的；

（5）通过监测来检验管理行动是否有效。

2.1.8.3　可接受的改变极限理论的基本框架

LAC 理论主要包含确定规划地区的问题与关注点、界定并描述旅游机会种类、选择有关资源状况和社会状况的监测指标、调查现状资源状况和社会状况、确定旅游机会类别的资源状况和社会状况标准、制订旅游机会类别的可选方案、为每一个可选方案制订管理行动计划、评价可选方案并选出一个最佳方案、实施并监测最佳方案等 9 个步骤（表 2-10）（杨锐，2003b；杨冬冬，2017；全君彦，2018）。

表 2-10　LAC 理论的基本框架

步骤	内容	表述
步骤 1	确定规划地区的问题与关注点	确定规划地区的资源特征与质量，确定规划中应该解决哪些管理问题，确定哪些是公众关注的管理问题，确定规划在区域层次和国家层次扮演的角色等。使规划者深入了解规划地区的资源，以便对如何管理好这些资源有一个总体概念，从而将规划重点放到主要的管理问题上
步骤 2	界定并描述旅游机会种类	每一个规划区内部的不同区域，其生物物理特征、利用程度、旅游和其他人类活动痕迹、游客体验需求也存在一定的差别。因此，规划区的管理方式也应根据不同区域的资源特征、现状及游客体验需求而有所变化。但管理目标应与总体目标相一致
步骤 3	选择有关资源状况和社会状况的监测指标	指标是用来表征和描述资源和社会状况的。监测指标的确定，首先应是自然或社会环境中具体的元素，能够恰当代表该规划地区的环境；其次应当在数量上容易测算，且变化敏感。监测指标是框架中必不可少的部分，因为它们的情况能够反映出某一研究区域的整体状况。此外，单一指标不足以描述某一特定区域的资源和社会状况，应该用一组指标来对相应的地区进行监测
步骤 4	调查现状资源状况和社会状况	该步骤的现状调查主要是对步骤 3 中选出的监测指标的调查。通过步骤 4，规划者避免了收集不必要的数据
步骤 5	确定旅游机会类别的资源状况和社会状况标准	需要为监测指标确定条件范围，用其来定义“可接受的改变限度”。标准是某一区域各种状况的极限值，各种监测指标在这一限度以内才能被允许。而步骤 4 中收集的调查结果则会在设置标准中起到重要作用
步骤 6	制订旅游机会类别的可选方案	根据步骤 1 确定的问题和关注点，以及步骤 4 确定的现状信息，探索旅游机会类别的不同空间分布。不同的方案满足不同的问题和关注点
步骤 7	为每一个可选方案制订管理行动计划	步骤 6 中确定的替代方案只是开发最佳方案的第一步。管理者和规划者应该了解现实状况与理想状况的差距，以及采取怎样的管理才能达到理想状况。步骤 7 需要对每一个替代方案进行大致的成本分析
步骤 8	评价可选方案并选出一个最佳方案	面对不同替代方案需要付出的成本和带来的利益，管理者和规划者接下来要进入评估阶段。管理机构可以根据评价的结果选出最佳方案。其中，步骤 1 所确定的问题和关注点，以及步骤 7 中的行动代价是必须考虑的因素。评价不仅有助于管理机构做出正确的管理决策，还可以为公众的有效参与创造机会
步骤 9	实施并监测最佳方案	最终选定替代方案，并以政策的方式由决策者发布，必要的管理行为开始生效，监测计划也应该开始施行。监测主要是对步骤 3 中确定的指标进行监测，以确定它们是否符合步骤 5 的标准。如果监测结果显示资源和社会状况没有得到改进，那就需要加强管理或实施新的行动

2.2　主要技术方法

2.2.1　物种分布模型法

物种分布模型（Species Distribution Models，SDMs）又称环境生态位模型、生境适宜度模型、潜在生境分布模型等，是一种依据物种的分布样本信息和相应的环境变量信息，运用特定的算法建立物种的分布与环境变量之间的关系，模拟物种潜在的地理分布以及全球气候变化情景下物种分布区变化的模型（许仲林等，2015）。物种分布模型是基于生态位理论构建的数学推理模型。生态位是指生态系统中种群在时间和空间上所占据的位置及其与其他种群之间的关系与作用（Hutchinson，1995）。Hutchinson（1995）以数学方式描述了生态位的概念：在由多个环境变量定义的多维空间内，能够维持稳定种群的"超体积"。物种分布模型可以利用物种已知的或是未知的分布点，以及对应的环境变量，预测物种所有可能的分布点。利用物种分布模型模拟物种的实际和潜在分布区，已成为生态学、生物地理学、进化生物学、保护生物学常用的研究方法，被广泛用于研究全球变化背景下物种的分布和气候之间的关系（蒋霞等，2005）、区域气候变化对植物群落和功能的影响（冷文芳等，2007）、生态系统功能群和关键种的监测和预测（张志东等，2007）、生态系统不同尺度多样性的管理和保护（Svenning et al.，2005）、外来物种入侵区域的预测（Larson et al.，2012）、面向生态系统恢复的关键物种的潜在分布预测和保护地规划（Xu et al.，2012）等。

2.2.1.1　物种分布模型种类

物种分布模型可分为回归模型、分类模型和复杂模型三大类（表 2-11）（杨若男等，2016）。

表 2-11　物种分布模型种类

模型种类	表述
回归模型	比较常用的回归模型有广义线性模型、广义可加模型、多元自适应回归样条函数、分层模型等。其中，广义线性模型采用经典的方法量化物种—环境变量之间的联系，但当物种和环境变量是多元的关系时，广义可加模型更适宜。物种选择对广义可加模型或者广义线性模型影响较大。多元自适应回归样条函数与广义可加模型很相似，但其比广义可加模型速度快。多元自适应回归样条函数与广义可加模型的性能都优于广义线性模型。分层模型通常将 2 种或 3 种回归进程组合到一起。从本质上来讲，分层模型就是一系列的广义线性模型

模型种类	表述
分类模型	比较常用的分类模型有混合判别分析、分类回归树、广义助推法，这3种方法都嵌入了回归算法。与回归模型相比，分类模型在处理数据集的异常方面更精确。其中，混合判别分析是改进的判别分析。分类回归树分析与传统的判别分析、聚类分析很相似，但与广义可加模型相比，其不需要依赖物种—环境变量之间的先验假设。广义助推模型将很多简单样本模型组合在一起，可以给出更精确的预测结果。混合判别分析、分类回归树和广义助推法都是没有参数的，所以比较适合相对复杂的物种与环境关系
复杂模型	比较常用的复杂模型有人工神经网络、随机森林算法、预测规则遗传算法、最大熵方法。与分类回归树、广义助推法等分类模型相比，人工神经网络、随机森林算法、最大熵方法等复杂模型能准确地提出输入数据的隐藏特性，并能捕捉到所给数据的细节部分

2.2.1.2 主要步骤

物种分布模型法的主要步骤如下：

（1）准备物种分布数据。从实际观测、公开发表的相关文献、动植物志、网络数据库等相关资料中初步获取物种分布数据，对初步获取的物种分布数据进行校正、整理，并将其转化成能够用于模型分析的数据格式，形成物种分布的最终数据。

（2）准备环境变量数据。根据研究物种的特征选择合适的环境因子，并基于 ArcGIS 等地理信息系统软件制作、处理相应的环境因子图层。

（3）模型模拟。根据研究内容和研究目的，选取合适的物种分布模型，并将准备好的物种分布最终数据和环境因子图层放入相应模型运行，待模型运行结束后选择合适的阈值模拟物种分布范围。

2.2.1.3 案例——以中国重点保护陆生脊椎动物物种优先保护区的识别为例

金宇等（2016）以中国重点保护陆生脊椎动物物种优先保护区的识别为例，系统介绍了物种分布模型（随机森林算法）的应用。其具体操作如下：

（1）准备物种分布数据。首先，根据物种重要性、特有性以及数据的完整性（动物物种的分布数据来自中国物种信息系统）选择了 362 种国家一级、二级保护动物。其次，剔除鱼类等物种以及分布点数据不足的 99 种物种，保留了 263 种陆生脊椎动物物种［其中，国家一级保护动物 86 种，国家二级保护动物 177 种；被《世界自然保护联盟濒危物种红色名录》（简称《IUCN 红色名录》）评定为极危物种的有 18 种，濒危物种 58 种，易危物种 50 种］作为研究对象，并从中国物种信息系统提取了这 263 种陆生脊椎动物物种的分布点数据。最后，为保证数据的准确性，根据《中国物种红色名录》对物种的分布点数据进行了检查，得到 263 种陆生脊椎动物物种的最终分布点数据。

（2）准备环境数据。该研究选择了年平均温度、最冷月份最低温度、最暖月份最高温度、温度的季节性变异、年降水量、降水的季节性变化、生物群落区、土地利用类型、湿地类型、人类足迹指数、净初级生产力、海拔等 12 个能够反映气候特征、栖息地和人类影响的环境变量来预测物种的适宜分布区。其中，年平均温度、最冷月份最低温度、最暖月份最高温度、温度的季节性变异、年降水量和降水的季节性变化为生物气候变量；土地利用类型、生物群落区和湿地类型为地表类型变量；海拔为地形变量；人类足迹指数和净初级生产力为人文、生态指数变量。

（3）模型模拟。首先，以我国大陆地区为研究区域，采用公里网格选取预测背景点，每隔 0.2°经度和纬度选择一个点，共计 11 968 个背景点。其次，通过 ArcGIS 软件提取每个物种的分布点和背景点的所有环境变量值，并将每个物种的分布数据和背景数据分为训练集和测试集（训练集用于建模，测试集用于检验模型精度），其中训练集分别由随机抽取的各 75%的物种分布数据和背景数据组成，测试集是由剩余的各 25%的物种分布数据和背景数据组成。再次，建立随机森林模型，对每个物种进行预测，得到背景点的物种的适生概率，将每个背景点上所有物种的适生概率进行叠加并做标准化处理，得到国家重点保护陆生脊椎动物物种生境适宜性指数。最后，为保证模型预测的准确性，该研究采用接收工作机特征曲线下的面积（AUC）和真实技巧统计值（TSS）对模型预测精度进行评价。模型精度检验结果显示，AUC 和 TSS 的取值区间分别为 0.81～0.981（平均值为 0.896）、0.735～0.929（平均值为 0.807），模型的预测能力较好，预测精度较高。

（4）优先保护区的识别。首先，在 ArcGIS 9.3 中对生境适宜性指数进行反距离加权插值运算，得到 1 km 分辨率的生境适宜性指数图。将生境适宜性指数图中的每个像元转换成 1 km×1 km 的矢量网格，并将每个 1 km×1 km 的矢量网格作为一个评价单元。其次，按照陆生动物的地理分区，将生境适宜性指数图划分为东北区、华北区、蒙新区、西南区、华中区、青藏区以及华南区等 7 个陆生动物地理分布区，使用 GeoDa 软件进行全局空间自相关分析探测 7 个地理分布区生境适宜性指数的空间模式，确定整个区域是否具有空间自相关性以及相关性的显著水平；再对 7 个地理分布区进行局部空间自相关性分析，进一步考虑是否存在观测值的高值或低值的局部空间聚集，并识别高值区与低值区，得到国家重点保护陆生动物物种的优先保护区。该研究结果显示，国家重点保护陆生脊椎动物物种的优先保护区的面积为 103.16 万 km^2，约占我国国土面积的 10.90%，优先保护区的斑块个数为 355 个，其中面积最大的为 9.67 万 km^2，面积最小的为 1.37 km^2，平均斑块面积为 2 153.75 km^2。这些优先保护区主要分布在我国的西部地区，包括西南地区的秦岭—大巴山山区、云南省与印度及缅甸的交界地区、武陵山山区、喜马拉雅山—横断山脉山区、阿尔泰山脉山区、天山山脉山区、昆仑山山脉山区；北部的大兴安岭、小兴安岭、东北—华南的沿海地区及长江中下游地区有少量分布。

（5）空缺分析。在 ArcGIS 软件中分别将优先保护区与自然保护区及生物多样性保护优先区进行叠加，对优先保护区的被保护情况进行分析，识别未被充分保护的优先保护区。该研究结果显示，优先保护区中被保护的面积为 50.40 万 km^2，占优先保护区总面积的 48.86%，未被充分保护的优先保护区占优先保护区的 51.14%，研究结果为我国自然保护区和生物多样性优先保护区的优化提供了重要参考。

2.2.2 热点区分析法

热点区（hotspot）概念最早由 Myers 于 1988 年提出，他将其定义为“至少包括 1 500 种特有维管束植物，且原始植被的丧失率不小于 70%的地区”（Myers，2000）。在此基础上，Myers（1990）提出了全球生物多样性 18 个热点区，后考虑特有种而增加为 25 个热点区。这 25 个全球生物多样性热点区用全球 1.4%的陆地面积，支持了全球 44%的维管束植物和 35%的陆生脊椎动物。由于热点区的概念较好地反映了保护的有效性和优先性原则，迅速得到了社会各界的广泛认可，研究范围从陆域延伸到水域，研究尺度从全球尺度细化到国家和区域尺度。研究者对热点区评价的标准、技术方法、进化史的影响、气候变化的影响，以及热点区保护的经济政策等都进行了探讨（李智琦等，2010）。

热点区分析是指在较大尺度上识别濒危物种、重要生态系统的集中分布区，探讨如何以最小代价、最大限度地保护区域的生物多样性（单继红，2013）。在热点区分析的基础上对有限的保护资源进行合理分配，不仅能大大提高就地保护的成效，还可以为国家公园的选址和布局提供参考。

2.2.2.1 评价方法

生物多样性包括物种多样性、生态系统多样性和遗传多样性。由于缺少国际公认的生态系统分类体系和遗传信息难以获得，生态系统多样性和遗传多样性的评价受到限制。物种丰富度是评价生物多样性的常用指标。在实际研究中，常采用指示类群的物种丰富度以及物种丰富度分布格局模拟等间接指标替代物种丰富度来确定生物多样性热点区。

（1）指示类群的物种丰富度。

指示类群的物种丰富度可以代表某地区大部分生物类群的丰富度。指示类群可以是一类或几类生物分类类群，如高等植物、鸟类、哺乳动物的物种丰富度的分布能代表大多数物种的真实分布情况（Bibby，1992；Pearson et al.，1992；Scott et al.，1993），且野外较易于观察，记录也较为完善，常被认为是很好的指示类群（李智琦等，2010）。指示类群也可以选择具有特殊意义的一类生物，如特有种、稀有种、濒危种和受胁种等（李智琦等，2010）。濒危种和受胁种反映了物种的生存状态，能够起到一定的指示作用。在大尺度研究中，可以选择特有种作为指示类群，因为不同种类生物特有种的丰富度分布格局与其物种丰富度接近（Lombard，1995；Williams et al.，1996），而且与分析单元的大小无关（Shawn，2003）。但物种的特有性和稀有性的定义是根据物种的分布范围来确定的，缺少准确的度量方法，可能造成指示种选择的偏差（Peterson et al.，1998）。Usher（1986）提出的种“稀有值”概念为定量物种的特有性和稀有性提供了依据，并在地区和国家尺度上得到了应用。

（2）物种丰富度分布格局模拟。

通过构建物种丰富度—环境因素模型，或者通过景观异质性法，模拟物种丰富度的空间分布格局。环境因素制约着物种丰富度及分布，可通过建立样本的物种丰富度—环境因素模型，结合经纬度、气候、海拔、地形地貌、水深、生境等环境因素，预测整个区域的物种丰富度分布情况，从而确定生物多样性热点区。景观异质性法的理论基础源于生物多样性的空间异质性假说，认为大尺度上生物多样性高的地区拥有较高的景观异质性。Podolsky（1995）根据遥感影像像元的异质性反映物种多样性情况，在洲、区域尺度上验证的结果与实际调查情况较为吻合。

评价方法的选取要综合考虑研究目的、范围、尺度等。以上方法中，指示类群的物种丰富度可以较好地反映物种丰富度特征，但需要具有植物或动物分类学背景的专业人员花大量的时间进行物种调查、鉴定、数据校正和整理以及分布图的制作，操作的便捷性较差，但适用性较广，可应用于各种空间尺度。物种丰富度分布格局模拟的方法在操作的便捷性方面表现更好，但对特有种、稀有种、濒危种和受胁种的保护优先性体现不足。该方法主要适用于大尺度上短时间内快速评估生物多样性热点区（李智琦等，2010）。

2.2.2.2　分析步骤

热点区分析通常遵循以下步骤：

（1）确定区域的指示类群。根据研究区域和研究目的、目标，选择相应的指示类群。

（2）确定物种的分布。通过开展针对指示类群物种的野外调查、统计以往标本记录、获取公众来源的物种观测数据等方式，以详细准确为原则，获得物种分布数据，结合物种的栖息地选择特征，通过物种分布模型等方法模拟物种分布区，制作指示类群中各物种的分布图。

（3）制作物种多样性分布热点地图。将各物种分布图通过直接叠加、按照物种受胁程度加权叠加或运用模型综合计算的方法，获取物种丰富度空间分布，并设定划分热点区的阈值，得到物种多样性分布热点地图。

2.2.2.3　案例——中国台湾繁殖鸟类的热点区分析

Wu 等（2013）以台湾繁殖鸟类的热点区分析为例，系统介绍了热点区分析法的应用。

具体操作如下：

（1）确定区域的指示类群。为了解台湾繁殖鸟类的分布热点区，该研究以 145 种繁殖鸟类（台湾全部繁殖鸟类共计 145 种）为指示类群。

（2）确定物种的分布。该研究首先建立了 145 种繁殖鸟类的综合分布数据集。为保证数据的准确性，该研究将综合分布数据集做以下处理：仅保留 3—7 月（绝大多数鸟类的主要繁殖季节）的物种数据；将研究区域划分为 36 022 个 1 km×1 km 的网格，针对每种物种将每个 1 km×1 km 网格单元编码为存在或不存在，排除那些编码小于 30 个网格单元的物种，最终该研究保留了 116 种繁殖鸟类进行热点区分析。然后，该研究以 120 个环境数据作为环境图层，并通过一定标准选出各个物种对应的环境图层。最后，将各个物种分布数据与其对应的环境图层作为输入数据，在物种分布模型软件中运行，得到 116 种繁殖鸟类的物种分布图。

（3）制作物种多样性分布热点区地图。该研究使用总物种丰富度、特有物种丰富度、濒危物种丰富度和稀有物种丰富度等 4 类物种丰富度作为热点区标准生成四类热点区地图。在具体操作方面，该研究首先将各类物种丰富度包含的繁殖鸟类的物种分布图叠加，得到相应的物种丰富度图。其次，选出物种丰富度前5%的网格单元［由于每个网格单元的物种丰富度是一个整数值，通常有很多相同值的网格单元，无法选择精确的网格单元百分比（如 5%）］。因此，该研究选择了一个物种丰富度的阈值（表 2-12，这个阈值刚好略高于给定的百分比，以确保不会遗漏对未来有价值的网格单元的保护）作为物种最丰富的网格单元，绘制了物种最丰富地区的热点区地图。最后，将得到的各类物种丰富度图与现有保护地形状图进行叠加，识别现有保护地以外的热点区。该研究显示：从总物种丰富度角度看，在现有保护地以外物种最丰富的网格主要集中在东北部和中南部山区；从特有物种丰富度角度看，在现有保护地以外物种最丰富的网格与总物种丰富度的分布有些相似，但较后者在西北部和中部山区有更多的分布；从濒危物种丰富度角度看，现有保护地以外的大多数物种丰富的网格几乎都是在没有保护的山区发现的；从稀有物种丰富度角度看，稀有物种主要分布在西南部的一个区域（嘉南平原、高雄平原和老农河流域）。

表 2-12　满足各个“热点区标准”的网格单元数

热点区标准	内容	物种丰富度				
		前 5%	前 10%	前 15%	前 20%	前 25%
总物种丰富度	选定网格单元物种丰富度阈值	≥70	≥66	≥63	≥59	≥56
	选定的网格单元数	2 201	4 006	5 560	7 697	9 190
	占总研究区域的百分比	6.1%	11.1%	15.4%	21.4%	25.5%

热点区标准	内容	物种丰富度				
		前 5%	前 10%	前 15%	前 20%	前 25%
特有物种丰富度	选定网格单元物种丰富度阈值	≥12	≥11	≥9	≥8	≥7
	选定的网格单元数	2 647	3 647	6 824	8 810	10 344
	占总研究区域的百分比	7.4%	10.1%	18.9%	24.5%	28.7%
濒危物种丰富度	选定网格单元物种丰富度阈值	≥21	≥18	≥16	≥14	≥12
	选定的网格单元数	2 036	4 231	6 091	7 826	9 472
	占总研究区域的百分比	5.7%	11.8%	16.9%	21.7%	26.3%
稀有物种丰富度	选定网格单元物种丰富度阈值	≥9	≥8	≥7	≥6	≥5
	选定的网格单元数	2 855	4 566	6 060	7 766	9 684
	占总研究区域的百分比	7.9%	12.7%	16.8%	21.6%	26.9%

（4）综合热点区分析。该研究将四类热点区标准结合，对台湾地区最有保护价值的网格进行评估。在具体操作方面，该研究选择了各类热点区标准下物种最丰富的前 5%的网格（表 2-12），并排除了分布在现有保护地内的网格，得到了台湾未受保护区域的四大热点区标准组合图（图 2-5，图中颜色范围从深红色到粉红色表示从满足所有 4 个热点区标准到仅满足 4 个热点区标准中的 1 个）。该研究结果表明：台湾东北部（南澳周围山区）的大片未受保护的山区应成为未来野外调查和保护工作的高度优先区，这是唯一一个一直被强调为重要鸟类热点区的未受保护区域。相比之下，其他具有较高保护价值的未保护区域只是中部和南部山区现有保护区的空间扩展。

2.2.3　保护空缺分析法

1988 年，Burley 首次提出保护空缺（Geographic Approach to Protect Biological Diversity，GAP）概念，并将其定义为“对生物多样性各个因素的分布和保护状态以及现有保护地进行快速调查和分析的一种方法”。GAP 分析是基于以下 3 条假设提出的，即保护物种的最佳时期是在它们还是普通物种时进行保护；维持自然种群比保护濒危种群更经济；考虑数据的可获得性，可以用已知脊椎动物物种和植被类型的分布评价区域生物多样性（刘吉平等，2005）。GAP 分析主要是指寻找现有保护地系统中没有得到保护或没有得到充分保护的物种及植被类型进而确定其所在区域的过程。GAP 分析为在区域、国家等较大尺度上探讨物种及其生境保护提供了方法，能够非常直观地在图上显示生物多样性保护的热点和空白。

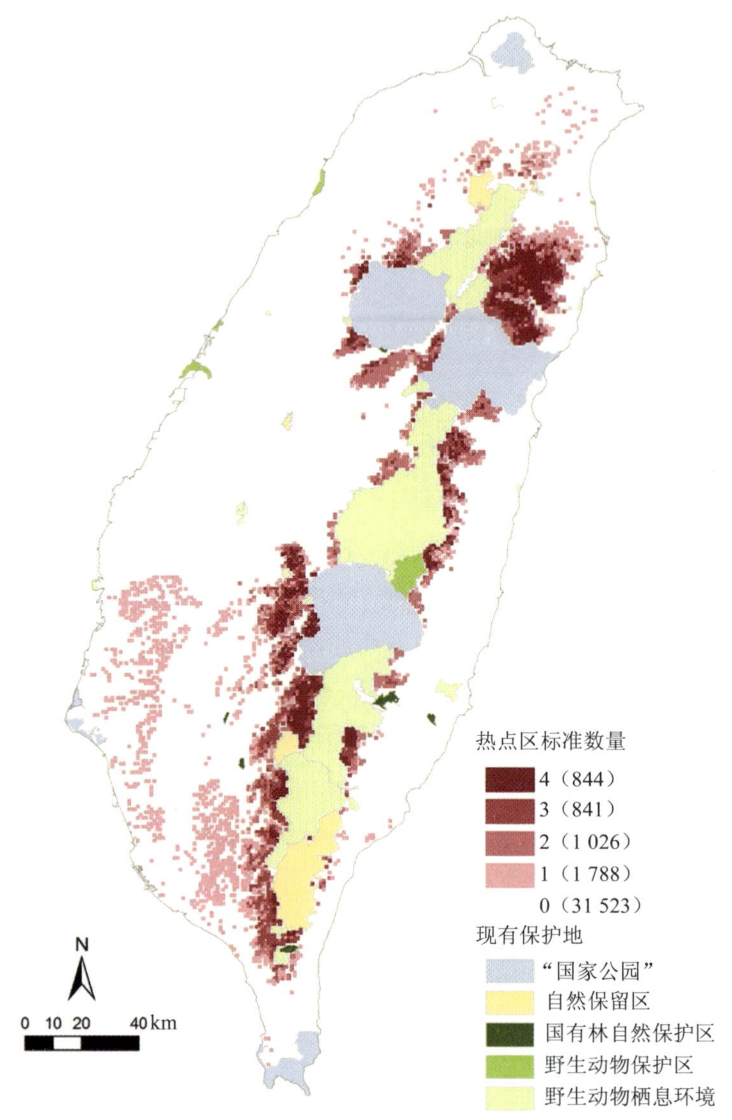

图 2-5　台湾岛未受保护区域的四大热点区标准组合（Wu et al.，2013）

2.2.3.1　分析步骤

GAP 分析的基本技术流程就是把所有要考察的物种和植被类型的分布与保护地分布进行比较（图 2-6）（刘吉平等，2005）。首先是绘制植物群落分布图，其次是结合其他相关资料来模拟物种分布。在GAP 分析中，植被和物种分布图与保护现状图结合起来就可以很好地显示植物群落和物种在现有的保护地网络中的保护情况，那些既不适应人为环境，又没有被保护地保护的物种和植被类型就被认为是 GAP，这些物种或植被就是下一步保护工作的焦点。具体而言，GAP 分析的一般步骤包括：制作植被图、制作物种分布图、制作物种丰富度图、制作土地所有权和管理状态图、寻找空白地区等 5 个步骤（Scott et al.，1993；李迪强等，2000）。

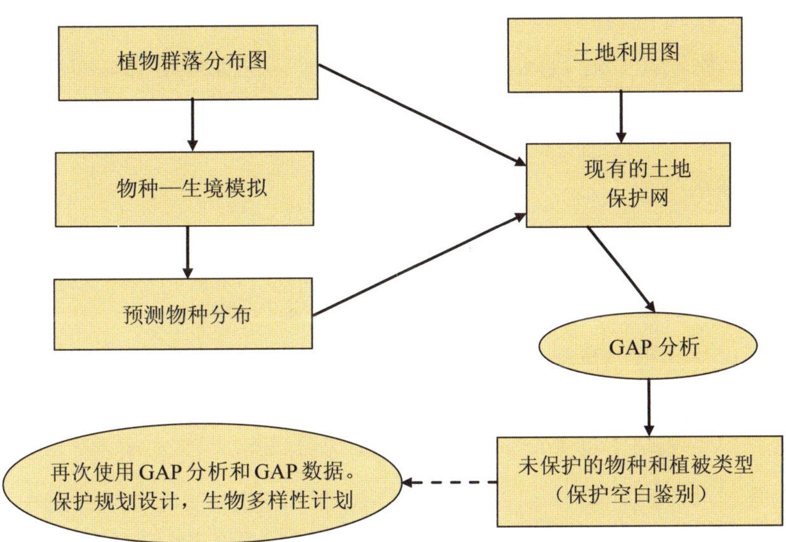

图 2-6　GAP 分析基本要素及其过程（刘吉平等，2005）

（1）制作植被图。植被图是进行 GAP 分析的基本数据层。植被图通过现有的植被图合并、卫星影像图解译或是数字图像资料分类而得到。

（2）制作物种分布图。通过确定适宜该物种生存的植被类型多边形来确定物种的分布范围。利用数量化生境与物种关系模型建立物种与一定的植被类型的联系，再根据已知物种的 GIS 分布图与植被图衍生出来的适宜生境图建立目前该物种的分布图。

（3）制作物种丰富度图。在进行叠加物种分布图时，GIS 显示每一植被多边形中的期望物种数，或一个网格数据通过叠加，显示出物种丰富度沿着环境梯度的变化。这一分析结果可以清晰地显示出物种丰富度高的热点区。而且物种丰富度图可以任意地根据研究目的产生，如与爬行类、哺乳类、啮齿类、狩猎种或其他任何已研究清楚的物种分布图合并。

（4）制作土地所有权和管理状态图。包括土地被保护状态、土地所有权归属、管理方式、利用方式等。目前在美国进行的 GAP 项目研究常用到 4 个级别：管理状态 1——大多数的国家公园、自然保护区、国家级的野生动物庇护所、科学研究自然区和具有特殊自然价值的管理区；管理状态 2——大多数的荒野地、环境关注区、其他一般的自然价值管理区，这些地区有部分被利用；管理状态 3——大多数没有指明的公共土地如国家森林公园及有些虽然有地方法规保护，但存在潜在破坏性利用的地区；管理状态 4——没有法律约束的自然保护和管理区。

（5）寻找空白地区。将建立的生物多样性热点区和其他需要优先保护的地区相比较，显示出保护上的空白地区。没有被保护的和没有代表的植被类型和热点区是需要立即采取保护行动的地区。在任何情况下，确定生物多样性管理区应该注意用生态区特征来分析生物多样性的分布，而不是以行政区。对省际的生物多样性地理信息系统应与地区、全国或全球的合并，然后探讨保护地的设立位置。

2.2.3.2 方法优缺点

（1）GAP 分析法的优点。

GAP 分析法在生物多样性保护中的优势体现在以下方面：

①强调对物种和生境的多种类保护，是一种既经济又比只保护单个物种或群落有效的方法；

②强调构建保护地网络是最大限度保护生物多样性的先决条件，而不仅仅考虑生物多样性丰富的地区；

③为进一步确定未来自然保护地界线的设计提供科学依据；

④可对物种和生境之间复杂的多层次多结构的生物地理信息进行更详细的研究，如生物物种的组成、结构、功能，以及物种组成与植被联结等。

（2）GAP 分析法的缺点。

GAP 分析法存在一定缺陷，主要体现在以下方面：

①是对大尺度上的生物多样性保护进行评价，不能反映出小于最小制图单元的生境，所制出的图层不能显示细节内容；

②不能对生物多样性的历史分布变化情况进行分析，不能表现生境的丧失情况；

③仅能预测某个物种是否出现，不能反映哪些是稀有物种、哪些物种的分布比较广；

④尽管该分析法所列出的物种与实际调查的一致性在 70%以上，但是物种分布图是根据已知物种的分布情况或者物种与生境的关系模拟出来的，对稀有物种仍需进行野外调查。

2.2.3.3 案例——热带安第斯山脉生物多样性热点区的保护空缺分析

Vincent 等（2019）以热带安第斯山脉生物多样性热点区的保护空缺分析为例，系统介绍了保护空缺分析法的应用。其具体操作如下：

（1）制作植被图。该研究主要根据空间分辨率为 300 m 的全球土地覆盖图，制作植被图。在制作植被图过程中将植被类型分为森林、草地、灌木地、湿地、农田、市区、开阔地带和水体等 8 类。

（2）制作物种分布图。该研究选取了热带雨林特有的脊椎动物（包含哺乳类、鸟类、两栖类和爬行类）作为预测物种主要类群（预测物种的分布图主要从世界自然保护联盟和国际鸟盟网站获取）。然后，在参考从国际保护协会获得地理分布图的基础上计算了每个物种在热带安第斯山脉的地理分布百分比，并从中选择了分布范围至少 90%在热带安第斯山脉的所有物种作为预测物种，初步生成了1 762 种脊椎动物原始分布图组成的数据集（这些物种是热带安第斯山脉特有或几乎特有的）。此外，为了减少物种空间分布的潜在偏差，该研究还通过以下几点对每个物种的原始分布图（图 2-7a）加以完善，得到每个物种的精细分布图（图 2-7e）：在参考已有研究的基础上将原始的范围缓冲了 10 km（图 2-7b），以减少数字化和地理校正程序所产生的潜在错误（这些错误对狭域分布物种的分布范围影响较大）；使用全球数字高程模型将所有超出《IUCN 红色名录》评估和国际鸟盟公布的物种海拔界限的区域从物种范围图中删除（图 2-7c）；从已制作的植被图中将《IUCN 红色名录》和国际鸟盟公布的不适宜栖息地从物种范围图中移除（图 2-7d）；最终，由于有 19 种物种的地理范围与《IUCN 红色名录》和国际鸟盟公布的海拔和生境要求不符，数据库减少到 1 743 种。

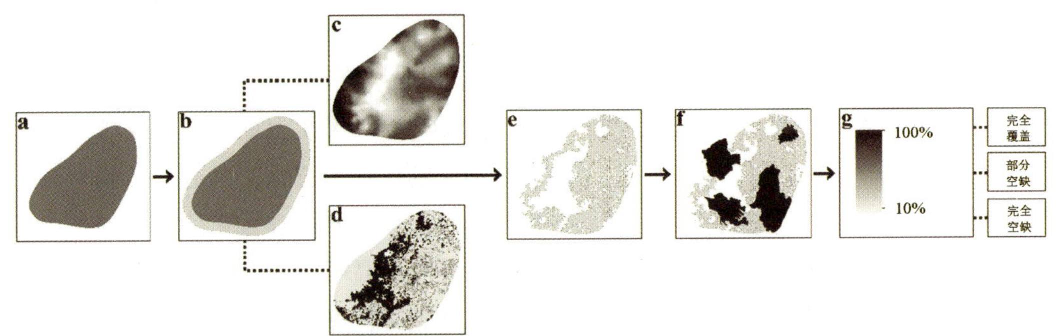

图 2-7　物种分布范围细化程序和差距分析流程（Vincent et al.，2019）

（3）制作土地所有权和管理状态图。从自然保护地数据库提取安第斯山脉国家（包含委内瑞拉、哥伦比亚、厄瓜多尔、秘鲁、玻利维亚、智利和阿根廷）大陆范围内面积大于 100 hm^2（100 hm^2 被认为是维持脊椎动物物种种群的最小面积）的陆地保护地（保护正在实施或新提议实施的保护地）分布数据，并根据安第斯山脉国家关于保护地的政府信息对上述保护地分布数据的准确性和完整性进行交叉检验。然后使用 ArcGIS 软件将所有的保护地地图进行合并，得到包含 553 个保护地的土地权属和管理状态图（图 2-7f）。

（4）寻找空白地区。该研究通过在 ArcGIS 中的土地所有权和管理状态图层上叠加物种精细分布图，计算出每个物种的精细分布范围有多少位于现有的保护地内，当满足预先确定的特有物种代表性目标时（对于分布范围小于 500 km^2 的狭域物种，代表性目标设置为保护地覆盖物种分布范围的 100%；对于分布范围大于 2 500 km^2 的广域物种，代表性目标设置为保护地覆盖物种分布范围的 10%；对于分布范围在 500～2 500 km^2 的物种，其代表性目标主要使用对数线性模型在 10%～100%进行插值。图 2-7g），就认为物种在现有保护地内。该研究结果表明：在研究所涉及的物种中，有 1 267 种（约 73%）在某个特定国家范围内是安第斯山脉特有或几乎特有的物种。总的来说，现有保护地对于这些物种的覆盖率很低。其中，在玻利维亚、阿根廷和委内瑞拉的保护地系统中，物种最具代表性；而在智利、秘鲁、哥伦比亚和厄瓜多尔的保护地系统，包含较少或几乎没有特有物种分布范围；在智利，没有一个物种被充分包含在保护地中；在秘鲁，只有 4 种物种（不到该国特有物种的 2%），被充分包含在保护地中。

2.2.4 系统保护规划法

Margules 等（2000）首次提出系统保护规划（Systematic Conservation Planning，SCP）的概念，指出系统保护规划不仅考虑自然性质和生物学范式，还系统地考虑保护地大小、联通性、边界长度以及建立保护地所需的经济和社会成本。该方法具有把保护目的与实践相结合的优势，既考虑规划地区的生物多样性综合保护目标，也考虑规划地区的经济发展情况，是一种综合考虑规划区域的生物多样性空间分布和经济状况的规划。系统保护规划基于模拟运算模型进行规划，要求在规划时明确选取生物多样性的替代指标、保护目标、保护成本、边界紧密度等，并进行量化（张路等，2015），其极为重视规划区域中生物多样性数据的空间分布完整性和明确性，全面、高精度的生物多样性空间分布数据对其十分重要。系统保护规划的关键在于识别规划区域内的指示物种和优先保护生态系统。由于具有代表性的珍稀濒危物种、特有物种和具有重要生态功能且易受外界威胁影响的生态系统具有不可替代的服务功能，不仅是整个自然生态系统组成的基础，更是生态系统健康的重要指标，对这些具有代表性的物种及其栖息地和生态系统的保护，可使生活在其中的其他物种也受到保护。因此，系统保护规划通常以具有代表性的珍稀濒危物种、特有物种和具有重要生态功能且易受外界威胁影响的生态系统为指标。将系统保护方法应用于区域生物多样性保护规划和保护地网络建设研究，对保护地的宏观规划和保护政策的制定具有积极意义（朵海瑞，2011）。

2.2.4.1 基本思路

系统保护规划以区域内生物多样性的特点为基础，确定保护目标，结合保护生物学、景观生态学等多学科，通过 GIS 等空间分析技术，综合考虑保护效果和保护成本，对一个地区的生物多样性进行优先保护和保护地规划设计。基本思路：将研究区按一定规则划分为若干独立的规划单元，为每种生物设立明确定量的保护目标，并量化规划单元参与保护体系建设的经济成本；通过目标函数为每个规划单元所对应的生物多样性特征赋值；通过优化算法或迭代运算选择规划单元集合中的最优解，最终结果即代表在达到既定保护目标的同时保护成本最低的规划单元集合（张路等，2015）。

2.2.4.2　规划步骤

系统保护规划流程包括编制规划区生物多样性数据、确定保护目标、评价现有保护地、选择补充区域、实施保护行动、维持自然保护地的价值等步骤（表 2-13）（Margules et al., 2000）。通过以上步骤，在实地调查基础上，将空间分析与数量统计分析相结合，找出保护地网络中存在的主要问题和解决方法，确定需要优先保护和改善的区域，进而优化现有保护地系统。

表 2-13　系统保护规划的步骤

序号	内容	关键点
步骤 1	编制规划区生物多样性数据	审查现有数据，并确定哪些可以作为整个规划区生物多样性的替代指标
		如果时间允许，收集新数据以扩充或替换一些现有数据集
		收集规划区稀有和/或受威胁物种的位置信息（在仅根据诸如植被类型等土地类别选择的保护地中，这些物种很可能被遗漏或未被充分代表）
步骤 2	确定保护目标	为物种、植被类型或其他特征设定定量保护目标（如每一物种至少出现 3 次；每一植被类型至少有 1 500 hm^2；或为个别特征的保护需要而制定的具体目标）
		确定定性目标或偏好（如新的保护地应尽可能减少先前放牧或伐木的干扰）
步骤 3	评价现有保护地	衡量现有保护地对保护目标的贡献程度
		识别威胁物种、植被类型等的关键威胁因子，并确定保护关键区中的威胁因子
步骤 4	选择补充区域	将已建立的保护地视为设计补充区域的“限制”或焦点
		使用决策支持软件和保护选址算法，并在广泛听取利益相关者意见的基础上，确定新保护地的初步设置，作为已建立区域的补充
步骤 5	实施保护行动	确定适用于每个区域最合适或可行的管理形式（一些管理方法将是首选方案的备用方案）
		如果一个或多个选定区域被证明意外退化或难以保护，则返回步骤 4 寻找替代方案
		当保护资源不足时，选定保护管理的时间
步骤 6	维持自然保护地的价值	为每个区域设定保护目标
		在每个区域内和周围实施管理和分区措施，以实现目标
		监测关键指标（这些关键指标应可以反映管理或分区措施能否成功实现保护目标），并根据需要修改管理措施

2.2.4.3 案例——厄瓜多尔陆域系统保护规划

随着计算机技术和地理信息系统技术的发展，多种模型、软件被研发应用于系统保护规划中。Marxan、C-Plan 与 Zonation 是系统保护规划中应用较为广泛的软件。本书以 Marxan 为例，系统介绍系统保护规划的相关应用。

Marxan 是一款决策支持软件，可获得保护成本最低情况下的生物多样性保护目标。其主要是使用模拟退火算法，基于互补性原则，通过迭代运算，反复筛选，得到相对最优的规划单元集合。Marxan 模型计算公式（Game et al.，2008）：

$$\text{Score}=\sum \text{UnitCost}+\text{BLM}\sum \text{Boundary}+\sum \text{Penalty} \tag{2-1}$$

式中：Score 为总保护成本；UnitCost 为单个栅格保护成本；Penalty 为惩罚系数；Boundary 为边界长度；BLM（Boundary Length Modifier）为修正值。在 Marxan 模型运行时，研究区域被分为许多规划单元，每个规划单元内有一定保护对象的面积，同时每个规划单元有一个成本值。每一个保护对象在研究区中均有设定的量化保护程度指标，即保护目标。Marxan 模型随机并反复地选择一定数量的规划单元，以满足保护目标，最后以成本最低、数量最少的规划单元来满足保护目标（姜雪娇等，2014）。此外，Marxan 模型还实现了通过边缘效应调节器调节规划结果的空间聚集性，使选出的规划单元在空间上相对集中（左潇潇，2019）。模型最终输出每个规划单元的不可替代性值，依据不可替代性大小，识别出优先保护区的区域分布。

以厄瓜多尔陆域系统保护规划为例（Janeth et al.，2014），其具体操作如下：

（1）编制规划区生物多样性数据。首先，对现有数据进行审查，确定将分类和分布信息较为完整的鸟类、两栖动物、哺乳动物和维管束植物作为该研究的目标物种种群。其次，选取 809 种陆地物种作为该研究的目标物种（这些物种主要包含处于不同威胁级别的、特有的和广泛分布的物种。其中，鸟类 69 种、两栖动物 182 种、哺乳动物 52 种、植物 506 种），并从标本数据库中系统收集了目标物种的分布信息。最后，以现有目标物种分布数据和 19 个生物气候变量为预测变量，采用 Maxent 3.3.3e 模拟物种分布，并将最终输出结果作为目标物种的地理空间分布。

（2）确定保护目标。首先，将保护地网络中目标物种分布的比例作为保护目标。其次，根据物种的灭绝风险、分类的独特性、地理范围和分布范围，选择目标物种分布的具体比例。该研究主要是根据物种分布模型（SDMs）校正区域的估计，并结合厄瓜多尔的实际情况（分析表明，超过 30%的物种保护目标所需的保护地面积将超过厄瓜多尔经济和环境现实的可行规模），最终制定了15%～30%的物种分布的保护目标。其中，每个目标物种的具体保护目标以线性比例获得，从 15%（分配给保护优先级最低的物种）到 30%（分配给保护优先级最高的物种)。

(3)评价现有保护地。首先,通过计算现有保护地内物种分布范围的比例,研究当前保护地系统如何实现确定的物种保护目标。研究发现,现有保护地存在以下两类保护缺口:一是物种分布完全在保护地系统之外;二是物种存在于保护地系统内,但面积不足以实现物种保护目标。其次,根据物种分类、自然地理分类(海岸、安第斯山脉、亚马逊)和灭绝风险类别进行了保护空缺分析。该研究结果显示,厄瓜多尔大陆物种多样性最高的区域主要是亚马逊北部和厄瓜多尔北部海岸(图 2-8),现有保护地网络实现了 309 个物种的既定保护目标(38.2%),在剩余的 500 个物种中(61.8%),4 个物种(0.5%)完全不在保护地内,496 个物种(61.3%)没有得到充分保护。只有哺乳动物、凤梨科植物、荒野植物的物种达到了 50%以上的保护目标。在濒危物种(极危、濒危、易危)中,只有 26.9%达到了保护目标。从地理区域角度看,海岸有17.3%的物种实现了保护目标,安第斯山脉有 41.8%的物种实现了保护目标,亚马逊有 40.3%的物种实现了保护目标。此外,在濒危物种中只有 26.9%实现了保护目标。

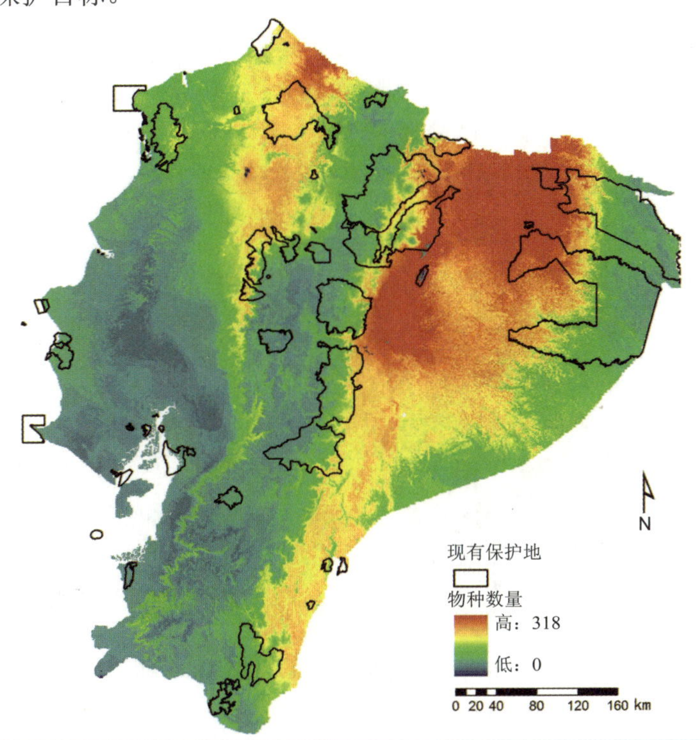

图 2-8 厄瓜多尔大陆潜在的生物多样性丰富度(Janeth et al.,2014)

(4)选择补充区域。该研究使用 Marxan 软件确定最能代表物种多样性的区域。首先,将厄瓜多尔大陆划分为 50 507 个 5 km^2 的正六边形作为规划单元。其次,以环境风险面(该风险面是根据道路、人口密度、机场、水坝、农业和畜牧业、石油和采矿业的地理信息生成的，图 2-9）为保护成本，选择 0.01 的 BLM（该 BLM 允许解决方案中的规划单元之间实现高度连接）和 0.1～1（根据实际情况为每个物种分配）的惩罚因子值，识别出物种多样性保护优先区。此外，在使用 Marxan 软件过程中，该研究还强制将所有属于现有保护地的规划单元包含在所有解决方案中，因此，最终得到的物种多样性保护优先区实际为补充当前现有保护地的新区域（在操作过程中，该研究还排除了风险因素影响值大于 65 以及植被类型完全转变的规划单元）。在该研究结果的最佳方案中最终选择了 57 个潜在保护区域，这 57 个潜在保护区是现有保护地、现有保护地生物走廊的延伸或全新保护区域。

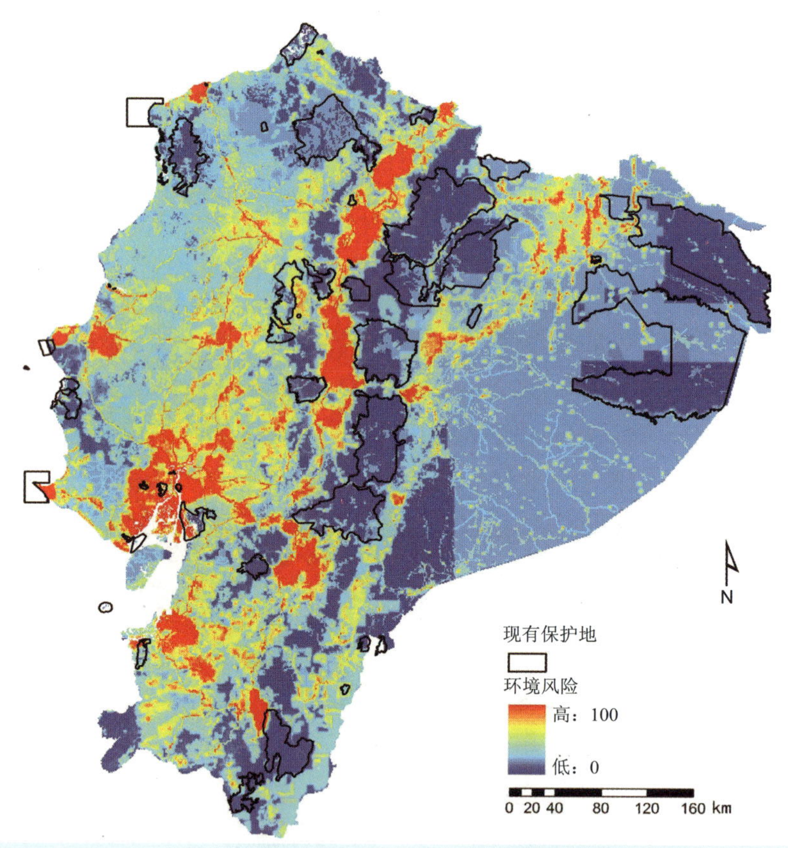

图 2-9 厄瓜多尔大陆的环境风险面（Janeth et al.，2014）

（5）实施保护行动。由于没有足够的资源来实施 Marxan 所选择的整个保护地网络，该研究利用保护的优先级和可行性来评估每个潜在保护区域，以选择一组生物多样性保护的最佳区域。就优先级而言，该研究主要采用区域对于保护地体系的重要性（计算每个选定区域中每个规划单元的选择频率）和区域的环境影响两个变量来确定每个潜在保护区的保护优先级。其中，高重要性和高环境影响的区域为最高优先级，低重要性但高环境影响的区域为高优先级，高重要性但低环境影响的区域为中等优先级，低重要性和低环境影响的区域为低优先级。就可行性而言，该研究主要采用以前在选定区域进行的保护工作和潜在保护区域内剩余自然植被的保存比例两个变量来确定每个潜在保护区的可行性。其中，在保护林和保护地缓冲区内的土地比例高，自然植被保存比例高的区域为最高可行性；在保护林和保护地缓冲区内的土地比例低，但自然植被保存比例高的区域为高可行性；在保护林和保护地缓冲区内的土地比例高，自然植被保存比例低的区域为中等可行性；在保护林和保护地缓冲区内的土地比例低，自然植被保存所剩无几的区域为低可行性。该研究结果显示，在 57 个潜在保护区域中，在优先级方面，有 17 个属于最高优先级区域，1 个属于高优先级区域，32 个属于中等优先级区域，7 个属于低优先级区域；在可行性方面，23 个区域具有最高可行性，8 个区域具有高可行性，12 个区域具有中等可行性，14 个区域具有低可行性（图 2-10）。

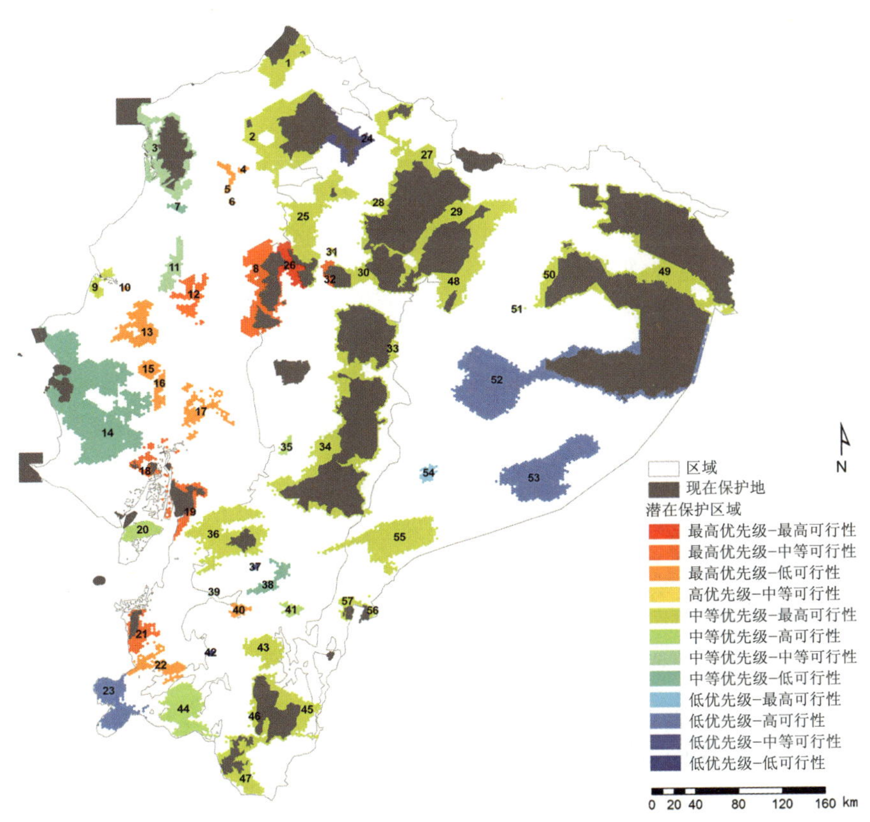

图 2-10　厄瓜多尔大陆陆地物种保护的潜在保护区（Janeth et al.，2014）

2.2.5 最小累积阻力模型

最小累积阻力（Minimum Cumulative Resistance，MCR）模型最早由 Knaapen 等于 1992 年提出，该模型以景观生态学和保护生态学等理论为基础，通过考虑景观的地理学信息和生物体的行为特征，反映景观格局和水平的生态过程（路晓等，2017）。最小累积阻力是指从源经过不同阻力的景观所耗费的费用或者克服阻力所做的功（ESRI，1991），反映的是一种可达性（俞孔坚等，1999），还可以用最小费用距离、可穿越性、隔离距离等概念表示。最小累积阻力计算的是从目标斑块到最近源斑块的累积费用距离，它代表的是一种加权距离的形式，而非实际的空间距离（李纪宏等，2006）。最小累积阻力能够测定多种空间运动过程，其实质是反映景观对某种空间运动过程的景观阻力（Knaapen et al.，1992）。在生物保护方面，最小累积阻力就是物种在穿越异质景观时所克服的累积阻力（俞孔坚等，1999）；从生态扩张的角度来讲，最小累积阻力反映的是不同景观单元对生态空间扩张的阻力。

2.2.5.1 计算方法

计算最小累积阻力需要确定 3 个要素：源、阻力层和阻力值（李纪宏等，2006）。其中，源是指物种扩散和维持的原点（俞孔坚，1999），它具有内部同质性和向四周扩张或向源本身汇集的能力；阻力层是指物种在实现其移动的过程中所克服的多层阻力；阻力值是指物种克服阻力所做功的大小，由于各种景观因素对物种移动造成的阻力是有差别的，可根据专家调查法赋予权重的方法确定阻力值。

最小累积阻力的计算公式如下（俞孔坚，1999；陈利顶等，2003；黎晓亚等，2004）：

$$\mathrm{MCR} = f_{\min}\sum_{j=n}^{i=m} D_{ij} \times R_i \qquad (2\text{-}2)$$

式中：MCR 表示最小累积阻力值；D_{ij} 表示地块单元从源 j 到地块单元 i 的空间距离；R_i 表示地块单元 i 对某地块属性变化的阻力系数；min 函数表示被评价地块单元对于邻近的各源取累积阻力后的最小值；f 表示最小累积阻力与地块属性变化的正相关关系。在实际应用中，应首先确定源，即扩张的起点；其次确定阻力面，为每一个地块单元赋以相应的阻力值；最后计算每个地块单元到源的最小累积阻力值。

2.2.5.2 计算步骤

计算最小累积阻力的一般步骤为：在确定源和阻力因子的基础上，利用 GIS 空间分析功能中的费用距离模块，计算每个斑块离“源”的最小累积阻力，得到单因子的最小累积阻力图，在此基础上，利用 GIS 的空间叠加功能，得出基于景观阻力的综合最小累积阻力图层。

2.2.5.3　案例——秦岭地区自然保护区网络构建与优化

最小累积阻力模型广泛用于自然保护地功能区划、物种栖息地的确定、区域生态安全格局构建、土地和景观利用格局构建、城市绿地建设规划等方面。本书以秦岭地区自然保护区网络构建与优化为例（付梦娣等，2018），系统介绍最小累积阻力模型的应用。其具体操作如下（图 2-11）。

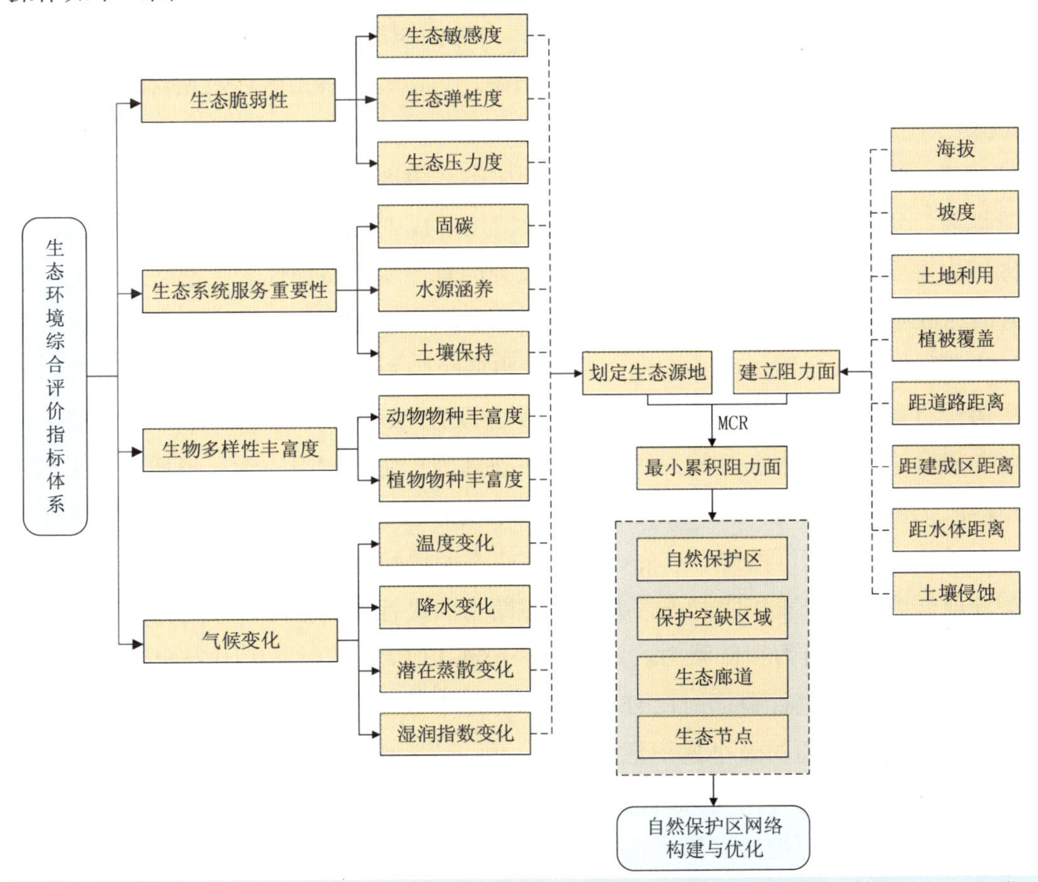

图 2-11　秦岭地区自然保护区网络构建与优化技术流程（付梦娣等，2018）

（1）“源”的确定。首先，以自然环境因素为主，综合考虑人类活动因素，兼顾指标的重要性、系统性和可获得性，选取生态敏感度、生态弹性度、生态压力度、固碳、水源涵养、土壤保持、动物物种丰富度、植物物种丰富度、温度变化、降水变化、潜在蒸散变化和湿润指数变化等 12 项生态评价因子对秦岭地区进行综合评价。其次，运用空间主成分分析（SPCA）方法对各项生态评价因子进行空间分析和筛选，以累计贡献率大于 94% 作为选取依据和标准，将 SPCA 方法得到的各主成分因子的方差贡献率作为总权重平均分配给各载荷较大的评价因子，重新叠加得到各评价因子的权重，采用 GIS 栅格计算工具对主成分进行加权求和，得到秦岭地区生态综合评价空间分布。最后，使用自然断点法将秦岭地区生态综合评价空间分布分为一般重要区、较重要区、重要区和极重要区 4 个等级，并提取极重要区作为“源”地（为消除细碎斑块对生物多样性网络构建过程的影响，该研究仅提取面积大于 20 km^2 的生境斑块作为秦岭地区的生态源地）。该研究最终选取生态敏感度、生态弹性度、生态压力度、固碳、水源涵养、土壤保持、动物物种丰富度、植物物种丰富度、温度变化等 9 项生态评价因子对秦岭地区生态综合水平进行评价，经综合评价划定秦岭地区生态源地面积为 25 088.84 km^2，占总面积的 24.66%，这些生态源地主要集中分布在秦岭地区中部玉皇山、太白山、首阳山、华山、蟒岭山区以及南部米仓山山区、东南部大巴山山区。

（2）建立阻力面。首先，依据秦岭地区的生态环境现状（秦岭地区最重要的生态属性为地形地貌、水系和植被，生态胁迫为各种人为活动影响，生态风险为水土流失），综合考虑区域生态安全的自然因素、经济因素和社会因素，从生态属性、生态胁迫、生态风险 3 个方面选取了海拔、坡度、土地利用、植被覆盖、距道路距离、距建成区距离、距水体距离、土壤侵蚀等 8 个阻力因子指标。其次，将各个阻力因子的原始数据进行标准化处理后对阻力进行赋值，运用空间主成分分析（SPCA）方法确定其权重，采用 GIS 栅格计算工具对主成分进行加权求和，得到秦岭地区生态源地扩张过程阻力面。该研究结果显示，秦岭地区阻力因子主要有 4 类，即地形因子、水资源因子、人类活动因子和植被因子。

（3）构建自然保护区网络。首先，在划定生态源地和建立阻力面后，利用最小累积阻力模型获取研究区最小累积阻力面，并按自然断裂法进行等级划分，分为高阻力、较高阻力、中等阻力、较低阻力和低阻力。其次，在 ArcGIS 中将最小累积阻力面与秦岭地区现有自然保护区分布图进行叠加对比分析。再次，基于成本距离加权方法和水文分析方法，生成各个生态源地之间的最小累积耗费距离，再将生成的最小累积耗费距离进行叠加，去除重复的路径，最终得到研究区潜在的生态廊道。最后，根据生成的潜在生态廊道和累积阻力面，将生态源地向高阻力面扩散的最小累积耗费距离交叉处以及潜在生态廊道之间的交点作为研究区的生态节点。该研究最终构建了由 38 个生态节点、40 条生态廊道、1 个较大的生态源区和若干个小面积源区组成的点、线、面交织的自然保护区网络（图 2-12）。

2.2.6 生态敏感性评价法

生态敏感性（Ecological Sensitivity，ES）是指生态系统对人类活动干扰和自然环境变化的敏感程度（国家环保总局，2002）。其强弱通常以不损失或不降低环境质量的情况下，生态因子对外界压力或变化的适应能力及其遭受破坏后的恢复能力的强弱和快慢来衡量。

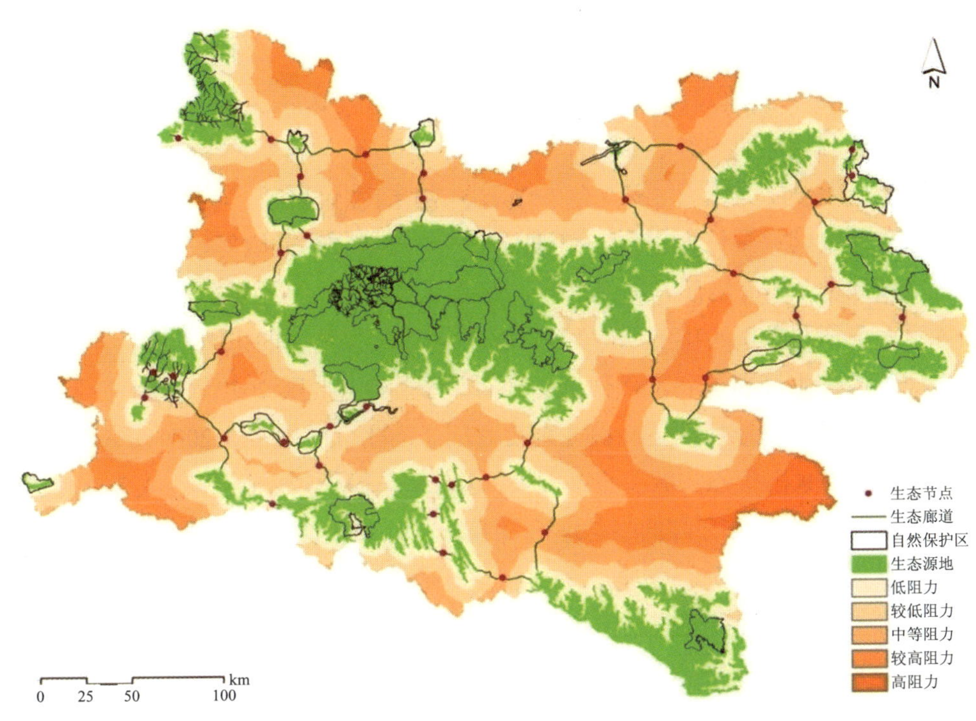

图 2-12　秦岭地区自然保护区网络空间分布（付梦娣等，2018）

生态敏感性评价模型是 Steiver 于 20 世纪 60 年代提出的。生态环境敏感性评价是在对区域生态环境进行实地调查的基础上，分析生态敏感区的产生规律，综合评价区域生态环境状况，确定优先或重点开展生态建设和保护工程区域的方法（鲁敏等，2014）。评价目的是明确区域内自然和人为因素可能造成的生态问题及其危害程度；根据敏感性对区域进行划分；针对不同区域的生态状况，制定相应的保护和修复措施。最终目标是实现自然、经济、社会的可持续发展，有效保护和改善生态环境（孔亚菲，2015）。

2.2.6.1　评价对象

生态敏感性评价的对象可分为针对单一生态问题的生态敏感性评价、城市或城镇的生态敏感性评价、特定景观场地的生态敏感性评价 3 种（龙丽娟，2019）。

（1）针对单一生态问题的生态敏感性评价。

主要评价土壤侵蚀、沙漠化、土壤盐渍化和石漠化等问题（黄勇等，2014；李茂祥，2015；李芮芝，2017）。

（2）城市或城镇的生态敏感性评价。

利用生态环境质量、土地利用合理性、经济水平评价区域生态系统的变化规律与影响因子。城市土地利用的生态敏感性评价影响着城市土地资源的可持续利用和城市发展，在评价过程中一般选取土地利用现状因子、地形因子、植被因子、地质灾害因子和人为活动因子评价生态敏感性（杨美玲等，2014；罗宇岑，2017）。

（3）特定景观场地的生态敏感性评价。

评价尺度一般小于城市或城镇，分为以下3类：自然保护区、森林公园、风景名胜区；城市公园或生态公园；湿地保护区、湿地公园、小流域（李益敏等，2018）。评价目的是对这些特定场地进行生态敏感性等级评价，划分不同功能区，落实空间管控措施。利用不同指标体系评价不同类型的特定场地生态敏感性。自然保护区的生态敏感性评价的指标因子主要考虑动植物生境因子和珍稀动植物分布因子（李芮芝，2017）；森林公园的生态敏感性评价的指标因子以地形因子和植被覆盖度因子为主（王凯等，2009）；风景名胜区的生态敏感性评价在景区生态资源调查基础上，选取植被因子、地形因子、人为活动因子（宋晓龙等，2009）；城市生态公园的生态敏感性评价注重生态景观规划设计和功能分区设计，评价因子一般包含地形因子、植被盖度因子、水体因子等（蒋洁茹，2018）；由于湿地生态系统较为脆弱且易受到人类活动影响，其生态敏感性评价以水文因子、水生植物因子和人类活动因子为主（钟林生等，2010；王丽枝等，2013）；流域生态系统较为复杂，其生态敏感性评价不仅需考虑土壤侵蚀因子、土地沙漠化因子、土地盐渍化因子，还需考虑地形因子、植被盖度因子和水文因子等（Ivan，2001）。

2.2.6.2 评价方法

常用的生态敏感性评价方法有地图叠加法、加权叠加法、生态因子组合法（表2-14）（程洁，2019）。

表2-14 生态敏感性的评价方法

方法	表述
地图叠加法	首先构建评价指标体系，其次评价各因子敏感性空间分布，最后将各因子专题图组合叠加形成复合图。该方法操作简单，但将各因子等权叠加，忽略了不同因子对生态系统影响程度的差异性
加权叠加法	首先构建评价指标体系，对各评价因子进行分级；评价各因子敏感性空间分布，对各评价因子赋权重；利用ArcGIS的空间叠加分析功能，通过定性和定量相结合的方法进行综合分析，得出生态敏感性分布图。该方法应用最广，评价因子的选择和权重赋值上需要较高的专业性
生态因子组合法	该方法的关键在于将各评价因子归类组合分析，具体分为层次组合法和非层次组合法。层次组合法是先将生态因子进行归类组合，然后将组合结果看作是新的评价因子，继续与其他因子进行组合，最终得出判断评价单元的等级；非层次组合法是将所有的生态因子组合在一起后，判断评价单元的等级

2.2.6.3　评价步骤

生态敏感性评价一般包括以下步骤：

（1）根据研究内容、研究目的及研究现状等，在遵循系统性、相关性、可操作性、科学性等原则的基础上选取评价因子。

（2）确定各评价因子的分级标准，并制作各评价因子的生态敏感性分布图。

（3）确定各评价因子的权重。

（4）将各评价因子生态敏感性分布图叠加，得到评价区生态环境敏感性分布图。

2.2.6.4　案例——基于生态敏感性分析的金银滩草原景区旅游功能区划

钟林生等（2010）以金银滩草原景区旅游功能区划为例，系统介绍了生态敏感性评价法的应用。其具体操作如下：

（1）选取评价因子。该研究根据金银滩草原景区实际情况，在充分考虑自然生态属性和社会经济属性的基础上，选取了保护区级别、植被类型、坡度、土地利用类型等 4 个因素作为评价因子，构建了金银滩草原景区生态敏感性评价指标体系（表 2-15）。

表 2-15　金银滩草原景区生态敏感性评价指标体系

综合评价层	因子评价层	权重值	指标层	权重值	生态敏感权重值
斑块生态敏感度（A）	保护区级别（B_1）	0.303 6	一级保护区（C_1）	0.485 3	0.147 3
			二级保护区（C_2）	0.323 8	0.098 3
			三级保护区（C_3）	0.190 9	0.058 0
	植被类型（B_2）	0.212 4	灌丛（D_1）	0.182 4	0.038 7
			温带草原（D_2）	0.210 5	0.044 7
			高寒草原（D_3）	0.263 9	0.056 1
			高寒草甸草原（D_4）	0.343 2	0.072 9
	坡度（B_3）	0.171 7	$<5°$（E_1）	0.215 8	0.037 1
			$5°\sim20°$（E_2）	0.321 4	0.055 2
			$>20°$（E_3）	0.462 8	0.079 5
	土地利用类型（B_4）	0.312 3	建设用地（F_1）	0.086 1	0.026 9
			天然草地（F_2）	0.092 6	0.028 9
			改良草地（F_3）	0.242 1	0.075 6
			灌木林（F_4）	0.168 4	0.052 6
			旱地（F_5）	0.257 2	0.080 3
			交通用地（F_6）	0.153 6	0.048 0

（2）确定各评价因子的权重。首先，采用德尔菲专家评价法，邀请相关领域专家评估各因素评价层与指标评价层对生态敏感性影响的权重值（表 2-15）。其次，按照评级指标体系中不同因素层和指标层的权重值，构建评价金银滩草原景区各斑块生态敏感度权重值的公式：

$$A_i = B_1C_i + B_2D_i + B_3E_i + B_4F_i \quad (2\text{-}3)$$

式中：A_i为斑块 i 的生态敏感度权重值；B_1、B_2、B_3、B_4分别表示保护区级别、植被类型、坡度和土地利用类型的权重值；C_i为斑块 i 的保护区级别；D_i为斑块 i 的植被类型；E_i为斑块 i 的坡度；F_i为斑块 i 的土地利用类型。

（3）制作评价区生态环境敏感性分布图。采用 ArcGIS 9.2 分析软件，通过综合层—因子层—指标层三级生态敏感性评价指标的空间叠加分析，得出景区生态环境敏感性分布图。此外，为使草原景区生态敏感性评价与区划结果对旅游开发具有更强的可操作性，该研究结合当地行政区划、历史沿革、生态环境、自然条件等情况，将生态敏感性评价与区划结果划分为不同的生态敏感单元。该研究结果表明，金银滩草原景区高度敏感区主要位于保护级别较高、坡度较大、河源湿地分布的区域（主要包含湟水河源头湿地区等生态敏感单元）；中度生态敏感区主要为天然草原地区（主要包含阿尕特多草原区等生态敏感单元）；低度生态敏感区主要位于城镇及其周边乡村地区（主要包含西海城镇区等生态敏感单元）（表 2-16）。

表 2-16　金银滩草原景区生态敏感单元

生态敏感性分区	生态敏感权重值	面积/km^2	百分比/%	生态敏感单元
高度敏感区	0.291 4～0.441 3	267.21	39.76	湟水河源头湿地区、索已草原区、加日果草原区
中度敏感区	0.227 5～0.291 3	217.38	32.35	阿尕特多草原区、南部草原区、同宝山草原区、中部天然草地区、一大队草原区、曲龙峡谷区、特尔沁湿地区
低度敏感区	0.160 1～0.227 4	187.41	27.89	西海城镇区、城镇发展储备地、三角城镇区、哈勒景草原区、西南草原区、东部天然草地区

（4）旅游功能区划。根据生态系统的自然属性和所具有的生态功能类型，考虑金银滩草原自然环境和社会经济发展状况，结合生态敏感单元的生态敏感性，将金银滩草原景区划分为生态旅游限制区、生态旅游适度区和大众旅游区 3 个功能分区。其中，生态旅游限制区主要为高度生态敏感区，生态旅游适度区主要为中度生态敏感区，大众旅游区则位于低度生态敏感区内。然后，依据各生态敏感单元的生态功能和旅游功能，将旅游功能区分为湿地保护类、原生态观光类、农牧旅游类、草原旅游类、城镇旅游类和乡村旅游类 6 个

功能亚区。

2.2.7 游客体验与资源保护法

游客体验与资源保护（Visitor Experience and Resource Protection，VERP）法是 1992 年美国国家公园管理局根据 LAC 理论的基本框架制定的一种规划管理方法（杨锐，2013b），其被列为公园总体管理规划的一部分，其目的是保护国家公园资源和游客体验质量。VERP 法的主要观点是：在各利益相关方的价值判断取得妥协的情况下，构建一套具体的行动方案，通过监测关键指标控制在特定的许可范围内，实现对资源的永续利用（沈海琴，2013）。其既可以作为制订容量政策的规划框架，又可以作为一种监测和管理工具。

2.2.7.1 游客体验与资源保护法的特点

VERP 法主要有以下 5 个特点（杨锐，2013b）：

（1）应用承载力的概念和 LAC 理论将保护和利用之间的妥协关系明确量化。

（2）游览机会的提供取决于资源状况而不是现有的游览体验和服务设施。

（3）提供多样化的游客体验，采用定性属性定义游客体验。

（4）强调多学科参与和公众参与。

（5）监测管理贯穿整个规划工程。

2.2.7.2 游客体验与资源保护法的步骤

VERP 法由涉及国家公园规划和管理的 9 个基本要素组成，这些基本要素又分为 4 个步骤来实施（王根茂等，2019；王梦桥等，2021）。VERP 法的基本步骤详见表 2-17。

表 2-17 VERP 法的步骤

步骤	要素	描述	具体操作
建立框架	1	组建多学科项目团队	组建一个拥有动物、植物、环保、旅游、规划等多种专业背景，并能够及时提供咨询服务的专家团队
	2	制定公众参与策略	公共参与策略包括社区参与策略和社会参与策略。公园设立、规划、实施、管护等都必须贯穿公众的参与，公园管理主体在政策制定中必须充分听取公众的意见和建议，公众参与政策制定必须在框架建立的早期进行
	3	确定公园的目标、重要性、主题，确定规划的限制条件	目标是建立国家公园的一个或几个原因，包括国家公园资源的珍稀性、典型性、国家代表性等。重要性是指设立国家公园的意义，包括重要资源（珍稀物种）保护以及文化遗产传承的重要性。主题是指公园典型资源，这些资源能够让游客耳熟能详，一般确定 3～5 个。限制条件指那些已经存在而没有在规划中被重新考虑的决定

步骤	要素	描述	具体操作
分析	4	分析公园资源和游客状况	通过资源调查或普查尽量了解公园的资源状况，掌握游客对资源的使用情况
对策	5	描述资源和游客的潜在发展空间	通过功能分区为不同游客提供可供其游憩的资源空间，这些区域必须与公园的总体目标一致。这些区域受公园资源条件和游客需求的影响，并规定了合适的活动、发展和管理种类与水平，以及游客容量；潜在的发展空间在要素 5 中仅做描述，在要素 6 特定的区域中具体实施
	6	为潜在发展空间指定地点	分析未来的开发和利用水平。根据相关法律法规，提出可供选择的潜在的发展区域主题，并对主题的受益和宣传影响状况进行评估
	7	对资源和社会各项指标进行监测，并制定监测规划	监测能够反映公园资源变化的指标，以及游客活动对游憩体验的影响的指标。确定监测指标体系和技术方法
监测与管理	8	监测指标	包括资源监测和社会监测指标，可优选关键区域进行监测
	9	采取管理行动	监测到资源和社会条件出现恶化，应及时应对，使其恢复正常

2.2.7.3 案例——湖南南山国家公园游憩管理研究

王根茂等（2019）以湖南南山国家公园游憩管理研究为例，系统介绍了 VERP 法的应用。其具体操作如下：

（1）组建多学科项目团队。根据湖南南山国家公园试点区资源和社会发展状况，拟成立由动物学专家、植物学专家、生态学专家、旅游专家、环境管理专家、林业专家、地质专家和当地政府代表组成的专家团队。此外，成立由社区居民代表、公园内特许经营企业代表以及其他利益相关者代表组成的公众团队。专家团队也可以以专家咨询委员会的形式存在，专家可以从科研机构、高等学校等遴选。

（2）制定公众参与策略。在南山国家公园体制试点区立法，编制技术标准、管理规范及各项规划的过程中，以公示、听证等方式征求社区居民代表、文化传承人、专家学者、社会团体、特许经营者等社会公众的意见和建议，建立公众参与机制。

（3）确定试点区目标、重要性、主题。该研究根据实地调研结果和专家讨论意见，确定试点区的目标为试点区生物多样性保护、试点区山顶湿地和水域生态系统、试点区重要的珍稀动植物保护地和种群繁殖地保护、试点区候鸟迁徙通道保护、中国南方地区少有的人工高海拔草甸保护；确定试点区的重要性为试点区在保护地空间破碎化整合方面具有典型意义、试点区在加强保护地统一管理方面具有典型代表性、试点区经验对于少数民族地区统筹保护与发展具有示范作用；确定试点区的主题为极其丰富的生物多样性、罕见的山顶湿地和水域生态系统、中国南方地区少有的人工高海拔草甸。

（4）试点区旅游资源分析。该研究首先对试点区内现有记录的各类资源进行筛选，筛选结果显示：试点区内拥有各类旅游资源 127 项。然后，选取原真或原生程度、稀缺程度、完好程度、存在年代、美观程度、规模等 6 个评价指标对南山国家公园试点区的资源进行评价（表 2-18）。评价结果显示：试点区范围内 127 个资源点有 22 个评分在 80 分以上，代表试点区国家级的标志性资源；有 44 个资源点在 70～80 分，表示试点区在湖南区域范围内有一定优势的资源；其他资源作为国家公园区域内的辅助型资源点。

表 2-18 国家公园资源评价指标

级别	原真或原生程度 x_1（25）	稀缺程度 x_2（25）	完好程度 x_3（15）	存在年代 x_4（15）	美观程度 x_5（10）	规模 x_6（10）
一级	$21<x_1\leqslant 25$	$21<x_2\leqslant 25$	$13<x_3\leqslant 15$	$13<x_4\leqslant 15$	$9<x_5\leqslant 10$	$9<x_6\leqslant 10$
二级	$16<x_1\leqslant 21$	$16<x_2\leqslant 21$	$8<x_3\leqslant 13$	$13<x_4\leqslant 15$	$6<x_5\leqslant 9$	$6<x_6\leqslant 9$
三级	$10<x_1\leqslant 16$	$10<x_2\leqslant 16$	$4<x_3\leqslant 8$	$8<x_4\leqslant 13$	$3<x_5\leqslant 6$	$3<x_6\leqslant 6$
四级	$x_1\leqslant 10$	$x_2\leqslant 10$	$x_3\leqslant 4$	$4<x_4\leqslant 8$	$x_5\leqslant 3$	$x_6\leqslant 3$

（5）描述资源和游客的潜在发展空间，为潜在发展空间指定地点。该研究参照国外国家公园在功能分区方面的经验，拟将湖南南山国家公园体制试点区分为严格保护区、生态保育区、游憩展示区、传统利用区 4 个功能分区，并制定相应的保护措施。在国家公园相关法律法规正式出台前，各功能分区的保护措施总体上按照国家现有保护地法规条例对原属保护地类型及保护分级进行严格保护。试点期间，加大对试点区周边区域森林、湿地、野生动植物等的管护力度，加强对试点区内及周边社区居民的环境教育。

（6）制定监测规划。在试点区内建立生态资源监测站，对试点区内的气象、水文、森林生态系统、动植物资源等环境资源和生物资源进行统一监测，为试点区的科学研究提供基础数据支持。一是建立研究站等科研机构，试点区科研机构以常规性科研为主，配备相关仪器、野外调查设备等；二是加强与科研单位、高等院校的合作与交流，配合大专院校和科研院所进行专题性科研；三是加强与国内外其他保护区、国家公园的科研合作交流，提高自身科研能力；四是有计划地选派科研人员到高等院校和科研单位进修学习，聘请有关专家到保护区讲学和从事科研工作，采用传、帮、带等方法，提高保护区科研人员的业务水平和科研能力。

（7）监测指标。该研究通过专家讨论，结合实地调研，确定南山国家公园试点区监测指标（表 2-19）。

表 2-19 试点区监测指标

一级指标	二级指标	标准
环境指标	植被或森林植被	植被覆盖率在 90%以上，森林覆盖率在 80%以上，集中连片的面积不低于 10 hm^2 并有 3 hm^2 是坡度 15°以下的平地和缓坡地，有 1 hm^2 以上的平地可作为建设用地，可同时接待 200 人食宿，主要树种是优良的植物精气树种且树高在 6 m 以上，通风透光良好，郁闭度 0.7 以上
	植物精气	有 4 个以上主要树种叶片中单萜烯和倍半萜烯相对含量之和在 80%以上，集中连片的面积在 40 hm^2 以上，要有 1 hm^2 的森林平地和缓坡地（坡度 15°以下，可用于建森林浴场），可开发利用程度高
	空气负离子浓度	主要地段平均浓度 700 个/cm^3 以上，局部地区达到 3 000 个/cm^3 以上
	大气环境质量	达到国家二级标准
	旅游舒适期	≥120 天/年
	水环境质量	达到国家III类标准
	空气中细菌含量	空气中平均细菌含量小于 1 000 个/m^3
	土壤环境	达到国家三级标准
	声环境	达到国家 2 类标准
	环境天然外照射贯穿辐射剂量水平	允许局部地段超标，但度假地应在安全范围内
	$PM_{2.5}$ 含量	全年平均值 10～15 μg/m^3；24 h 平均值 20～25 μg/m^3
	生物多样性	与上年相比不能减少
社会指标	游客容量	不能超过环境容量
	游客游憩体验评价	满意及以上

（8）建立旅游活动管控机制。该研究在测算游客环境容量的基础上，提出通过制定功能分区差别制度，建立游览预约控制机制、安全防控机制、游客总量控制机制等方式构建游客容量控制机制；通过制定访客行为规范，建立有偿使用机制、价格浮动机制、信息公开机制，明确行为限制措施和门票限量措施等方式构建游客行为引导机制；通过规范讲解内容、升级讲解手段、拓展教育方式、强化科普宣教、完善教育设施、建立产研学基地、建立专业队伍等方式构建解说教育推广机制。其中，在功能分区差别制度中，该研究指出按照试点区功能区划，严格保护区主要保护试点区最具核心价值的自然资源，为无人区；生态保育区主要保护试点区内自然资源价值较高、生态敏感度较高、对维持较大面积的原生生态系统具有重要科学研究价值的区域，经试点区管理局批准后，相关人员可以进入从事科学研究、观测活动；游憩展示区作为大众游憩的主要区域，在满足最大环境承载力、不破坏自然资源等条件下，可适度开展观光娱乐、游憩休闲、餐饮住宿等旅游服务；传统利用区作为社区参与国家公园游憩活动的主要区域，有序建设区内社区，可持续利用自然资源开展生产、生活、旅游接待经营活动，保护、展示和传承当地特色文化及其遗存物资源。

第 3 章　国外国家公园规划体系及经验

“他山之石，可以攻玉”。本章从规划的法律基础、管理机构、编制与审批、层次与内容等角度，对美国、日本、新西兰、加拿大、澳大利亚等国家的国家公园规划体系进行了梳理总结，并提炼出可借鉴的有益经验，以期为我国国家公园规划体系的发展和研究提供借鉴。

3.1　国外国家公园规划体系

3.1.1　美国

美国是最早建立国家公园的国家之一，截至 2018 年，已形成 20 多个国家公园分类体系，413 个国家公园单元。美国在国家公园建设管理方面法律体系完善，规划框架完整，内容可操作性强，为其国家公园的资源管理、访客使用以及开展相关活动提供了相应的指导。

3.1.1.1　法律基础

美国国家公园立法全面，有 24 部针对国家公园体系的国会立法及 62 种规则、标准和执行命令，各个国家公园均有专门法，形成了较为完整的法律体系。概括而言，美国国家公园的法律体系可以分为以下几个层次：国家公园基本法、各国家公园的授权法、单行法、部门规章及其他相关联邦法律（表 3-1）。

表 3-1　美国国家公园规划管理依据

法律	主要内容
国家公园基本法	国家公园体系中最基本、最重要的法律规定
授权法	国家公园体系中数量最多的法律文件。一般规定该国家公园的边界、重要性以及其他适用于该国家公园的内容，是管理该国家公园的重要依据
单行法	主要有《原野法》《原生自然与风景河流法》《国家风景与历史游路法》
部门规章	美国国家公园管理局根据国家公园基本法授权制定的部门规章，同样具有法律效力
其他联邦法律	包括《国家环境政策法》《清洁空气法》《清洁水法》《濒危物种法》《国家史迹保护法》等

3.1.1.2 管理机构

美国国家公园管理局共分为20个部门，包括自然资源管理和科学局、沟通联络局、解说教育和志愿者局等。其中，公园规划、基础设施和土地局负责国家公园规划的管理和实施。公园规划、基础设施和土地局下设5个司、中心和业务办公室，分别为建设项目管理司、丹佛服务中心、土地资源司、国家公园设施管理司、国家公园规划和特别研究司，具体职责包括国家公园的规划、设计、建设工程管理、交通规划、签约服务及技术信息管理；制定和界定项目政策，管理土地征用国家预算项目，指导土地征用程序，并为预算项目提供技术服务；管理、规划、修缮国家公园的基础设施等。

从便于管理的角度出发，美国国家公园的规划需要由国家公园管理局的专业规划团队来完成，有利于国家公园管理局做好监督和管理。丹佛服务中心（Denver Service Center，DSC）作为管理局内设的专业规划团队，是负责美国国家公园系统的规划中枢部门，通过向单个国家公园管理单位和区域分局提供规划研究服务来支持美国国家公园管理局规划项目，提供规划全过程咨询服务。

除新建国家公园的总体管理规划和系统规划由国会批准外，其他层级的规划由区域办公室批准即可。

3.1.1.3 规划的编制

当国家公园管理局考虑将某一区域纳入国家公园系统（National Park System，NPS）时，需先根据该区域的资源重要性、代表性等准入条件进行初步调查分析，确定该区域是否满足条件。若满足，则进行详细调查分析，明确该区域是否具备纳入 NPS 的适宜性和可行性；若都满足，则将调查报告和提案提请国会授权后，进行深入调研。将最终调查结果提交国会，由国会综合评估后最终决定是否纳入 NPS。当国会通过将该区域纳入 NPS 时，开始制定基础文件；并以基础文件为基础，制定总体管理规划；以基础文件和总体管理规划为基础，制定战略规划；再以总体管理规划和战略规划为指导，编写详细的规划和专项规划。对于当前没有总体管理规划的国家公园，则需要从其现有的规划或更新的基础文件出发，编写国家公园战略规划（图 3-1）。

美国国家公园总体管理规划的编制一般包括 9 个步骤：

（1）勘界。根据管理保护需求、已有的研究信息等，结合公众意见制定。

（2）制定初步备选方案并审查。根据国家公园资源、适用法律法规、访客使用和偏好等信息制定。

（3）分析并优化备选方案。根据“利用优势选择”原则，力求实现最大价值。

（4）选择首选方案。环境质量理事会将首选方案定义为“最有利于促进《美国国家环境政策法》”的方案，它是结合其他备选方案的优势发展而来的。

（5）规划草案/环境影响报告制定及审查。

（6）分析公众意见并准备评论报告。

（7）最终计划/环境影响声明制定及发布。

（8）制定并发布决策记录。

（9）实施选定的备选方案。

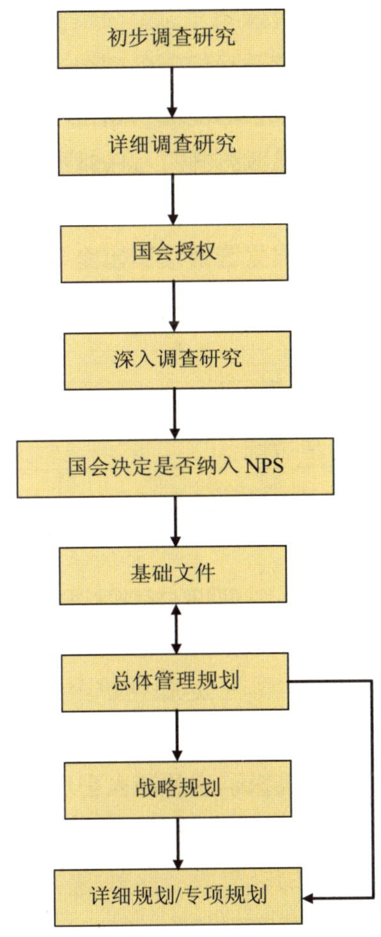

图 3-1 新建国家公园流程

3.1.1.4 层次与内容

美国国家公园的规划是由基础文件明确提出需要规划研究的内容，包括国家公园的目的、意义、资源和价值、解说主题、国家公园地图集、评估计划与数据需求等，同时通过战略规划、总体管理规划、详细规划与实施方案等规划管理的手段来监督基金会文件中资金计划的制订和实施。

美国国家公园体系规划共有两个层次：一个是国家层面的系统规划；另一个是国家公园层面的系列规划。

国家层面的系统规划（system plan）主要依据国家公园体系管理适用法律、国家公园管理局使命、国家公园管理局所有职员想法以及国家公园顾问委员会的建议，清晰规划了美国国家公园体系的远景，描述国家公园体系自然文化资源保护空缺，提供了评估、研究和划建新的国家公园管理单元的建议。

国家公园层面的规划框架主要包括基础文件（foundation document）、总体管理规划（general management plans）、战略规划（strategic plans）、详细规划（comprehensive plans）、研究/编目（studies/inventories），其中基础文件和总体管理规划法律效力最高（图 3-2）。

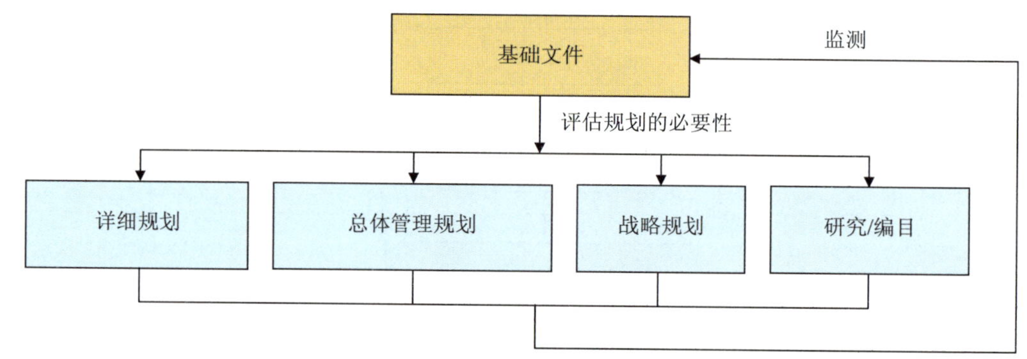

图 3-2 美国国家公园规划框架

美国国家公园规划框架的主要特点：一是根据单个国家公园实际管理需求，“量体裁衣”，更具灵活性；二是多方利益相关方共同协商形成，从源头上消除了沟通障碍，更体现多方参与的合作性；三是根据实际需求，引领国家公园保护管理，更具指导性；四是解决了原来制定单独总体规划存在的时间和资金投入较大的问题，更高效经济（如基础文件一年时间即可出台）。

（1）基础文件。

基础文件是规划和管理的基础。为单个国家公园所有管理和规划决策提供基础指导，通过明确国家公园的划建目的、重要性、最重要的资源及价值、解说主题、规划需求评估、法定特殊要求、管理承诺及其所在地区实际情况，描述该国家公园的核心使命。一般在规划早期制定，并将其作为总体管理规划前开展的公众与机构调研、数据采集工作的一部分。基础文件组成要素包括：

①国家公园的描述。

②国家公园的划建目的：描述联邦政府将该区域纳入国家公园系统的原因。

③国家公园的重要性、主要资源及价值：描述国家公园的主要资源及价值在全国层面的重要性，以至于需要纳入国家公园系统。

④解说主题：描述该国家公园需要向公众传达的最重要的想法和概念。

⑤主要问题及规划需求：依据国家公园内的问题，评估保护园内资源和满足游客娱乐享受需要做的规划类型。

一旦某个国家公园撰写了一份基础文件，那么从总体管理规划的某个周期向下一个周期推进时，会保持这份基础陈述相对稳定。

（2）总体管理规划。

总体管理规划重点关注国家公园管理内容和行动等。《国家公园规划程序标准》规定，总体管理规划的目的是“确保国家公园的管理者和利益相关者在资源条件、游客体验机会、常见的管理、使用和开发方式等问题上达成清晰明确的共识，从而以最佳方式实现国家公园的宗旨，并保护国家公园内的资源不受破坏，为后世子孙所共享”。总体管理规划是一种涉及面广泛的概括性规划文件，它在基础陈述的基础上设定了国家公园的长期目标。总体管理规划组成要素包括：

①明确定义随时间推移，期望实现并保持的自然和文化资源的状况；

②明确定义为了使游客了解、欣赏和体验国家公园内重要的资源，国家公园必须具备的条件；

③确定维持期望状态所适合的管理活动、游客使用以及开发项目的类型和水平；

④设定维持期望状态方面的各项指标和标准。

总体管理规划的制定仅限于新建的国家公园单元，规划期为 20～30 年。通常可能每 10～15 年需要对总体管理规划进行复审。如果情况发生了重大变化，就可能需要缩短复审间隔时间；如果情况保持相对稳定，没有显著变化，则延长复审间隔时间。

（3）战略规划。

战略规划以总体管理规划为上位规划，规定了国家公园 5 年的发展方向及目标。一般包括在资金和人员有限的情况下，国家公园的发展定位是什么；实现发展定位，需要做些什么；设定发展目标时要基于一定的因素，包括国家公园的基础文件、对国家公园自然和文化资源的评估、国家公园游客的体验，以及根据现有的人员、资金和外部因素等得出的国家公园绩效能力等。其规划内容更丰富具体、更具可操作性。一般作为国家公园管理局局长或分区局长评估每一个国家公园园长绩效的最好依据。

（4）详细规划。

以总体管理规划和战略规划为指导，根据国家公园的管理需求，有针对性地编制详细规划。详细规划专注于总体管理规划中的个别项目或单个成分，详细说明实现规划结果所必需的技术、学科、设备、基础设施、进度安排和资金。详细规划提供了在国家公园某个区域内执行某项行动所需要的具体工程细节，并解释所采取的行动如何有助于实现长期目标。例如，为某特定区域编制的用以解决包括通达性、交通堵塞、安全性、游客体验和资源保护等问题的详细规划；为管理游客需求、减少冲突而编制的游客使用管理规划；为增进与游客有效交流的服务、媒介和活动等的解说规划；为改善资金规划，确定运营目标的商业规划等专项规划。

3.1.2 日本

日本是亚洲最早建立国家公园的国家。日本的国家公园由国立公园、国定公园、都道府县立自然公园三类构成。其中，国立公园是指具有全国代表性风景乃至全球代表性的自然风景胜地（包括海洋景观），符合我国对国家公园的定义，可作为同一类型进行比较。日本自1934年建立了第一批国立公园以来，截至2017年已设立了34个国立公园，覆盖41个都道县府，总面积约为2.19万km^2，占国土总面积的5.79%。日本在国立公园发展过程中形成了成熟的国立公园规划理念，可为自然风景资源的严格保护和科学利用提供指导。

3.1.2.1 法律基础

日本国立公园的保护与管理主要基于《自然公园法》。该法对国立公园的指定，国立公园计划，国立公园事业、保护及利用，生态系统维持与恢复事业，风景地保护协定，国立公园管理团体、费用等做出了详细的规定。为保障《自然公园法》的实施，日本政府还颁布了《自然公园法施行令》《自然公园法施行规则》等配套法规。此外，为更进一步管理和保护国立公园，日本还出台了《国立公园及国定公园候选地确定方法》《国立公园及国定公园调查要领》《国立公园规划制订要领》等相关文件。其中《国立公园规划制订要领》对国立公园的指定、规划编制、规划变更和修编，以及国立公园所在地区地图与规划图制订等做出了规定。与国立公园相关的其他法律、法规还包括：《鸟兽保护及狩猎正当化相关法》及施行令与施行规则、《自然环境保护法》及施行令与施行规则、《自然环境保全基本方针》、《自然恢复促进法》、《濒危野生动植物保护法》及施行令与施行规则、《国内特定物种事业申报相关部委令》、《国际特定物种事业申报相关部委令》、《特定未来物种生态系统危害防止相关法》及施行令与施行规则。

3.1.2.2 管理机构

日本因其土地权属的特殊性形成了由中央和地方协同的管理体制。在日本自然公园管理体系中，国立公园由环境省直接管理，省下设有一部六局，其中自然环境局为国立公园的主管机关，其下设5课，分别为总务课、自然环境计划课、国立公园课、野生生物课、自然环境建设课，国立公园课下设有11个国立公园管理事务所及75处国立公园管理员事务所。日本国立公园管理体系如图 3-3 所示。国立公园管理事务所负责对国立公园管理进行“计划立案”、协调各方关系。同时在国立公园管理中引入公众参与机制，公众不仅参与管理决策制定，还可以具体执行各项管理事务，如国立公园指导员对国立公园管理工作进行辅助，主要对来访人员活动及公共设施情况进行管理。国立公园管理团体、学生国立公园护林员、志愿者等以民间团体或市民自发组织的形式广泛参与国立公园的保护管理，负责国立公园内的巡逻调查、为游人进行科普解说、定期对国立公园进行美化清扫等。

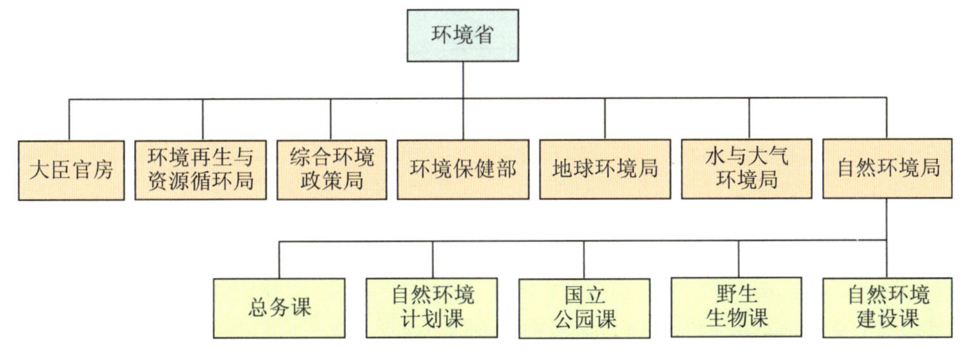

图 3-3　日本国立公园管理体系

3.1.2.3　规划的编制

日本国立公园的规划是以具有全国代表性乃至全球代表性的自然风景区域为对象制定的，规划程序包括：①环境大臣在听取相关都道府县及环境审议会的审议基础上，根据《自然公园法》第五条第一项规定指定；②编制单体国立公园规划；③环境省直接进行建设与管理。

3.1.2.4　层次与内容

日本国立公园的规划内容可分为分区规划和事业规划两部分。分区规划是通过规范国立公园内的活动来防止自然景观的恶化及混乱的开发和使用。分区规划又可分为保护分区规划和利用分区规划两大部分。

（1）保护分区规划。

依据保护对象的重要程度，为了对自然风景和土地进行全面的保护和适当的利用，主要基于风景秀丽程度、自然生态系统完整性、环境保护必要性、文化遗产价值、生物多样性等原则，保护分区规划在空间分区上把国立公园分为特别保护地域、特别地域（又细分为Ⅰ类、Ⅱ类、Ⅲ类）、普通地域以及限制进入区域和利用调整区域。特别保护地域未经许可不得新建和改建建筑物，土地形状也不得随意变更，禁止一切可能对自然环境造成干扰或影响的行为和活动。在特别地域，Ⅰ类特别地域是具有仅次于特别保护地域的景观资源，必须极力保护现有景观的地区；Ⅱ类特别地域的景观资源次于Ⅰ类特别地域，是可以进行适当的农林渔业活动的地区；Ⅲ类特别地域的景观资源次于Ⅱ类特别地域，是一般不控制农渔业活动的地区。普通地域是特别保护地域、特别地域以外的需要实施风景保护措施的区域，主要发挥其对特别保护地域、特别地域的缓冲、隔离作用。在普通地域如果发生建设事由，需要预先提出申请。日本国立公园“特别保护地域—Ⅰ类、Ⅱ类、Ⅲ类特别地域—普通地域”分区与我国“核心区—缓冲区—试验区”的梯度分级在逻辑上是一致的（图 3-4）。

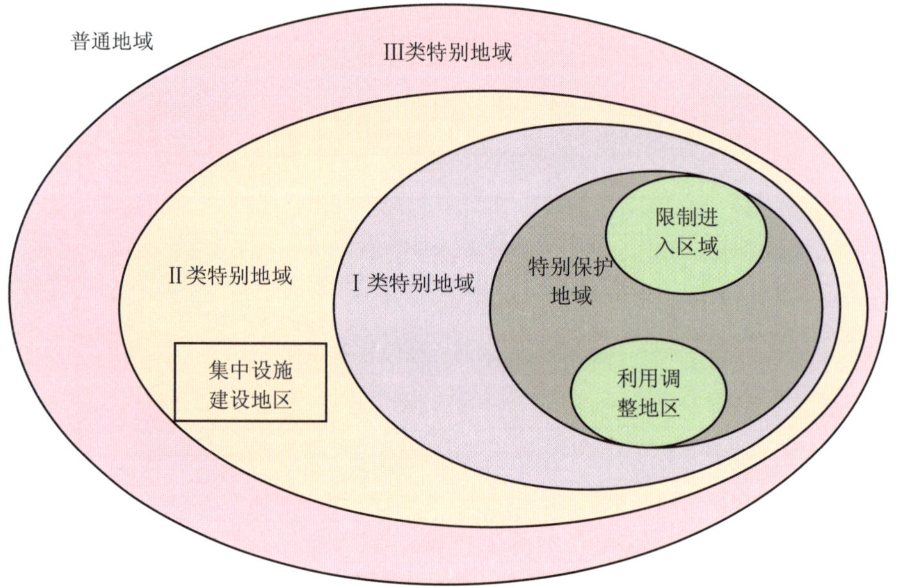

图 3-4　日本国立公园分区模式

（2）利用分区规划。

利用分区规划是从国立公园整体出发，对园区所需要的道路、宾馆、滑雪场、停车场等设施进行合理配置。利用分区规划的重要工作对象是集中服务区，而集中服务区是为国立公园使用者提供包括住宿、餐饮、购物以及换乘交通等在内的多种便利条件的重要场所。

事业规划是为了保护国立公园的景观或景观要素，维持或恢复生态系统，确保游客使用安全，推广游客正确使用，以及对国立公园设施合理布局的系列发展规划。事业规划又可分为设施规划和生态系统维护恢复规划两大部分。

（1）设施规划。

设施规划是指合理安排能够妥善利用国立公园资源、恢复被破坏的自然环境和防止危险等所需设施的系列规划，通常包括保护设施规划和利用设施规划。

保护设施是指恢复被破坏的自然环境和预防危险所需的设施，如植被恢复设施、动物繁殖设施、防火设施等。利用设施包括使用和管理国立公园的基地，以及正确使用国立公园的必要设施，这些设施不会对自然环境产生不利影响，具体又分为：集团设施区（全面建立园区使用和管理设施）、单一设施（住宿、休息区、营地等）、道路（自行车道、人行道等）、运输设施（铁路、索道、升降机、船舶等）。在设施规划中，道路、公共厕所和植被恢复设施等公共事业设施通常由国家或地方政府投资建设，住所等商业设施通常由私营企业投资建设。

（2）生态系统维护恢复规划。

生态系统维护恢复规划是指采取预防性或适应性的系列科学措施来维护或恢复生态系统的系列规划。当预期来自其他区域的外来植物或动物会对当地生态系统产生破坏或已经发生损害时，如外来的鹿会破坏自然植被、棘皮动物会破坏珊瑚群落等，就应该采取相应措施消灭外来物种，保持和恢复自然生态系统。

3.1.3　新西兰

新西兰是世界上最早建立保护地的国家之一，截至 2018 年，新西兰保护地面积已达 7 万 km^2，约占其陆地面积的 1/3 和国土总面积的 20.7%。其中建立了 14 个国家公园，总面积约 3.07 万 km^2，占国土总面积的 11.34%。在保护地发展的 130 多年历史长河中，新西兰已经形成了完整的保护地管理和规划体系。

3.1.3.1　法律基础

在新西兰，由国家保护部签署执行的关于保护地的法案共 25 部，包括《保护法》（*Conservation Act*，1987 年）、《国家公园法》（*National Parks Act*，1980 年）、《海洋保护区法》（*Marine Reserves Act*，1971 年）、《保护区法》（*Reserves Act*，1977 年）、《野生动物控制法》（*Wild Animal Control Act*，1977 年）、《野生动物法》（*Wildlife Act*，1953 年）等，为新西兰保护地规划的制定和执行奠定了法律基础。

3.1.3.2　管理机构

国家保护部是新西兰保护地的主要政府管理机构，负责编制保护地的各级规划，并以规划为指导开展保护管理工作。在规划编制过程中，国家保护部还负责组织公共参与。

国家保护部将新西兰国土划分为 11 个区域，称作保护区域（conservancy），这 11 个区域涵盖所有国土面积，但与新西兰的行政区划并不一致。在保护区域中有部分土地属国家保护部所有，即国家保护部负责其规划和管理；有部分土地为私人所有，国家保护部可以提出保护方面的建议。国家保护部设有 11 个区域办公室，分别负责每一区域的保护管理日常工作。每个区域办公室下设不同的地区办公室（area office）和各保护地的管理机构，各管理机构负责各自区域的管理规划的编制。

3.1.3.3 规划的编制

新西兰保护地规划的编制过程大致包括 6 个步骤：

（1）告知利益相关的个人或团体。

（2）制订规划草案。

（3）发布规划草案，并接受公众询问、提供解释。

（4）接受公众的意见和建议，修改草案。

（5）保护委员会审议，修改草案，直至保护委员会审议通过。

（6）国家保护部审议，批准规划。

3.1.3.4 层次和内容

《保护法》列有协调管理的总体流程和各层次的政策和方案，指导保护地管理。其中，总体政策（general policy）的法律地位最高，其次是地区保护管理策略（conservation management strategy），最后是含国家公园管理计划在内的地方保护管理规划。

（1）总体政策。

总体政策是保护管理方面的最高法定政策。它为保护地管理提供指导，内容涵盖自然资源、文化与历史资源、游憩利用、设施建设、活动、科研与信息、自然灾害应对等。同时，对制定保护管理策略、保护管理规划等有部分阐述。目前新西兰制定了 2 部总体政策，分别是《保护总体政策》（*Conservation General Policy*）和《国家公园总体政策》（*National Parks General Policy*）。

《保护总体政策》中对保护管理策略和规划的规定包括以下几个方面。首先，是对一些具体的内容进行界定，包括保护区域内有哪些应该受到保护的资源，不同利用方式可能产生的影响和如何降低影响，相关部门对保护公共土地和水域所倡导的目标，涉及哪些土地管理法定规划，应协调哪些规划。这部分内容是在制定一个保护区域保护管理策略时必须首先要界定的内容。其次，是要求在保护管理策略中确定该保护区域中的哪些地域具有国家或世界层面的重要性，以制定保护管理规划，并要求保护管理规划应制定具体的目标并进行公众咨询。最后，在制定、审议保护管理策略和保护管理规划时应咨询保护委员会，并接受公众咨询，也进一步明确了保护委员会的职责。

《国家公园总体政策》基本上从界定基本概念和保护对象、规划内容和规划审议程序等方面进行了规定。

（2）保护管理策略。

保护管理策略是应《保护法》的要求，在国家保护部相关其他法案的指导下逐步发展起来。它是以 10 年为周期的区域性策略，目的是执行总体政策，并为整合自然和历史资源、提供游憩、旅游和其他保护目的而设定目标。

保护管理策略通常包括以下主要内容：

①简要介绍什么是保护管理策略，并阐述如何应用该策略；

②确定保护管理的法定地位，包括管理自然和文化价值的重要原则，以及对该区域的总体评价；

③制定分类保护管理措施和保护区域内关于保护的一般规定，如该区域内的特殊物种的保护，控制病虫害的政策，以及区域内保护地特许经营的规定等；

④描述区域的重要资源。通常用分区的方式，把区域分成若干个不同的保护地，逐一对其制定保护管理措施，对每一处保护地，规划内容大致包括资源特征的描述，历史演化的描述，价值的阐述，威胁分析，公众利用方式规划，科研、生态调查、监测等方面的措施、管理目标等。

（3）保护管理规划。

保护管理规划也是一个以 10 年为周期的法定规划。保护管理规划的目的是执行保护管理策略，并为在一个特定地域内整合自然和文化资源管理而设定具体目标。只有那些具有较高程度的活动或具有较为复杂问题的保护地，才制定保护管理规划。

保护管理规划通常包括以下几部分内容：

①对国家公园、国家公园所在保护区域基本情况的介绍，对管理规划的法律背景和法律地位的介绍；

②对国家公园历史和价值的介绍，如汤加里罗国家公园在制定规划时详细介绍了毛利部落将土地赠与新西兰的历史，并将其作为国家公园的重要价值之一；

③重要保护原则；

④保护政策，通常包括保护目标及其具体措施，以分类或分区的形式进行组织，如水资源保护、生态系统保护等，也包括对一些特定区域的规划措施，如汤加里罗国家公园制定了针对 2 处野生动物区域、2 处荒野区域、3 处美景区域的规划措施；

⑤利用方面的规划，包括国家公园的特许经营项目，如导游、俱乐部、节事活动等的具体规定，汤加里罗国家公园对其范围内 3 处滑雪场地进行了较为详细的评估和规划。

3.1.4 加拿大

加拿大 1885 年建立了第一个国家公园——班夫国家公园。截至 2018 年，加拿大共建立了 47 个国家公园和保护区，总面积超过 45 万 km^2，约占其国土面积的 4.5%。加拿大国家公园的使命是保护和展示加拿大具有全国重要代表性的自然和文化遗产，并以能保证生态和纪念完整性的方式，增进公众的认知、理解和享受。加拿大在国家公园规划方面积累了大量的经验。

3.1.4.1 法律基础

加拿大已经形成了较为完善的国家公园法律体系。早在1887年，加拿大便颁布了《落基山公园法》。1930年，加拿大正式颁布《国家公园法》。此外，加拿大还制定了《野生动物法》《濒危物种保护法》《狩猎法》《防火法》《放牧法》等法律和《国家公园通用法规》《国家公园建筑物法规》《国家公园公路交通条例》《国家公园钓鱼法规》《国家公园标识法规》《国家公园水和下水道法规》《国家公园别墅建筑法规》《国家公园垃圾法规》《国家公园消防法规》《国家公园野生动物法规》《国家公园墓地法规》《国家公园镇、游客中心和度假村分区指定法规》《国家公园租赁和营业许可证法规》等相关法规。

3.1.4.2 管理机构

加拿大的地方自治制度和土地分权原则决定了联邦、省、地方的保护地体系相对独立。联邦政府部门及机构负责编制其所管辖保护地的所有层级的规划，包括战略规划、系统规划、国家公园和保护区管理规划，以及各专项规划。省政府部门及机构制定省属土地的保护地总体战略规划、土地分区利用框架，后者将被细化为若干次级区域的土地利用战略及其专项规划，如次级区域保护地系统规划，最终编制保护地管理规划。

3.1.4.3 层次和内容

加拿大国家公园的规划类型主要包括系统规划、管理规划、自然资源管理规划、服务规划和行动规划等。

（1）系统规划。

系统规划是一种综合性的宏观规划，其内容涵盖国家公园的建立、可能的未来国家公园及它们对所在区域自然和文化特征的代表性，旨在为保护国家级的自然遗产设计一个系统，建立一个框架，并确定一个长远的目标。《国家公园系统规划》将加拿大划分为39个陆地自然区域，并对每个区域中国家公园的建立状况和潜力进行阐述；规划目标是在每一个自然区域中至少建立一个国家公园，国家公园的选建可以从系统规划中获得指导。

（2）管理规划。

管理规划针对某一个国家公园制定，其目标是提供一种能够涵盖国家公园各层次方针政策的综述性文件。它是管理者必不可少的指南，同时也使公众清晰了解政府对每个国家公园的政策观点。加拿大国家公园局把管理规划看作是责任部长就国家公园的利用与保护向公众所做的承诺。管理规划包含如下内容：确定管理目标并详尽说明国家公园将采取何种措施来保护和体现本区域的自然与文化特征；详细说明国家公园采取何种类型与级别的资源保护与管理措施来保持国家公园的生态完整性和有效管理国家公园的文化资源；国家公园分区；确定旅游设施、活动和服务的类型、特点及位置；确定目标群。

（3）自然资源管理规划。

继管理规划之后，要针对特殊问题制定一系列更加详细的政策。自然资源管理规划的目标是明晰管理行为的责任与程序，以解决在保护区管理规划中所阐述的资源问题。自然资源管理规划通常由国家公园管理人员来制定，而由国家公园所在地区的职员和其他专家进行必要的协助。为了确保自然资源管理规划的连续适用性，应当按照监测规范对其进行定期检查。

（4）服务规划。

服务规划是游客活动管理过程的一部分。在符合资源保护与纪念遗址保护规定的同时，此规划通过市场定位，综合考虑国家公园游客的需求、期望和满意度来制定。服务规划要确定国家公园游览项目的方向和优先顺序，将管理规划中概念性的东西转化为提供给公众的切实的服务，以及相应的执行策略。

（5）行动规划。

行动规划是为实现管理规划所做的行为计划，它为支持和实现国家公园纲要所设立的目标而制定必要的措施。该规划用于组织短期活动和现时活动。行动规划中的每一项行动都有具体的目标，所有的行动形成一个进度表，可以按照规划对这些行动进行操作和检查。

3.1.5　澳大利亚

澳大利亚是继美国之后第 2 个建立国家公园的国家。独特的自然禀赋和悠久的土著文化使得澳大利亚的保护地独具特色。澳大利亚国家保护地是基于国土范围内特有的生态、物种和景观资源保护而建立的，对保护国家生态环境和生物多样性发挥了重要作用。作为世界自然保护地建设的先行者和推动者，澳大利亚在国家保护地规划体系建设方面积累了丰富的经验。

3.1.5.1　法律基础

澳大利亚联邦政府出台的关于国家公园的法律包括《国家公园和野生生物保护法》《自然保护法》等。

3.1.5.2　管理机构

澳大利亚国家公园统一由澳大利亚国家公园局进行管理和保护。澳大利亚国家公园局是澳大利亚环境和能源部的下属部门，依据《环境和生物多样性保护法》负责保护和管理澳大利亚的 7 个陆地保护地和 59 个海洋保护地。而国家公园规划则由澳大利亚国家公园局的保护地政策规划司具体负责。

3.1.5.3 层次和内容

2009 年澳大利亚出台了《国家保护地规划 2009—2030》（*Australia's Strategy for the National Reserve System* 2009-2030），标志着澳大利亚国家保护地新体系正式完成。该规划是一份综合性的规划，其中同时包含了体系建设、保护标准、规划方案、监管方案以及国际合作计划等内容。截至目前，澳大利亚联邦政府和各州政府已经建立了以保护地权属政府的法律法规和管理机构为保障主体的管理机制，形成了以法定管理规划为主干，对保护地的特别议题进行分项对策研究的规划体系。

对于单个保护地，相关规划文件主要分为管理规划（management plan）和次级规划（subsidiary plan）两大层次。具有法定地位的管理规划是保护地管理的核心文件。次级规划无法定地位，是针对保护地某一议题或某一受威胁要素，在管理规划指导下制定的规划文件。常见的次级规划有火管理规划（fire plan）、旅游总体规划及外来物种管理战略等。此外，个别州政府制定了全州范围内的、非法定的保护地管理策略或针对某一保护地群（groups of reserves）制定了具有法律地位的区域管理规划。

对于规划文本而言，由于各州地理条件和自然资源差异导致保护地类型不同、特点不一，规划文本结构并不统一，内容有一定弹性。但总体来说，保护地管理规划会按照所属州政府制定的法案要求内容进行编制，基本涵盖背景介绍、自然要素（动植物和外来物种）、文化要素、科学研究、游客管理和商业管理、规划执行等几大方面。个别保护地会根据资源特点和保护需求进行区划，如昆士兰热带雨林和大堡礁等。

综上所述，美国、日本、新西兰、加拿大和澳大利亚等国家均制定了国家公园上位法，作为国家公园保护管理的法律依据，如美国的国家公园基本法、日本的《自然公园法》、新西兰的《保护法》和《国家公园法》、加拿大的《国家公园法》以及澳大利亚的《自然保护法》等。各国国家公园规划体系中，都有一部国家层面的综合性的宏观规划，对国家公园的建立和发展进行一个框架性设计，如美国的系统规划、新西兰的总体政策、加拿大的系统规划以及澳大利亚的国家保护地规划。就单个国家公园而言，各国均要求制定国家公园总体规划和详细规划/专项规划，为国家公园的保护和管理提供指导。规划管理和实施的主体由国家公园管理部门来负责，个别国家具有专门的从属于国家公园管理部门的国家公园规划编制机构。

各国国家公园规划体系对比分析见表 3-2。

表 3-2 国外国家公园规划体系对比分析

国家	规划的法律基础	规划的层次	规划的管理机构	规划的编制
美国	①国家公园基本法；②授权法；③单行法；④部门规章；⑤其他联邦法律	系统规划	规划团队：国家公园与区域办公室，可由丹佛服务中心提供咨询服务	新建国家公园：①初步调查研究；②详细调查研究；③国会授权；④深入调查研究；⑤国会决定是否纳入NPS；⑥基础文件；⑦总体管理规划；⑧战略规划；⑨详细规划。
			批准主体：美国国会	
			管理和实施主体：美国国家公园管理局的公园规划、基础设施和土地局	
		基础文件	规划团队：国家公园与区域办公室，可由丹佛服务中心提供咨询服务	
			批准主体：区域办公室主管	
			管理和实施主体：美国国家公园管理局的公园规划、基础设施和土地局	
		总体管理规划	规划团队：丹佛服务中心	国家公园总体管理规划：①勘界；②制定初步备选方案并审查；③分析并优化备选方案；④选择首选方案；⑤规划草案/环境影响报告制定及审查；⑥分析公众意见并准备评论报告；⑦最终计划/环境影响声明制定及发布；⑧制定并发布决策记录；⑨实施选定的备选方案
			批准主体：美国国会	
			管理和实施主体：美国国家公园管理局的公园规划、基础设施和土地局	
		战略规划	规划团队：丹佛服务中心	
			批准主体：区域办公室主管	
			管理和实施主体：美国国家公园管理局的公园规划、基础设施和土地局	
		详细规划	规划团队：丹佛服务中心	
			批准主体：区域办公室主管	
			管理和实施主体：美国国家公园管理局的公园规划、基础设施和土地局	
		研究/编目	管理和实施主体：美国国家公园管理局的公园规划、基础设施和土地局	
日本	①《自然公园法》以及配套法规；②国立公园规划制订要领；③其他相关法律法规	保护分区规划；利用分区规划；设施规划；生态系统维护恢复规划	环境省、国立公园管理事务所、国立公园管理员事务所	①由环境大臣在听取相关都道府县及环境审议会的审议基础上，根据《自然公园法》第五条第一项规定指定；②编制单体国立公园规划；③由环境省直接进行建设与管理

国家	规划的法律基础	规划的层次	规划的管理机构	规划的编制
新西兰	①《保护法》；②《国家公园法》；③《海洋保护区法》；④《保护区法》；⑤《野生动物控制法》；⑥《野生动物法》	总体政策；保护管理策略；保护管理规划	国家保护部、地区办公室、保护地管理机构	保护地规划：①告知感兴趣的个人或团体；②制订规划草案；③发布规划草案，并接受公众询问、提供解释；④接受公众的意见和建议，修改草案；⑤保护委员会审议，修改草案，直至保护委员会审议通过；⑥国家保护部审议，批准规划
加拿大	①《国家公园法》；②一园一法；③其他相关法律法规	国家公园系统规划；国家公园管理规划；自然资源管理规划；服务规划；行动规划	联邦政府部门及机构负责编制其所管辖保护地的所有层级的规划，从战略规划到系统规划，再到公园和保护区管理规划，以及各专项规划； 省政府部门及机构制定省属土地的保护地总体战略规划、土地分区利用框架	—
澳大利亚	①《国家公园和野生生物保护法》；②《自然保护法》	国家保护地规划；保护地管理规划；保护地次级规划	澳大利亚国家公园局的保护地政策规划司	—

3.2 国外国家公园规划体系经验借鉴

3.2.1 以完备的法律为基础

美国等国家的国家公园规划体系均有完备的、高位阶的法律为基础，在法律界限之内制定。如美国国家公园法律体系包括五个层次，每一个国家公园都要接受这五个层次法律法规的约束。五个层次的法律法规体系，从宏观到具体，从不同角度保证了国家公园规划体系的正常运行，且立法层级较高。同时，美国国会通过的《国家公园管理局一般授权法案》也从法律层面对每个国家公园需要做的规划类型做了相应要求，而 NPS 制定的各项管理计划、签订的协议等同样具有法律效应。此外，2006 年，NPS 制定的《美国国家公园管理政策》也从不同层面对美国国家公园规划做了不同层次的规定。日本在国家公园立法体系方面，已经形成以《自然公园法》为基本法，以《自然环境保护法》及施行令和施行规则、《基本环境法》为核心，以《野生生物保护及狩猎控制法》《濒危野生动植物保护法》

《自然恢复促进法》等法律为辅助，并颁布《自然环境保全基本方针》《景观保护条例》《自然环境保护条例》等多项施行令和施行规则，构成较完善的国家公园法律体系。新西兰《保护法》《国家公园法》等基本法的制定为新西兰保护地规划的制定和执行提供了法律框架，奠定了法律基础。以法律为框架的规划，除能保证国家公园规划的合法性外，还能使国家公园管理当局以法律为平台，与其他利益相关方进行公平有效的沟通、磋商和交流，以解决规划实施过程中可能出现的各种矛盾与问题。

3.2.2　强调管理目标的重要性

上述国家在国家公园规划决策和执行过程中，非常强调目标制定的重要性。1916 年，美国国会通过的《美国国家公园管理局组织法》明确了国家公园管理局的使命——国家公园管理局保护国家公园内的自然和文化资源及其价值不受损害，愉悦、教育和启发当代及后代子孙。围绕这一使命，美国国家公园管理局借助不同规划来提供解决日常运行管理中出现问题时的决策支撑。如人、财、物有限的情况下如何进行资源的有效管理、如何平衡保护与利用的矛盾以及如何实现资源可持续保护等。此外，美国在国家公园规划制定过程中，会谨慎地选择“最有利于促进《美国国家环境政策法》”的规划方案，以期能够使规划更好地服务于管理目标。加拿大国家公园的使命是保护和展示加拿大具有全国重要代表性的自然和文化遗产，并以能保证生态完整性的方式，增进公众的认知、理解和享受。为此，加拿大国家公园的规划均围绕这一原则进行制定和执行。根据国家公园实际管理需求，以目标为导向制定规划，“量体裁衣”，可以更高效地保护国家公园中最具价值的生物多样性，引领国家公园保护管理，实现国家公园的使命。

3.2.3　体系完整、层次清晰，可操作性强

上述国家的国家公园规划体系非常完备，是管理人员对国家公园进行管理和保护的重要工具，规划也具备很强的可操作性。如美国国家公园规划体系根据长期、中期和年度三个层次的管理目标，制定了不同的国家公园规划文件，包括国家公园的系统规划、基础文件、总体规划、管理计划、详细规划、战略规划、研究/编目等，实现了不同层次目标的行动和措施。规划体系以基础文件和总体管理规划为纲领，在管理总体规划中所做的决定优于并指导其他更为详细的项目和活动的相关决定。重大的新开发或修复工作，以及旨在改变国家公园资源状况或游客使用而采取的重大行动或投入，必须与获批的管理总体规划相一致。加拿大国家公园的规划文件包括系统规划、管理规划、自然资源管理规划、服务规划和行动规划等，规划内容详尽，可操作性强。日本国家公园根据规划的性质和内容分为保护分区规划、利用分区规划、设施规划以及生态系统维护恢复规划等，包含了国家公园建设管理的方方面面，为管理人员对国家公园进行保护和管理提供具有法律效力、翔实的

文件。不管对于管理人员还是全体国民来说，规划是否具备可操作性，能否落地实施，是整个规划过程的关键。否则，即使规划得再好，也只是“空中楼阁”，不能产生实际的生态效益和社会效益。

3.2.4 社会公众广泛参与

规划中的公众参与机制可以提高规划的透明度，同时使与国家公园有关的利益各方，如民间环保机构、其他联邦机构、国家公园内的土地所有者等，都能参与规划决策体系，这不仅提高了规划的质量和针对性，同时也较大限度地减少了规划实施过程中可能出现的矛盾。美国国家公园管理局希望所有美国人都把自己看作是国家公园体系的利益相关者，在国家公园规划方面，相关法律要求国家公园管理部门定期联系因国家公园划建而受影响的公众，或是按规定请他们参与国家公园的规划编制过程。其公众参与不仅仅在规划的制定过程中发挥作用，还深度融合在后续国家公园的规划管理过程中。德纳利国家公园在编制总体规划时，为能充分听取并采纳原住民、社会组织、有关企业（经营小型飞机、登山滑雪等活动）、地方政府等利益相关者意见，共用时 8 年进行沟通协调。经过此过程编制的规划，为实施减少了很多阻碍。美国国家公园管理局资源管理与科学中心成立了社会科学部门，通过设立公众评论期和专项调查，收集社区原住民、访客、社会组织等各方对国家公园相关规划的意见建议，评估规划项目及相关活动给社区、访客等利益相关者带来的影响。此外，还为国家公园管理者和生态环境等相关研究领域的科研人员搭建合作平台，便于科学家为国家公园规划管理提供科学支撑。

第 4 章　我国自然保护地现行规划体系概述

国家机构改革前，我国的自然保护地属于不同部门管理，各类自然保护地规划体系“自成一派”，类目繁多。本章梳理总结了各类自然保护地的规划体系，并分析了存在的问题，为我国国家公园规划体系的发展提出了一些建议，以期为国家公园建设、管理提供科技支撑。

4.1　当前自然保护地规划

4.1.1　国家公园体制试点

目前，我国已开展了三江源、东北虎豹、大熊猫、祁连山、海南热带雨林、神农架、武夷山、南山、钱江源、普达措等 10 处国家公园体制试点建设，涉及青海、黑龙江、吉林、四川、陕西、甘肃、海南、湖北、福建、湖南、浙江、云南等 12 个省份，总面积约 22 万 km^2，占我国陆域国土面积的 2.3%（表 4-1）。

表 4-1　我国国家公园体制试点规划体系现状*

名称	面积/km^2	规划类别	规划审批单位
三江源国家公园	123 100	三江源国家公园总体规划	经国务院同意，国家发展和改革委员会批复
		三江源国家公园生态保护规划	拟报国家公园管理局审批
		三江源国家公园生态体验和环境教育规划	
		三江源国家公园产业发展和特许经营规划	
		三江源国家公园社区发展和基础设施建设规划	
		三江源国家公园管理规划	
东北虎豹国家公园	14 909	东北虎豹国家公园总体规划	拟报国务院审批
大熊猫国家公园	27 134	大熊猫国家公园总体规划	拟报国务院审批
		大熊猫国家公园四川建设发展规划	—
		入口社区生态移民绿色发展“三位一体”专项规划	
		自然教育与生态体验建设专项规划	
		大熊猫品牌建设及治理开发运营专项规划	

名称	面积/km^2	规划类别	规划审批单位
祁连山国家公园	50 237	祁连山国家公园总体规划	拟报国务院审批
海南热带雨林国家公园	4 401	海南热带雨林国家公园总体规划	拟由海南省政府审批
		海南热带雨林国家公园保护专项规划	—
		海南热带雨林国家公园生态旅游专项规划	
		海南热带雨林国家公园交通基础设施专项规划	
神农架国家公园	1 170	神农架国家公园总体规划	湖北省政府
武夷山国家公园	1 001.41	武夷山国家公园总体规划	福建省林业局、福建省发展和改革委员会、福建省自然资源厅
		武夷山国家公园保护专项规划	
		武夷山国家公园科研监测专项规划	
		武夷山国家公园科普教育专项规划	
		武夷山国家公园生态游憩专项规划	
		武夷山国家公园社区发展专项规划	
南山国家公园	635.94	南山国家公园总体规划	湖南省政府
钱江源国家公园	252	钱江源国家公园体制试点区总体规划	浙江省发展和改革委员会
普达措国家公园	602.1	普达措国家公园总体规划	云南省政府

* 根据已公开资料统计，部分信息缺失。

10 个试点均编制了国家公园总体规划。其中，总体规划的批复机构有以下 3 种：①国务院同意，部委批复；②拟报国务院批复；③省政府或省级部门批复。三江源、武夷山、大熊猫、海南热带雨林等国家公园编制了多项专项规划，初步形成单个国家公园规划体系。但相较于美国、新西兰等国家成熟的国家公园规划体系而言，我国尚未构建标准化的国家公园规划体系，缺乏国家顶层制度安排。

国家公园在我国属于新生事物，其总体规划编制没有前例可循。为了更好地了解我国国家公园的总体规划，本书对 10 个试点总体规划的目标和编制内容进行了梳理和总结（表 4-2）。

根据《建立国家公园体制总体方案》（以下简称《总体方案》），我国建立国家公园体制的主要目标包括：

（1）建成统一、规范、高效的中国特色国家公园体制，使得自然保护地交叉重叠、多头管理的碎片化问题得到有效解决，形成自然生态系统保护的新体制、新模式，促进生态环境治理体系和治理能力现代化。

表 4-2　我国国家公园体制试点总体规划目标及内容

名称	总体规划目标	规划内容
三江源国家公园	• 山水林田湖草生态系统得到严格保护，生态服务功能不断提升，野生动植物种群增加，生物多样性明显恢复 • 满足生态保护第一要求的体制机制创新取得重大进展，有效行使自然资源资产所有权和监管权 • 绿色发展方式逐步形成，民生不断改善	生态保护、产业发展和特许经营、管理体制、生态体验与环境教育、社区发展和基础设施建设等
东北虎豹国家公园	• 山水林田湖草生命共同体得到严格保护，生态服务功能不断提升，野生东北虎豹种群稳步增长 • 满足生态保护第一要求的体制机制创新取得重大进展，有效行使自然资源资产所有权和监管权 • 绿色发展方式逐步形成，社区发展不断改善	东北虎豹保护、生态保护与清退林地生态修复、生态廊道建设、猎物与栖息地恢复、资源利用、移民安置、工矿企业退出、虎豹公园建设与管理、国有林场整合、自然教育与生态体验、社区发展转型、产业发展和特许经营及基础设施建设等
大熊猫国家公园	• 建设成为生物多样性保护示范区域 • 建设成为生态价值实现先行区域 • 建设成为世界生态教育展示样板区域	自然资源保护管理、大熊猫种群保护和复壮、监测评估预警体系、社区发展转型、生态搬迁安置、工矿企业退出等
祁连山国家公园	• 生态文明体制改革先行示范区 • 水源涵养和生物多样性保护示范区 • 生态系统修复样板区	自然资源保护管理、生态监测、移民安置、工矿企业退出、社区发展转型、自然教育与生态体验等
海南热带雨林国家公园	• 建立统一、规范、高效的热带雨林国家公园管理体制，统一行使全民所有的自然资源国家所有权 • 基本建成大尺度、多层次保护体系，使热带雨林的完整性、原真性、多样性得到有效保护 • 基本建立以财政投入为主的多元化资金保障机制 • 初步形成国家公园法律法规规范标准体系 • 国家公园与社区协调发展	管理体制、生态系统保护和修复、资源管护和科技支撑、自然教育与生态体验、社区协调发展等
神农架国家公园	• 构建山、水、林、地一体化自然资源网格化管护格局 • 完善国家公园科研体系及科学的监测体系，构筑国家公园“大科研”“大监测”体系 • 合理利用神农架国家公园的景观资源，实现神农架旅游业由观光旅游到生态旅游与科普旅游的转型升级 • 建立统一、规范、高效的国家公园管理服务体系以及公益共享与社区共管机制 • 将神农架国家公园建设成国民的“自然课堂”，世界著名的国家公园精品，人类自然遗产保护的“示范地”	资源保护、科研监测、科普教育、旅游发展、社区发展、管理体系等

名称	总体规划目标	规划内容
武夷山国家公园	• 生态文明体制创新的先行示范区 • 生态系统与生物多样性保护典范 • 世界自然与文化遗产展示体验地 • 人与自然和谐共生的样板	保护、科研、科普、游憩、社区等
南山国家公园	• 建成统一、规范、高效的满足生态保护第一要求的南山国家公园体制机制 • 山水林田湖草自然生态系统原真性、完整性得到有效保护，保障南岭山地国家生态安全 • 实现人与自然和谐共生	绿色交通、水利、土地利用、生态保护与修复、综合防灾、居民点布局与风貌引导、自然与文化遗产保护、候鸟通道区域整治、智慧公园、草地生态系统修复与奶业发展、旅游发展、周边区域发展等
钱江源国家公园	• 完整保护钱江源区稀缺性自然资源及原生性生态系统 • 探索我国东部地区国家公园体制建设和运营管理模式，构建更加有利于生态保护的自然资源与生态系统管理制度 • 不断提升科研、生态教育与游憩功能 • 逐步形成绿色发展方式，不断改善民生	保护、科研监测、展示与环境教育、生态旅游、社区发展和公众参与、管理等
普达措国家公园	• 三江并流世界自然遗产地生态保护成果展示的窗口 • 生态脆弱、地域文化敏感地区管理模式健康发展的先锋 • 三区三州资源保护与社会经济发展协调互动的典范 • 横断山区生态教育和体验的样板	管理体制、资源管理、资金机制、标准规范、日常管理、社区发展、特许经营、社会参与等

（2）国家重要自然生态系统原真性、完整性得到有效保护，保障国家生态安全。

（3）实现人与自然和谐共生。

通过梳理和对比分析，发现 10 个试点的规划目标在满足国家总体目标的基础上，针对各自主要保护对象各有侧重，如东北虎豹规划野生东北虎豹种群稳步增长，以确保主要保护对象的有效保护。总体规划内容大致可分为以下 6 类：

（1）生态保护类，包括重要自然生态系统、物种及栖息地、生态修复、生态廊道建设、工矿企业退出等。

（2）管理支撑类，包括科研监测体系建设、资源管护等。

（3）资源利用类，包括环境教育、生态旅游、特许经营等。

（4）社区发展类，包括社区参与保护、产业发展转型等。

（5）基础设施建设类，包括巡护道路、办公场所等。

（6）资金机制，包括投资估算、资金管理等。

各试点针对资源特色，规划内容也各有侧重，如东北虎豹针对重点保护物种，有针对性地规划了猎物与栖息地恢复内容。

专栏 4-1　三江源国家公园规划体系

三江源国家公园规划体系包括总体规划以及生态保护、管理规划、生态体验与环境教育、产业发展和特许经营、社区发展和基础设施建设 5 个专项规划。

（1）总体规划

共分为八章，明确了规划的意义和指导思想，进一步深化和完善了三江源国家公园的功能定位和管理目标，明确了管理运行体制、自然资源统一管理以及自然资源综合执法相关要求。规划立足于生态系统中各类资源，分析草地、湿地、森林、荒漠等不同生态系统的原真特点，提出了更具针对性、更严格的生态保护措施，确保实现原真保护和完整保护。同时，突出人在生态系统保护中的核心地位，强调重视人的发展，促进人与自然和谐相处。

（2）专项规划

《三江源国家公园社区发展和基础设施建设规划》分析了三江源国家公园内社区发展现状、基础设施建设现状以及面临的挑战，构建了社区发展新模式，包括国家公园社区发展目标、主要任务，以及建立与执法部门联防联控机制。划定了社区控制线、基础设施控制线等建设用地控制线。同时，对特色小镇的入口社区选址、功能定位和管控等作出要求。

《三江源国家公园管理规划》对三江源国家公园管理现状进行评估，包括管理目标、创新和成效，以及存在问题和困难。对空间管控、生态保护与修复、生态监测评估、环境综合整治等生态系统管理作出了最严格的规定。对社区管理、科学研究、志愿服务、交流合作、公益岗位、生态体验和环境教育、产业发展和特许经营等进行了规划。同时进一步理顺管理体制，强化巡护和依法监督。

《三江源国家公园产业发展和特许经营规划》对三江源国家公园中产业发展的基础、自然资源禀赋，以及面临的挑战进行了评价。加强产业准入管理，包括明确资源开发利用范畴，建立产业准入正面清单，健全产业准入管理体制。创新产业经营管理，包括加强自然资源经营管理和建立健全特许经营机制。强化发展空间管控，包括总体发展布局和区域发展布局。推进产业绿色发展，包括生态有机畜牧业、生态体验和环境教育、特色文化产业、中藏药材资源开发利用、碳汇交易产业。

《三江源国家公园生态体验与环境教育规划》将主要吸引的访客分为 12 种类型，根据访客特征及需求分析，归纳出 3 种体验活动、13 类体验线路以及 24 项生态体验项目，并对访客容量、访客管理、环境教育等进行了详细的规定。

《三江源国家公园生态保护规划》评价了三江源国家公园生态保护现状及面临的挑战，将国家公园细化到二级功能分区，并制订相应的管控措施。同时对典型生态系统保护与修复、人类活动迹地修复、重点物种保护、传统文化保护、资源利用社区参与、监测评估进行了保护规定。

专栏 4-2　武夷山国家公园规划体系

武夷山国家公园规划体系包括武夷山国家公园总体规划，以及保护、科研、科普、游憩、社区等 5 个专项规划。

（1）总体规划

以保护武夷山重要自然生态系统及文化资源为基本任务的国家公园总体建设规划，是国家公园在规划期间建设与发展的总体部署和建设纲领。总体规划提出了武夷山国家公园建设的总体要求和规划目标，按照原真性、完整性、协调性、差异性等原则，划分核心保护区、一般控制区等 2 个管控分区，特别保护区、严格控制区、生态修复区、传统利用区等 4 个功能分区，并制定了相应的分区管控措施。总体规划还对资源管护、保护和修复、科研监测、科普教育、游憩展示、社区发展以及管理体制机制创新等做了原则性规定。

（2）专项规划

《武夷山国家公园保护专项规划》在对武夷山国家公园保护现状调查与评价的基础上，提出保护生态环境质量、维护生态系统健康稳定、促进人文资源挖掘与保护、完善保护基础设施设备、探索保护与利用新模式等五大保护目标，对公园的管护、巡护与防护、自然资源保护、生态环境保护和修复、文化资源保护等内容进行了详细的规划。

《武夷山国家公园科研监测专项规划》在对科研监测现状进行评估的基础上，明确了科研监测规划的原则和目标，并从科研支撑体系建设、人才支撑体系建设、科研项目、对外合作与交流等方面详细制订了科研计划，从监测制度、监测网络、监测项目等方面详细制订了监测计划。

《武夷山国家公园科普教育专项规划》分析了武夷山国家公园科普教育现状及受众，明确了科普教育的主题和内容，按照不同功能区建设多元化的教育展示系统，规划了综合场馆式、开放体验式、媒介传播式、交互沟通式等 4 种科普教育展示方式，满足不同群体有条件地开展与功能区和资源特色相一致的活动。为了更有效地对访客进行现场讲解、展示、教育、说明、演示等，设计了解说标识系统，包括国家公园形象标识、管理型标识标牌、解说性标识标牌等。

《武夷山国家公园生态游憩专项规划》明确了武夷山国家公园游憩的总体布局、发展战略和营销策略，将武夷山国家公园分为东部原生态体验、西部科普研学探险生态、中部森林生态文化体验、南部生态休闲体验等 4 个游憩发展片区，满足不同的游憩需求。根据武夷山国家公园资源分布特点和市场需求，制定了生态游憩产品体系，包括 5 类 19 种旅游产品，并规划了 9 条游憩路线，还对生态游憩设施、管理机制等进行了详细的规划。

《武夷山国家公园社区发展专项规划》对国家公园内社区发展现状及存在的主要问题进行了分析，根据引导社区参与建设、构建国家公园反哺机制、建立社区沟通机制等 3 个基本导向，规划建立社区联保管理体系、生态公益岗位、社区劳务服务、特许经营等社区共管及社区参与机制。制定了针对社区规模、类型、产业等的调控政策，推进美丽乡村、入口社区和特色小镇建设，科学管理林地、耕地、建设用地等土地资源可持续利用，并弘扬社区茶文化、理学文化、文物和非物质文化遗产的传习和保护。

4.1.2　自然保护区

4.1.2.1　发展规划

自然保护区发展规划是为了进一步加强自然保护区建设而制定的符合国情的发展目标和规划，是从顶层设计的角度，构建全国自然保护区网络，以便对其进行更为科学的建设和管理。原环境保护部印发了《中国自然保护区发展规划纲要（1996—2010 年）》，将我国自然保护区分为 3 个类别 9 种类型，不同类型的自然保护区其保护重点各有侧重。并根据自然条件、社会经济状况、自然资源分布特点等因素，将全国共划分为 9 个自然区域，规划了各分区保护区的数量、面积等。同时，针对各部门参与自然保护区建设、管理，以及人员培训、经费概算等进行了详细规划，以打造一个类型齐全、分布合理、面积适宜、建设和管理科学、效益良好的全国自然保护区网络。

4.1.2.2　总体规划

根据《自然保护区总体规划技术规程》（GB/T 20399—2006）、《国家环境保护总局办公厅关于印发国家级自然保护区总体规划大纲的通知》（环办〔2002〕76 号）及《国家林业局关于印发国家级自然保护区总体规划审批管理办法的通知》（林规发〔2015〕55 号）等，自然保护区的总体规划包括明确规划期内自然保护区建设和管理要达到的目标；界定自然保护区的范围、确定性质、类型和主要保护对象；在自然保护区内部进行或调整功能区类别，进行建设和保护总体布局；制定一定时期内自然保护与生态恢复、科研监测、宣传教育、社区发展与共管共建、基础设施及辅助与配套工程和资源可持续利用等方面的行动计划与措施，确定建设内容和重点；确定合理的保护区管理体系、管理机构与人员编制；测算建设项目投资、经营管理的事业费，分析与评估综合效益；提出规划实施的保障措施。

自然保护区总体规划由自然保护区主管部门组织编制，规划编制完成后，由主管部门向上一级人民政府提交规划送审材料，包括规划文本、附表、附图以及必要的附件。

4.1.2.3　管理计划

管理计划是落实总体规划的阶段性计划，指导自然保护区在一定时期内的具体工作，逐一实现总体规划确定的自然保护区阶段性目标，强调对自然保护区日常保护管理工作的指导。

4.1.2.4 资源管理规划

继管理计划之后，要针对特殊问题制定一系列更加详细的政策。资源管理规划的目标是明晰管理行为的责任与程序，以解决在保护区管理规划中所阐述的资源问题。资源管理规划通常由自然保护区管理人员来制定，自然保护区所在地区的职员和其他专家进行必要的协助。为了确保资源管理规划的连续适用性，应按照监测规范对其进行定期检查。如我国有的自然保护区制订了针对重点保护对象的保护计划，西双版纳和南滚河国家级自然保护区针对亚洲象保护而实施的保护计划。保护计划因保护对象不同，而设置不同的适用期。保护计划的针对性通常很强，方案内容也较为具体。

4.1.2.5 年度计划

自然保护区的年度计划是保护区以一年为期的具体工作方案。目前大多数保护区在年末都要制订下一年度工作计划。为了能够确保保护区工作人员正确开展保护工作，年度计划通常会制订得比较具体，落实到自然保护区相关法律条例的宣传、界碑界桩等设施规划、保护区资源管理档案的建议、野生动植物疫源疫病的监测、办公用品的配置、工作人员业务培训等细致问题。

4.1.3 其他保护地

4.1.3.1 风景名胜区

风景名胜区规划是为了适应保护、利用、管理、发展的需要，优化风景区用地布局，全面发挥风景区的功能和作用而制定的。根据《风景名胜区条例》、《风景名胜区规划规范》（GB 50298—1999）及《国家级风景名胜区规划编制审批办法》，风景名胜区规划可分为总体规划、详细规划两个阶段，包括基础资料与现状分析，风景资源评价，风景区范围、性质与发展目标，分区、结构与布局，容量、人口及生态原则等基本内容。对于大型而又复杂的风景区，可以增编分区规划和景点规划。一些重点建设地段，也可以增编控制性详细规划或修建性详细规划。有的省份还编制了省域/区域体系规划、景点（或线路等）规划方案。总体上形成了省域/区域体系规划、总体规划、详细规划和景点（或线路等）规划方案 4 个层次的规划体系。风景名胜区规划成果应包括风景区规划文本、规划图纸、规划说明书、基础资料汇编等 4 个部分。

（1）风景资源分类和评价体系。

针对中国风景名胜区历史悠久、内容丰富、自然与人文紧密结合等风景资源特点，风景园林的景源调查和评价根据风景名胜区的属性和组合规律，确立了常用的自然景物、人文景物 2 个大类，天景、地景、水景、生景、园景、建筑、胜迹、风物 8 个中类，74 个小类和 800 个子类等资源类别。

根据风景资源价值、构景作用及其吸引力范围，风景资源等级划分为 5 级：具有珍贵、独特、世界遗产价值和意义的列为特级景源；具有名贵、罕见、国家重点保护价值和国家代表性作用的列为一级景源；具有重要、特殊、省级重点保护价值和地方代表性作用的列为二级景源；具有一定价值和游线辅助作用，有市县级保护价值和相关地区吸引力的列为三级景源；具有一般价值和构景作用，有本风景区或当地吸引力的列为四级景源。

（2）总体规划。

风景名胜区总体规划应当体现人与自然和谐相处、区域协调发展和经济社会全面进步的要求，坚持保护优先、开发服从保护的原则，突出风景名胜区资源的自然特性、文化内涵和地方特色。风景名胜区总体规划的编制由风景名胜区所在地的县级以上人民政府组织，省、自治区、直辖市内跨行政区的风景名胜区总体规划，由其共同的上一级人民政府组织编制。风景名胜区总体规划编制完成后，省、自治区、直辖市人民政府主管部门应当会同有关部门并邀请专家进行评审，提出评审意见，为进一步修改完善规划提供依据。风景名胜区总体规划经主管部门审查后，报审定该风景名胜区的人民政府审批。

国家级风景名胜区总体规划应当包括下列内容：①界定风景名胜区和核心景区的范围边界，根据需要划定外围保护地带；②明确风景名胜资源的类型和特色，评价资源价值和等级；③确定风景名胜区的性质和定位；④提出风景名胜区保护与发展目标，确定风景名胜区的游客容量、建设用地控制规模、旅游床位控制规模等；⑤确定功能分区，提出基础设施、游览服务、风景游赏、居民点的空间布局；⑥划定分级保护范围，提出分级保护规定；明确禁止建设和限制建设的范围，提出开发利用强度控制要求；提出重要风景名胜资源专项保护措施和生态环境保护控制要求；⑦确定重大建设项目布局；提出建设行为引导控制和景观风貌管控要求；确定需要编制详细规划的区域，提出详细规划编制应当遵从的重要控制指标或要求；⑧编制游赏、设施、居民点协调、相关规划协调等专项规划。

（3）详细规划。

编制国家级风景名胜区详细规划应当符合国家级风景名胜区总体规划。总体规划确定的主要入口区、游览服务设施相对集中区等涉及较多建设活动的区域应当编制详细规划。国家级风景名胜区详细规划应当包括下列内容：①明确规划范围和规划区域的定位，分析总体规划相关要求；②确定规划目标，提出发展控制规模；③评价规划范围的资源、环境和用地条件，确定规划布局和建设用地的范围边界；④提出建设用地范围内各地块的建筑限高、建筑密度、容积率、绿地率、给排水与水环境等控制指标及建筑形式、体量、风貌、色彩等设计要求；明确重要项目选址、布局、规模、高度等建设控制要求，对重要建（构）筑物的景观视线影响进行分析，提出设计方案引导措施；⑤编制综合设施、游赏组织、居民点建设引导、土地利用协调等专项规划。

（4）专项规划。

风景名胜区还需制定专项规划，包括保护培育规划、风景游赏规划、典型景观规划、游览设施规划、基础工程规划、居民社会调控规划、经济发展引导规划、分期发展规划。

①保护培育规划。包括查清保育资源，明确保育的具体对象，划定保育范围，确定保育原则和措施等基本内容。

②风景游赏规划。包括景观特征分析与景象展示构思；游赏项目组织；风景单元组织；游览组织和游程安排；游人容量调控；风景游赏系统结构分析等基本内容。

③典型景观规划。依据风景区主体特征景观或有特殊价值的景观来进行，包括典型景观的特征与作用分析；规划的原则与目标；规划内容、项目、设施和组织；典型景观与风景区整体的关系等内容。

④游览设施规划。包括游人与游览设施现状分析；客源分析预测与游人发展规模的选择；游览设施配备与直接服务人口估算；旅游基地组织与相关基础工程；游览设施系统及其环境分析 5 部分。

⑤基础工程规划。包括交通道路、邮电通信、给水排水和供电能源等内容，根据实际需要，还可以进行防洪、防火、抗灾、环保、环卫等工程规划。

⑥居民社会调控规划。包括现状、特征与趋势分析；人口发展规模与分析；经营管理与社会组织；居民点性质、职能、动因特征和分布；用地方向与规划布局；产业和劳动力发展规划等内容。

⑦经济发展引导规划。包括经济现状调查与分析；经济发展的引导方向；经济结构及其调整；空间布局及其控制；促进经济合理发展的措施等内容。

⑧分期发展规划应划分为第一期或近期规划：5 年以内；第二期或远期规划：5～20 年；第三期或远景规划：大于 20 年。

4.1.3.2 森林公园

根据《森林公园管理办法》《国家级森林公园管理办法》以及国家林业和草原局关于国家级森林公园设立的行政审批事项服务指南，国家级森林公园的设立需开展可行性研究，根据《中国森林公园风景资源质量等级评定》（GB/T 18005—1999）评估拟建地的森林风景资源质量等级，并提供相关文件、证明及材料。国家级森林公园应当自批准设立之日起 18 个月内，编制完成国家级森林公园总体规划；国家级森林公园合并或者改变经营范围的，应当自批准之日起 12 个月内修改完成总体规划。

（1）森林公园风景资源质量等级评定。

森林公园风景资源包括地文资源、水文资源、生物资源、人文资源和天象资源等，对风景资源质量的评定是森林公园保护、开发、建设和管理的重要依据。在森林资源评价方面，主要应用的方法包括定性和定量两类。其中，定性分析和评价的方法有定性描述法、“三三六”定性评价方法、态势分析法（又称 SWOT 分析法）等；定量分析和评价的方法有中国森林公园风景资源质量等级评定法（GB/T 18005—1999）、层次分析法（ATP）等；定性与定量相结合的方法有景观敏感度评价法。另外，对于森林公园建设条件的几个主要指标的评价方法也有研究与运用，如森林风景林美学评价法、气候疗养避暑功能评价法、环境承载力评价法等。

（2）拟设立森林公园可行性研究。

拟设立森林公园可行性研究报告是申请设立国家级森林公园的重要文件，主要依照国家级森林公园保护森林风景资源和生物多样性、普及生态文化知识、开展森林生态旅游的三大主体功能，说明设立该国家级森林公园对于本地区社会经济发展和生态文明建设方面的重要性和必要性，对国家重点森林风景资源、自然地理和社会基本情况、森林风景资源、区域环境质量检测、旅游开发条件进行详细介绍和描述，严格按照《中国森林公园风景资源质量等级评定》（GB/T 18005—1999）进行逐项评价、打分，综合测评。可行性研究报告还需附森林公园内国家重点保护的野生植物名录、国家重点保护的野生动物名录、区位图、森林资源现状图、森林风景资源现状图及植物资源调查报告等相关附件。

（3）森林公园规划设计。

我国森林公园的规划设计框架，基本参照原林业部 1995 年发布的林业行业标准《森林公园总体设计规范》（LY/T 5132—95）及《国家级森林公园总体规划规范》（LY/T 2005—2012）。森林公园总体规划的任务是综合研究和确定森林公园的性质、规模和空间发展布局，统筹安排森林公园各分区建设，合理配置森林公园各项基础设施，处理好资源保护与利用的关系，指导森林公园的保护、利用与发展。一般包括森林公园总体布局、环境容量与游客规模、景点与游览路线设计、植物景观工程、保护工程、旅游服务设施工程、基础设施工程等内容。规划成果包括森林公园规划文本、设计说明书、设计图纸和附件 4 部分。此外，根据实际需要，森林公园可增编分区规划和详细规划。

根据《国家级森林公园总体规划规范》，国家级森林公园总体规划的编制内容应当包括基本情况、生态环境及森林风景资源、森林公园发展条件分析、总则、总体布局与发展战略、容量估算及客源市场分析与预测、专项规划、环境影响评价、投资估算、效益评估、保障措施等 20 个部分，并应达到相应的编写要求。

4.1.3.3　地质公园

国家地质公园规划是为加强地质公园建设，有效保护地质遗迹资源，促进地质公园与地方经济的协调发展而制定的。规划的主要重点为：合理划定、明确界定地质公园范围；

地质公园园区、功能区；地质遗迹的调查、评价、登录和保护；地质公园的科学解说系统；地质公园的科学研究；科学普及工作；地质公园的信息化建设规划；地质公园的管理体制和人才规划。地质公园规划应提交以下成果：规划文本、规划编制说明、规划图件及编制要求、编制规划图件注意事项、专项研究报告、基础资料汇编 6 部分。

国家地质公园规划由所在地市或县人民政府组织国家公园地质公园管理机构编制。规划的批准发布主要包括初审、报批、批复和发布等 4 个环节。

（1）初审：由各省（区、市）自然资源行政主管部门在组织专家论证的基础上，对提交的规划送审稿进行初步审查，并提出修改意见；

（2）报批：有关市、县人民政府和国家地质公园管理机构对规划进行修改后形成报批稿，经省（区、市）自然资源行政主管部门同意后报自然资源部批准；

（3）批复：自然资源部组织专家对规划进行审查，根据审查意见做出批准、原则批准或者不予批准的决定；

（4）发布：国家地质公园所在地市或县人民政府发布实施规划。

4.1.3.4 湿地公园

国家湿地公园总体规划是通过对湿地公园所在地的自然、社会和经济条件的综合研究，确定该湿地公园的范围、规模和性质，科学合理开展功能分区，明确保护与恢复措施，设置必要的科普宣教设施，合理利用湿地资源，科学指导国家湿地公园的建设管理，促进社会经济可持续发展。国家湿地公园总体规划的内容应包括基本规定、总体布局、专项规划、基础工程规划、投资估算及效益评析等。其中专项规划包括保护规划、恢复重建规划、科普宣教规划、科研与监测规划、合理利用规划等内容。湿地公园总体规划成果文件，由摘要、规划文本和规划图纸 3 部分组成。

根据《国家湿地公园管理办法》（林湿发〔2017〕150 号），国家湿地公园总体规划首先需经省级林业主管部门组织专家评审，并根据专家意见修改后，报送国家林业和草原局；其后，国家林业和草原局组织专家进行现场考察并对总体规划送审稿提出修改意见，申报单位应根据专家意见组织对总体规划进行修改和完善；最后，总体规划最终稿报国家林业和草原局审查备案。

4.1.3.5 水利风景区

水利风景区规划是为科学、合理地开发利用和保护水利风景资源，促进人与自然和谐相处而制定的。主要包括资源调查、现状分析与评价，规划原则和范围，规划水平年和目标，规划布局，相应专项规划，风景区容量，投资估算及效益评价，以及规划环境影响评价等内容。其中专项规划是总体规划的细化，包括水资源保护规划、水生态环境保护与修复规划、景观规划、交通与游线组织规划、服务设施规划、配套基础设施规划、土地利用规划、竖向规划、安全保障规划、标识系统与解说规划、水利科技与水文化传播规划、营销与管理规划等。总体规划成果应包括文本、图纸和必要的附件等。

依托大中型水利工程的水利风景区和与特殊水利工程（如水源地）伴生的水利风景区，需采取会议形式进行评审。评审人员应由水利、环保、林业、经济、旅游、生态及城建等领域专家组成，评审人根据《水利风景区规划编制导则》（SL 471—2010）及规划环境影响评价有关要求，提交水利风景区规划环境影响评价文本。

4.2　我国自然保护地规划体系存在的问题

我国各类自然保护地均有其相应的规划编制技术和要求，对保护地管理和保护工作具有指导意义，但由于我国自然保护地种类繁多，没有科学统一的自然保护地体系，导致其规划体系存在以下问题。

4.2.1　规划的法律基础薄弱

目前，我国国家层面尚未出台国家公园相关法律法规文件，国家公园试点主要遵循其他自然保护地法律法规，如《自然保护区条例》（2017 年）和《风景名胜区条例》（2016 年）等。这些法规均属于行政法规，在法律体系中，对于其他相关法律的发挥没有起到统领作用，如并不能规定类似于限制人身自由、吊销企业营业执照的行政处罚。当条文的规定与其他法律产生矛盾时应当适用上位法，削弱了法规的实效。而依据上述法律编制的规划在执行和管理过程中，其法律地位进一步被削弱，实际执行效果与规划存在一定差距。

4.2.2　规划体系不健全

2018 年机构改革前我国自然保护地属于不同部门管理。在空间上有些自然保护地是相互交叉与重叠的，甚至多种自然保护地的边界完全重叠，造成了“一地多牌”的管理局面。随着我国国家公园体制改革的推进，已由分部门管理自然保护地向国家公园管理局统一管理保护地过渡，但各类自然保护地规划仍是“自成一套”，不成体系。如自然保护区采用发展规划、总体规划、项目可行性研究、实施方案相结合的规划体系；风景名胜区采用总体规划和详细规划为主，分区规划、景点规划、控制性详细规划、修建性详细规划等按需编制的规划体系；湿地公园、地质公园等保护地采用总体规划加专项规划的规划体系。以上规划体系仅满足了单类保护地的发展需要，在不同类型保护地的统筹协调保护方面，在与生产、生活空间规划的衔接方面都缺乏大局观、联通性和完整性，未经科学、系统的整体论证。局限、分散甚至孤立的规划体系，导致保护地在保护效能和管理体制上存在交叉重叠或保护空缺，割裂了生态系统保护的完整性，在管理上造成一定的混乱，极大地影响了生态系统服务功能的充分发挥。

此外，我国现有的自然保护地规划体系多站在总体规划的层面，而针对旅游、管理等专项规划较少，国家层面也缺少综合性的宏观规划，规划层次不健全，导致规划的可操作性较差，难以实施和管理。

4.3 国家公园规划体系建议

4.3.1 规划的法律依据

出台高位阶的国家公园法，为国家公园规划的制定和执行提供根本性保障。在国家公园法中明确规定国家公园规划的原则、目标、规划层级、规划内容、规划部门和审批部门等相关事项，从法律层面让我国国家公园规划受到法律保护，做到有法可依。从系统、科学的思维角度出发，从规划—实施—监督管理 3 个层次进行法律制度设计，尽快出台《国家公园规划编制规范》《国家公园规划审批管理办法》《国家公园规划技术规程》《国家公园规划实施监督管理办法》等规章制度，保障我国国家公园规划体系健康运行，并做到引领国家公园建设。

4.3.2 规划的层次和内容

将国家公园规划体系作为一个整体来考虑，不仅有助于界定资源状况、访客体验和管理行动，更有利于实现国家公园保护与管理的使命，保护资源不受损害，为当代和后代享用。国家公园规划体系可分为发展规划、总体规划、专项规划等。

国家公园发展规划，是指导全国层面国家公园发展的宏观性指导文件，是未来一段时间国家公园建设的行动指南。应明确全部国土范围（包括陆地和海洋）国家公园建设的空间布局和长远目标，确保重要自然生态系统的原真性和完整性得到全面、系统的有效保护。国家公园发展规划作为国家层面的布局规划，是在国家层面对全国国家公园建设和治理的整体性、长期性安排，其作为一种战略性、前瞻性、导向性的公共政策，应在国家公园建设管理中起到十分重要的引领作用。

国家公园总体规划，作为指导国家公园建设管理的宏观性文件，应明确国家公园的发展方向和目标，应是一段时间内国家公园的发展蓝图。国家公园总体规划应在对国家公园选址地进行综合调查分析的基础上，对国家公园的目标、范围、功能分区、发展方向以及国家公园管理部门的职责权属进行明确，制定国家公园有关生态保护、科研监测、旅游、环境教育、社区发展等一系列行动计划与措施。在国家公园规划体系中，总体规划是最为关键的一环，具有承上启下的作用，以全国国家公园发展规划为上位规划，将其要求具体到每个国家公园的建设中；同时又是国家公园各专项规划的上位规划，是各专项规划的总指导和依据。

国家公园专项规划，应是在总体规划制定的总体框架下，对其进行细化和深化，每个国家公园可根据保护管理实际有针对性地制定相应专项规划（图 4-1）。

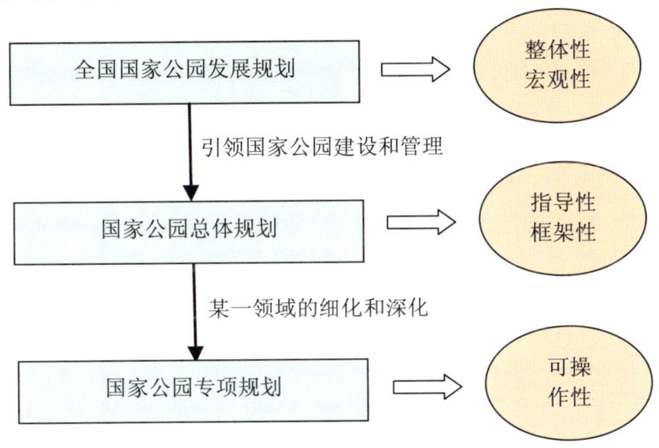

图 4-1　我国国家公园规划体系

4.3.3　规划的管理

国家公园规划的编制、审批和实施情况应由国家公园管理局依据职责进行日常管理监督检查。国务院生态环境主管部门依据职责对国家公园规划的编制、审批和实施情况负有监督职责。具体表现在规划审查阶段，国务院生态环境主管部门应根据国家制定的生态环境保护目标和有关规划、政策等，检查国家公园发展规划、总体规划编制和实施情况，督促与全国生态环境保护规划及生态功能区划、生态保护红线等相一致，满足国家生态安全保障需求；在规划实施阶段，国务院生态环境主管部门应重点监督检查国家公园管理部门和管理机构是否按照总体规划要求，对国家公园生态环境保护进行有效管理，是否存在造成生态环境破坏的违法违规问题。

国家公园应坚持政府主导，多方参与的原则，增强国家公园规划建设的民主性和科学性，提高公民的知情权和参与权，突出国家公园建设的社会公益性。在管理规划过程中引入公众参与，邀请与国家公园规划建设密切相关的利益群体、关切国家公园的人参与规划与决策。通过不同规划阶段的公众参与，能够优化国家公园规划方案，发挥民众的监督与民主决策的作用，使国家公园的规划方案更加完善。

第 5 章　国家公园发展规划

国家公园发展规划指国家公园在国家层面的空间布局规划，是未来一段时间国家公园建设的行动指南，其他规划的宏观指导框架。国家公园发展规划作为国家层面的布局规划，是在国家层面对全国国家公园建设和治理的整体性、长期性安排，其作为一种战略性、前瞻性、导向性的公共政策，将在国家公园建设管理中起到十分重要的引领作用。遵照“山水林田湖草”是一个生命共同体的思想，基于生态文明建设统筹考虑国家公园的总体布局，明确未来一段时期全国国家公园的发展目标和建设数量、规模，将我国自然生态系统中最重要、自然资源和自然遗产最精华、生物多样性最富集、地理地貌最典型、自然景观最独特的区域保护起来，维护和提升重要生态区域的生态系统服务功能，保护最珍贵、最重要生物多样性集中分布区，保障国家生态安全。国家公园发展规划不仅是构建我国以国家公园为主体的自然保护地体系的迫切要求，也是推动建立国土空间规划体系的客观要求，其不仅有利于解决我国现有各类自然保护地交叉重叠及碎片化、孤岛化问题，提高管理效能，为优化整合完善自然保护地体系提供试点示范和引领，也有利于实现国家代表性、原真性的自然生态系统和自然遗产整体保护、系统修复和综合治理，增强生态系统循环能力，维护生态平衡，为子孙后代留下珍贵的自然遗产。

5.1　自然保护地发展规划借鉴

5.1.1　世界自然保护联盟保护地系统规划

世界自然保护联盟（IUCN）为保障国家层面保护地的完整性和有效管理，在制定保护地系统规划指南中明确了保护地系统规划的内涵、基本要素、关键要素、重要性等内容，这些内容不仅对各国自然保护地系统规划具有重要指导意义，还能够为我国国家公园发展规划的制定提供重要参考。

5.1.1.1　保护地系统规划的内涵

IUCN 指出，保护地系统规划是对整个保护地系统的设计，它覆盖了一个国家中所能发现的所有生态系统和群落，其不仅应确定保护地的目的范围，帮助平衡不同的目标，明确系统各成分（地区与地区、保护地与其他用地、不同部门和社会相关各层面）之间的关系，还要帮助揭示保护地发展与经济发展其他方面的重要联系，以及不同投资者之间如何相互作用和相互合作以促进保护地有效而持久的管理。换言之，保护地系统规划既是描述性的，又是战略性的，其不仅应为机制、机构以及协同相关国家的保护地发展与其他方面的土地利用和社会发展的步骤提供指导，还必须明确中央与地方、不同地区以及个别保护地之间协调发展的相关方式；对当前和规划发展的保护地的状况及其所面临的管理挑战做出描述；根据该国的具体情况确定和证明优先发展保护地的必要性和合法性；为开发、资助和管理保护地系统以及协调各系统成分明确责任和步骤（Adrian G et al.，2005）。

IUCN 还指出，保护地系统规划作为宏观规划的一种系统方法，其不是单纯的资料收集，而是一个能动的过程，具有明确目标、促进目标的实现、确定可能性选择及其含义、鼓励对各种选择进行系统评估、增强对问题的理解、确定未来的管理问题、预测和引导未来行动、确定投资重点、协调多种投入、建立和坚守承诺、建立和维持合作关系、为未来行动的评估和监测打下基础等作用（Adrian G et al.，2005）。

5.1.1.2 保护地系统规划的基本要素

IUCN 指出，保护地系统规划应包含以下基本要素：对国家保护地的目标、依据、类型、定义和未来发展趋势的明确表述；对不同保护单位的地位、条件和管理可行性的评定；考察系统对国家的生物多样性和其他自然遗产以及相关文化遗产的示范程度；制定选择和设计更多保护地的步骤，使整个保护地系统更具特色；确定国家、地区和当地各级所采取的行动之间的相互作用方式，以便实现国家和地区性保护地系统目标；为保护地与国家规划其他方面的结合和协调建立一个明确的基础（如与国家生物多样性战略等的结合）；对现有保护地的机构结构（关系、联系和责任）进行评估，确定增强其能力的优先工作；进一步深化保护地系统的优先工作；确定有关现有和规划中的每个保护单位的最佳管理类型的发展步骤，充分利用一切可能利用的保护地类型，增强识别有关不同系统类型间相互支持方式的能力；明确保护地的投资需求和优先工作；明确保护地管理所需的培训和人力资源开发的需求；为管理政策以及保护地管理计划的制定和实施提供指南（Adrian G et al.，2005）。

5.1.1.3 保护地系统规划的关键要素

IUCN 指出，保护地系统规划应将以下关键要素纳入工作日程：起草一份国家层面保护地系统基本原理的文件；起草一份国家层面保护地系统的目标和行为指标的文件；起草一份协议以便将社区参与法运用于保护地的规划及管理；对保护地国家系统中现有各单位的最新情况做出广义上的评估；评定国家生物多样性和环境种类的分布地区；评定目前系统所覆盖的程度；考虑最佳保护地规划的设计；对用于认定保护地和提供管理的现有法律和非正式机制进行考察，确保在IUCN管理分类系统（修正）下使其灵活性和创新性尽可能地被充分利用，在有些情况下，这还包括给不同类型的保护地和/或特定保护地的管理结构类型更正名称；对“什么是保护生物多样性典型范例的最佳方式”以及“什么是保护主要自然遗产和相关文化遗产的最佳方式”，包括保护地最合适的机制等问题进行评估；就现有和未来的保护地的最佳管理类型进行系统考察（这个过程需要考虑受影响的当地社区，最好是和地方、省或州政府进行协商）（Adrian G et al.，2005）。

5.1.1.4 保护地系统规划的重要性

IUCN指出，保护地系统规划的重要性主要体现在以下方面：能够把保护地与国家重点保护区域联系起来，优先发展保护地的方方面面；能够通过确定对保护地投资的优先权以及增强对资金和资源有效利用的信心，加快对国际和国家资金的运用；能够避免对资源管理决策采取单一、个别的方法；能够依靠更合理和更有说服力的方法而不是单一规划，为保护地产业的规划增长制定目标；能够促进系统规划与其他相关规划战略相结合；能够帮助解决冲突，就协调发展做出决策，明确不同投资者的职责，促进多样性投资的参与；能够为保护地特有问题的处理提供更广阔的视野；能够提高预算编制和预算支出的效益和效率；能够帮助履行国际条约所规定的义务；能够帮助各国在保护地管理和有效开发保护地系统的过程中更具有前瞻性；能够鼓励把正式保护地和非保护地一体化的系统观念；能够为保护地系统提供一个结构框架，包括从最严格保护地到可以合理开展利用活动的保护地；能够帮助保护地机构为保护地作为有价值的投资建立政治上的支持；能够为保护地的活动、资源以及责任的分权和地区化确定更好的步骤；能够扶植跨界合作（Adrian G et al.，2005）。

5.1.2 欧盟Natura 2000自然保护地网络

欧盟Natura 2000自然保护地网络（以下简称Natura 2000）是欧洲自然保护地建设和管理的成功做法，其经验已被许多国家和地区认可并借鉴。研究并分析Natura 2000建立的背景、构成和成功经验，可以为我国国家公园等自然保护地空间布局提供参考。

5.1.2.1 Natura 2000的建立背景

欧洲是世界人口密度第二大洲，人口的不断增长使欧洲大陆的物种及其栖息地面临很大威胁。基于《生物多样性公约》“到2010年显著降低全球生物多样性丧失速度”的目标，欧盟构建了Natura 2000，覆盖了几乎整个欧洲大陆，是欧盟自然与生物多样性政策最为核心的内容之一，也是欧盟最大的环境保护行动。

Natura 2000 在欧洲大陆建立了生态廊道，并开展相应的区域合作，以保护重要野生动植物物种、受威胁的栖息地以及物种迁徙的关键通道。据 2009 年的统计，Natura 2000 覆盖的面积约占欧盟成员国总领土面积的 18%（共计约 25 000 个保护地点），保护了超过 1 000 种动植物和 200 多个栖息地类型（图 5-1）。

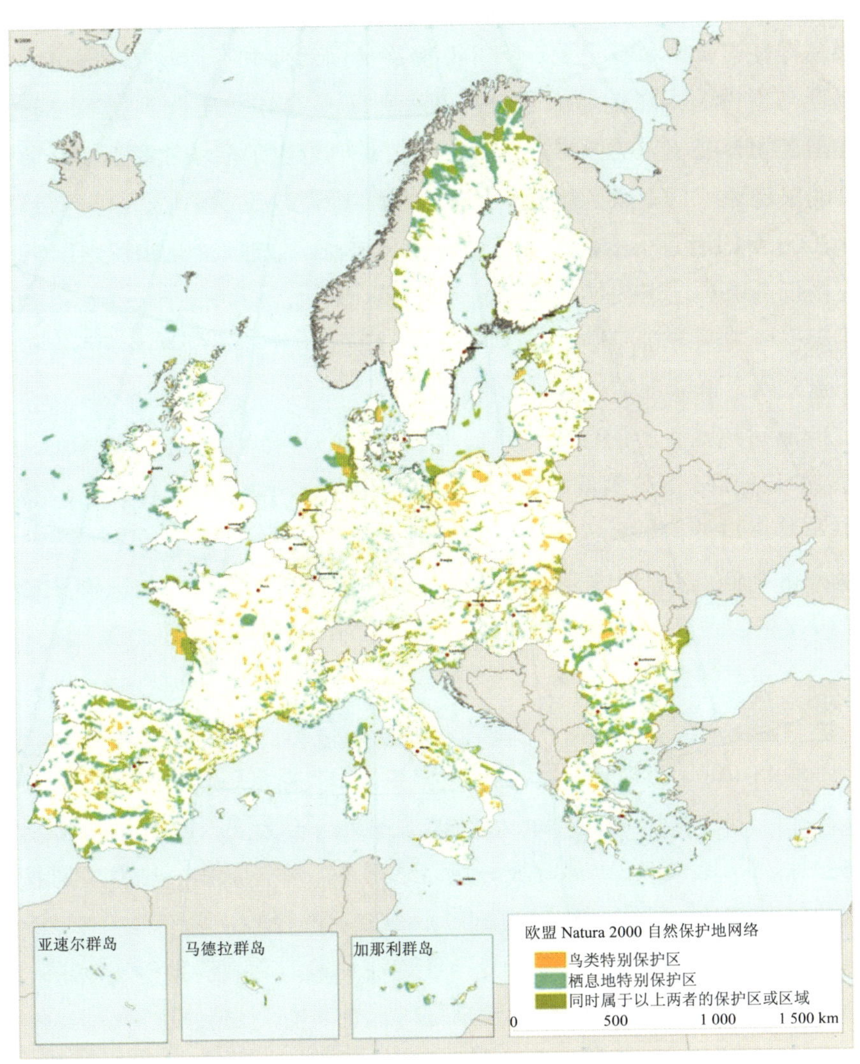

图 5-1 Natura 2000 自然保护地网络示意

资料来源：欧洲环境署，https：//www.eea.europa.eu/data-and-maps/figures/ natura-2000-birds-and-habitat-directives-1。

Natura 2000 不仅是欧盟实现自然保护地统筹管理和系统规划的有效措施，也是生物多样性保护和可持续利用的主要工具，同时也是将生物多样性纳入渔业、林业、农业、区域发展等其他欧盟政策领域的重要手段（彭福伟等，2019）。

5.1.2.2 Natura 2000 的构成

Natura 2000 中的自然保护地主要由为保护鸟类而建立的特别保护区（欧盟《鸟类指令》，1979 年）和为保护其他物种和生境而建立的特别保护区（欧盟《栖息地指令》，1992 年）构成，包括国家公园、生物圈保护区、农耕地区和海域等。另外，Natura 2000 还纳入了一些生物多样性丰富的私有土地。当非欧盟成员国的保护目标与 Natura 2000 目标一致时，欧盟还会与当事国共同制定一套保护自然栖息地和物种的通用办法。通过在所有 27 个欧盟成员国之间开展相应的区域合作，以保护重要野生动植物物种、受威胁的栖息地以及物种迁徙的关键通道，形成了欧盟自然和生物多样性政策的中心。

Natura 2000 专门组建了欧洲生物多样性主体中心，总部设在法国巴黎。各成员国分别通过监测数据识别保护地点内物种和栖息地的保护现状，定期提交一个标准数据表，对国内每个自然保护地的生态状况进行详尽的描述。欧洲生物多样性主体中心则负责审核上报的数据，并建立一个全欧洲的表述性数据库。

Natura 2000 对该网络中的保护地点提出了五项关键管理要求，分别为：以知识和科学为基础的方法；长期规划；政策间的统一协调；相互合作；沟通和信息交流。实际上，Natura 2000 并不完全禁止自然保护地内的人类活动，而是强调对保护地的可持续管理。各成员国必须对在 Natura 2000 保护地内开展的各项活动进行严格的环境影响评价。只有环评证明活动不会妨碍保护，项目才可以开展（彭福伟等，2019）。

5.1.2.3 Natura 2000 的经验

得益于 Natura 2000 的构建，欧洲的重要物种及生境遭到破坏和退化的状况已经基本停止，整体状况得到改善。同时，Natura 2000 还提供了广泛的生态系统服务功能，包括保护了重要水源地、防洪和防止山体滑坡、碳存储/吸收、生态旅游、教育、景观和娱乐价值以及创造就业机会等。经研究，Natura 2000 取得成功的经验主要有：

（1）通过各类自然保护地的统筹管理，实现保护地的高效运行。实际上，欧盟各成员国在立法、执法、行政、制度、民俗及国情等方面都具有一定独立性和差异性，协调、统筹管理并非易事。Natura 2000 能够高效运行的主要原因之一，是从对保护地的申报开始，到筛选过程，到采取管理与恢复措施，再到资金投入与信息交流，从观念、定位、计划到模式，都始终强调保护地网络的全局性、系统性与可持续性。

（2）通过有效的法规，促进保护地的可持续管理。针对物种的保护，Natura 2000 要求欧盟成员国应该采取必要的措施针对重点保护物种建立一个严格的保护体系，严格要求：禁止针对这些物种进行任何形式的故意捕杀；禁止对这些物种进行蓄意干扰，尤其是在物种繁殖期、哺育期、冬眠期及迁徙期；禁止进行故意破坏或摄取物种蛋类；禁止损坏或破坏物种繁育地点或休息地等。同时，Natura 2000 强调对保护地的可持续管理，允许开展通过了环境影响评价的相关项目和活动，发挥自然保护地在科教、宣传、生态旅游等方面的服务功能。

（3）加强科技支撑与科学评估，促进自然保护地的管理效果。Natura 2000 体现了科学管理的思想，科学家全程参与并为每个过程制订了完善的操作程序，确保各项活动在科学的指导下进行。欧盟还特别指定欧洲生物多样性主题中心作为专门的技术支持机构，为决策和行动提供技术咨询和支持，形成了较完整的科技支撑体系（彭福伟等，2019）。

5.1.3 澳大利亚国家保护地规划

澳大利亚作为世界自然保护地建设的先行者和推动者，其在国家保护地体系建设方面积累了丰富的经验。研究并分析澳大利亚国家保护地体系规划的背景、过程和经验，能够为我国国家公园的空间布局提供重要指导。

5.1.3.1 保护地规划的背景

澳大利亚自 1866 年建立第一个保护区到 20 世纪 90 年代之前，其自然保护地建设都没有国家层面的指导标准和管理规范。直到 1992 年，在巴西里约热内卢召开的联合国环境与发展大会上签署了《生物多样性公约》（公约要求所有成员国须建立相应的自然保护地体系，为未来国家自然资源的保护、规划和管理提供体系化的指导）后，澳大利亚才开始以《生物多样性公约》和 IUCN 的指导框架为依托正式展开了国家保护地规划的建设探索（王祝根等，2017），经过 17 年的努力，澳大利亚于 2009 年出台了国家保护地规划，这标志着澳大利亚国家保护地体系建设基本完成。

5.1.3.2 保护地规划的过程

澳大利亚国家保护地规划的整个过程大体可分为以下 5 个主要阶段（王祝根等，2017）：

（1）建立可实施性的保护合作机制。澳大利亚在对国家保护地实施统一规划前，首先解决的是合作机制与土地所有权问题。在合作机制方面，联邦政府与州政府于 1992 年研究制定了《国家保护地体系合作计划》，该合作计划理顺了联邦政府和州政府的角色关系，制定了详细完善的合作方案，为澳大利亚国家保护地的统一规划提供了制度保障。其核心内容是明确了联邦政府和州政府的分工合作，即联邦政府负责制定统一的规划、管理、监督以及评价体系，具体的管理运行则根据土地所有权的现实情况设计了联邦政府管理、地方管理、私人管理、合作管理等 4 种模式。在土地所有权方面，在采取上述 4 种土地管理模式的同时，联邦政府以逐步扩大政府和地方控制的土地管理范围并进一步提高对物种栖息地及以上级别保护地的管控，适当放宽地方对低级别保护地的管理为目标，陆续投入一定比例的资金资助各州政府和地方委员会，通过购买、征收、置换等方式获得须被纳入保护范围的私有土地所有权或规划管理权，以逐步扩大政府管理范围，缩小私有土地领域。1996—2006年，澳大利亚总计将642万hm^2的土地纳入各级政府管辖的国家保护地的规划用地中。

（2）制定统一性的保护指导框架。在解决合作机制与土地所有权后，澳大利亚于1997年研究制定了统一化的《保护指导框架》，确定了综合性、充分性和代表性的指导思想。其中综合性指国家保护地的保护性质，即国家保护地应兼具生态、景观与物种的综合性保护功能。澳大利亚在该指导思想下完成了国家保护地的定性研究工作，分析了国内现有国家保护地生态、景观、物种的综合价值和分类价值，进一步明确了国家保护地的定义并根据其价值制定了新的保护原则和保护目标。充分性指国家保护地的保护程度，即国家保护地范围的划定应能够充分保护澳大利亚的自然资源，为其生态、景观、物种的保护提供足够充分的区域，从而为澳大利亚生态环境的稳定维持和优化发展提供保障。澳大利亚根据该指导思想完成了国家保护地的定量研究工作，对全国范围内的自然资源进行了普查，分析了自然资源的规模和特征，制定了新的保护标准并研究划定了相应的保护领域。代表性指国家保护地的保护特色，即国家保护地应能够代表澳大利亚不同类型的生态系统、自然景观及特有的动植物物种，从而有效保护澳大利亚的生态多样性和物种多样性。澳大利亚在该指导思想下完成了国家保护地的分类研究工作，基于物种、生态、景观类型对保护地进行分类，并根据分类进一步制定了有针对性的保护方案。澳大利亚在上述指导框架下完成了大量的基础性分析工作，并根据指导思想有针对性地对国土范围内的保护地进行了定性、定量和分类研究，为国家保护地的统一规划奠定了基础。

（3）构建系统性的保护层级体系。澳大利亚在完成国家保护地定性、定量与分类研究的基础上，进一步探索制定了统一的保护层级体系。澳大利亚的保护层级体系与IUCN制定的保护体系保持一致，其将国土领域内的自然资源划分为6个保护层级，对每个层级的保护性质、保护目标以及相应的保护标准等做了详细规划，构建了与国际接轨的保护层级体系。

（4）建设更科学的保护监管体系。在建立上述保护层级体系的基础上，澳大利亚于2005年进一步出台了《国家保护地规划合作方法指导》，并研究制定了较为完善的保护监管体系。该保护监管体系最核心的内容主要包括以下两点：一是制定了有针对性的保护地运行管理结构。该管理体系由自然资源、生态环境、景观文化等3个方面的管理分支组成，分别对应国家保护地的物种、生态、景观三大核心价值，该管理结构在运行管理与保护内容之间建立了紧密联系。二是建立了系统化的环境监管与评价体系。为更有效地监测环境变化对保护地带来的影响，澳大利亚从气候变化、环境变化、物种变化、土地开发、灾害影响等5个方面建立了相应的监管体系，并从物种入侵、物种繁衍、环境侵蚀度、环境酸碱度、森林火灾、采矿业开发、林业开发、畜牧业开发、旅游业开发等 9 个方面建立了环境质量保护的评价体系，这不仅有助于全面掌握气候、环境变化和人类活动 3 个方面的相关信息，还有助于国家保护地实施更科学的环境监管。

（5）编制、出台国家保护地体系规划。在完成上述工作的基础上，澳大利亚于 2006 年对国家保护地体系规划的相关前期工作进行了全面评估，并于 2009 年最终完成了《国家保护地规划 2009—2030》的编制工作。

5.1.3.3 保护地规划的经验

澳大利亚国家保护地体系规划通过系统性的指导思想、保护体系和监管机制对国土领域内的保护地实施统一性的保护和管理。截至 2018 年，澳大利亚超过 19%的陆地受到各类国家自然保护地的保护（图 5-2）。经研究，澳大利亚有以下成功经验：确立了总体性的保护指导框架——理顺国家公园与国家自然保护区以及国家风景名胜区的关系；制定了建立统一的保护标准——构建与 IUCN 相对应的保护层级体系；制定了多方参与的综合性规划——平衡利益并确保规划的可实施性；建设了有效的保护监管机制——以完善的评价体系为依托对环境质量与管理工作实施双重监管。

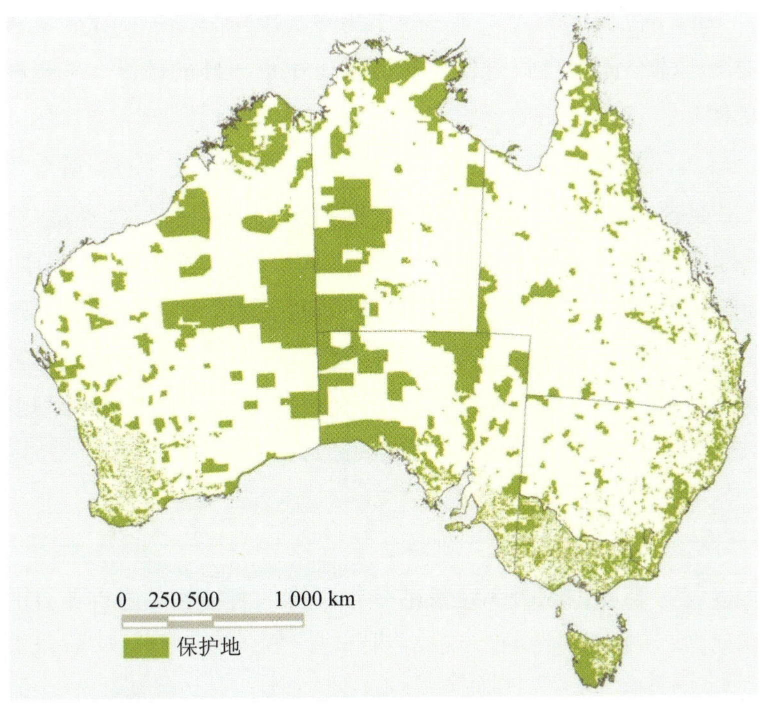

图 5-2 澳大利亚保护地体系

资料来源：澳大利亚农业、水和环境部，http：//www.environment.gov.au/system/files/pages/3a086119-5ec2-4bf1-9889-136376c5bd25/files/capad-2018-location.pdf。

5.2 国外国家公园发展规划的案例

5.2.1 找出空缺，明确新建流程（美国）

1872 年黄石公园的建立标志着美国国家公园运动的开始，但一直到 1916 年国家公园管理局建立之前，美国国家公园尚未形成“真正”的体系。到 20 世纪 70 年代，美国国家公园单元数量庞大、类型多样、分布广泛，面临着是否具有国家代表性、分布是否合理、存在哪些保护空缺等问题，国家公园管理局（NPS）自此开始重视国家公园体系规划与评价工作，并于 1972 年正式发布了《美国国家公园体系规划》（刘海龙等，2013）。该体系规划的发布是美国国家公园发展的转折点，它将各个国家公园按历史和自然历史两类主题进行归类，进而找出现有国家公园体系在代表性方面的“空缺”。就历史类而言，《美国国家公园体系规划》将美国历史归类为 9 大主题和 3 个子主题。到 20 世纪 90 年代，国家公园管理局对历史主题分类框架进行修订和调整，修订后的框架包括人类居所、社会机构创建与社会运动、文化价值表达、政治格局形成、美国经济发展、科技发展、自然环境改变、美国在国际社会中的角色变化 8 大主题。对于历史类国家公园的确定，美国《国家历史保护法》曾授权美国国家公园管理局列出具有国家历史重要性的地区，并授权内政部长将其划定为国家历史地标。就自然历史而言，《美国国家公园体系规划》（NPS，1972）按地形和/或生物特征，将美国划分为 37 个自然（地理）区和自然历史主题，后合并为 20 个大区。对于 20 类自然地理区，国家公园管理局的长期目标是：每类都至少要建有一处国家公园。该目标能否实现更多取决于国会，而非国家公园管理局。这为国家公园的发展提供了一个具有明确保护主题的规划框架，可用来识别国家公园体系的保护空缺及其优先性。

2016 年，在国家公园管理局建立 100 周年之际，国家公园管理局对过去 100 年的经验与教训进行了总结，并于 2017 年正式发布了《美国国家公园管理局体系规划》（以下简称《体系规划》）。该规划规定了评估新公园单元的流程，具体如下：

5.2.1.1 选点调查

确定一个地区符合纳入国家公园系统的既定标准的可能性。选点调查的结论为是否需要进行特别资源研究。

5.2.1.2 特别资源研究

用于评估国家公园系统中潜在的新单位，评估标准如下：

（1）国家重要性。国家重要性主要体现在待选资源是具有国家意义的杰出范例，能够说明和表达国家遗产突出价值和品质，可以为公众游憩或科学研究提供更好的机会，以及保持了高度的资源原真性和完整性。其包括 4 个子标准：①具有某种特定类型资源的杰出代表性；②对于阐明或解说美国国家遗产的自然或文化主题具有独一无二的价值；③可提供公众“享受”该资源或进行科学研究的最好机会；④资源具有相当高的“完整性”。

（2）适宜性。一个区域是否适宜进入国家公园体系，一般需要从其他机构组织是否已经对该资源进行了类似的保护，以及该资源是否能够和国家公园内的其他资源一起形成资源组合优势两点考虑。

（3）可行性。一个区域想成为国家公园体系的新单位，必须具备两个条件：一是有足够规模和合理的配置，以确保可持续的资源保护工作和游憩服务；二是可以使用合理的成本进行有效管理。在评估可行性时，需要综合考虑各种因素，包括面积、边界布局、土地所有形式、成本、资金、通达性、公众利用的可能性、对规划区域环境的影响、对周边环境的影响等。

（4）管理不可替代性。美国通常鼓励其他公共机构、私人保护组织和个人管理重要的自然和文化遗产，除非明确必须由国家公园管理是最佳选择外，否则将积极倡导由地方政府、私人组织等管理该区域，不建议纳入国家公园体系中。

此外，《体系规划》在梳理 413 个国家公园单元特征的基础上（图 5-3），分析了当前

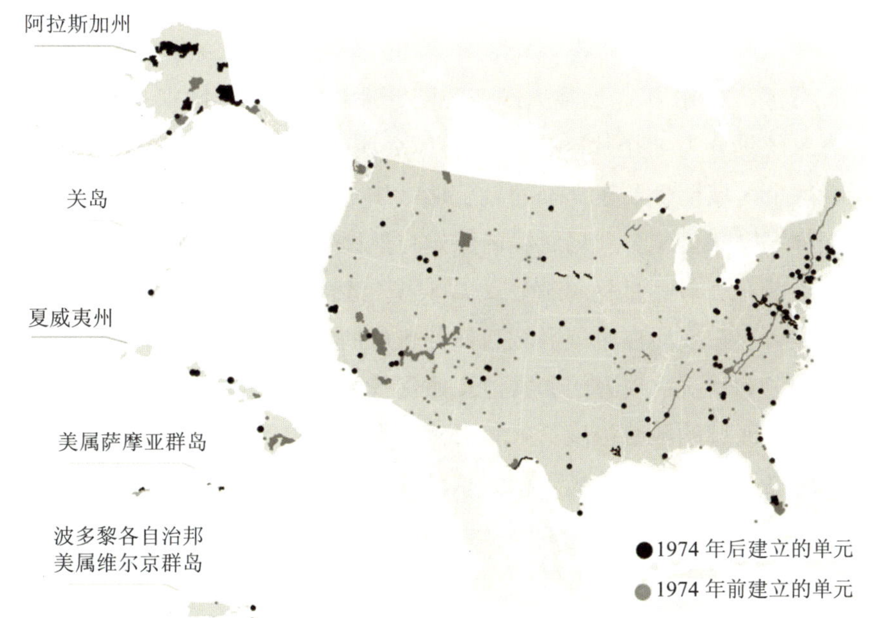

图 5-3 美国及美属萨摩亚群岛、关岛、波多黎各、美属维尔京群岛等国家公园单元分布

资料来源：National Park Service，2017。

国家公园体系在文化资源与价值代表性、生态系统类别代表性、自然资源代表性等方面存在的保护空缺。《体系规划》为国家公园建设设定了“支持连续空缺分析、改进建立新公园单元的流程、接受新的保护角色、把公园带给人们”4 个目标，并详细描述了实现目标面临的挑战和后续行动。该规划为积极引导国家公园系统的未来、识别国家受保护的自然和文化区域的空缺、建立一个可以充分反映美国国家文化和自然遗产的联合保护系统提供了一个框架，是未来国家公园建设的行动指南。

5.2.2 划定分区，逐步推进建设（加拿大）

加拿大最初设置国家公园主要关注自然资源与环境特征保护价值和公众关注热点。如某个区域一旦成为国内政治家或自然保护主义群体的关注对象，就很有可能成为新国家公园候选区。1971 年，加拿大国家公园管理局发布了《国家公园体系规划》，指导全国国家公园的设立，改变了以往随意设立国家公园的方式。该规划以保护加拿大具有杰出代表性的景观区域为基本原则，以让子孙后代和当代人一样欣赏到未遭破坏的自然美景（即在获得保护生态环境目的同时让公民享有欣赏、学习自然的机会）为建立国家公园的主要目标，将系统规划和空间布局引入加拿大国家公园建设。根据地形和植被将加拿大划分为 39 个“国家公园自然区”和 8 个“海洋自然区”，并用一张图标对自然区的总体情况加以概述。1976 年，加拿大国家公园管理局发布了《具有加拿大国家意义的区域初步研究》报告，基于生物地理学分区原则，将陆地生态系统划分为 39 个不同分区，将海洋和淡水生态体系划分为 9 个不同分区。1990 年，加拿大国家公园管理局发布了《国家公园系统规划》，将加拿大陆地生态系统划分为 8 个片区、39 个国家公园自然区域（图 5-4），并要求在这 39 个自然区域中，每个区域至少要建立一处具有地域生态代表性的国家公园。在选出自然区域的基础上，加拿大国家公园管理局对境内原始自然区域进行调查，把生物资源和自然地貌类型丰富，受人为改变较小的区域确认为“典型自然景观区”。对“典型自然景观区”进行论证，参照是否存在或潜在对该区域自然环境威胁的因素；该区域开发利用程度；已有国家公园的地理分布状况；地方的和其他自然保护区的保护目的；为公众提供旅游机会的潜质；原住民对该区域的威胁程度；威胁自然环境的因素等标准选出“自然地理区域”。新的国家公园从这些“自然地理区域”中挑选，确定在加拿大具有重要性的自然地理区域，选择潜在的国家公园，评估建立国家公园的可行性，达成建立新国家公园的协议，依法建立一个新的国家公园。确定具有重要性的自然地理区域主要涉及两个标准：一是这一区域必须在野生动物、地质、植被和地形等方面具有区域代表性；二是人类影响应该最小，国家公园的大小充分考虑野生动物活动的范围。

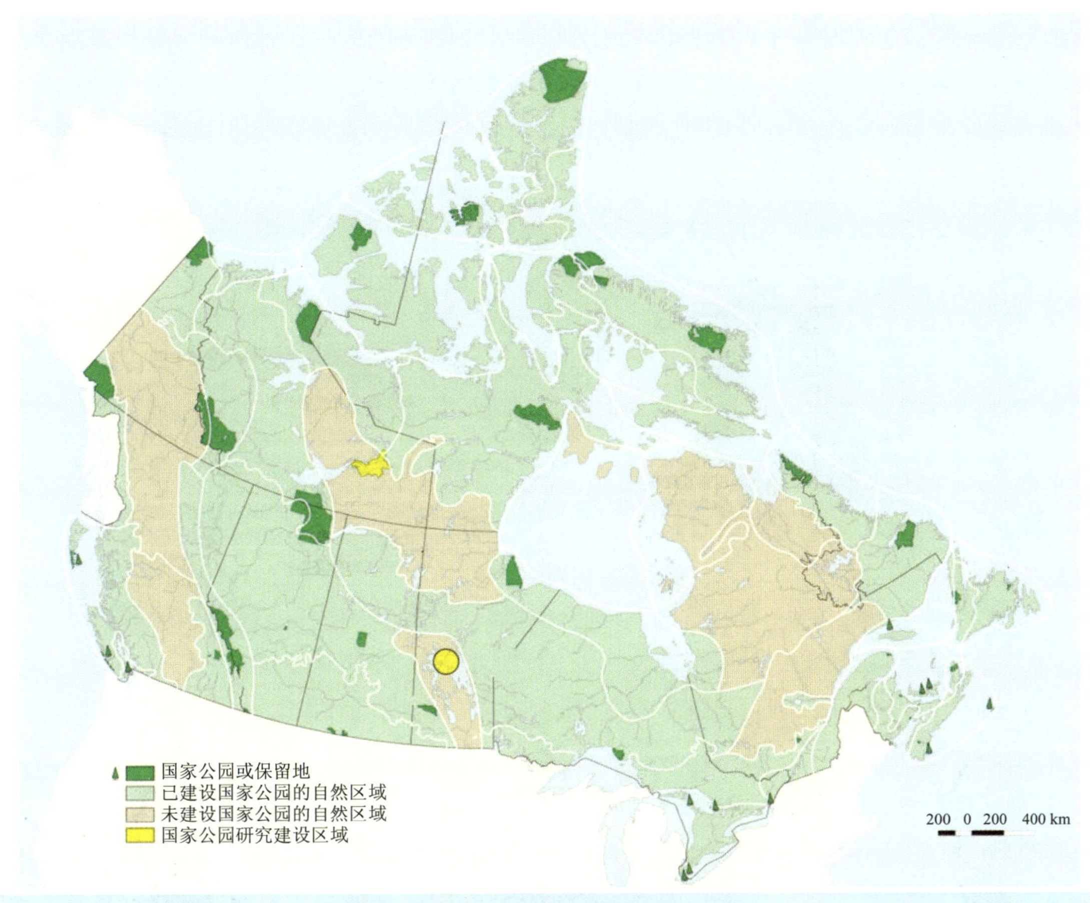

图 5-4　加拿大国家公园系统分布

资料来源：加拿大国家公园局，http：//www.pc.gc.ca/en/pn-np/cnpn-cnnp/carte-map。

截至 2018 年，加拿大已建立的 46 处国家公园和国家公园保留地代表着 39 个自然区域中的 30 个，保护着 32.81 万 km^2 的国土面积，在 77%的范围内实现了国家公园系统的全国代表性（彭福伟等，2019）。

加拿大国家公园系统规划的制定，指明了国家公园管理局未来的工作重点，有利于科学、规范地开展国家公园建设，填补国家公园的地域空白，从而真正完善国家公园系统。其中有以下几点值得我们学习和借鉴：一是以现有区划为基础开展自然区划分，避免了国家公园空间布局的主观性；二是区划具有较强的可操作性；三是区划避免了行政边界划分的争议，降低了政治争议，更容易得到各级政府和财政的支持；四是规划便于理解，既有助于将政策转化为实际行动，又便于利益相关者参与。

5.2.3　明确标准，支撑生物多样性保护（德国）

德国国家公园的体系规划主要从以下方面考虑：①国家公园体系应涵盖德国从阿尔卑

斯山到北海和波罗的海各类具有典型代表性的景观和生态系统；②国家公园面积不能小于 100 km^2；园内不能建永久基础设施、村庄、永久性民居建筑；③国家公园内的土地应为州属而非私有土地；④国家公园所在区域人为影响程度低。以此为基础，国家自然保护机构和非政府组织确定了德国的国家公园宜建区。除已建的 16 个国家公园外（图 5-5），现符合国家公园适建标准的地区还有 8 处。

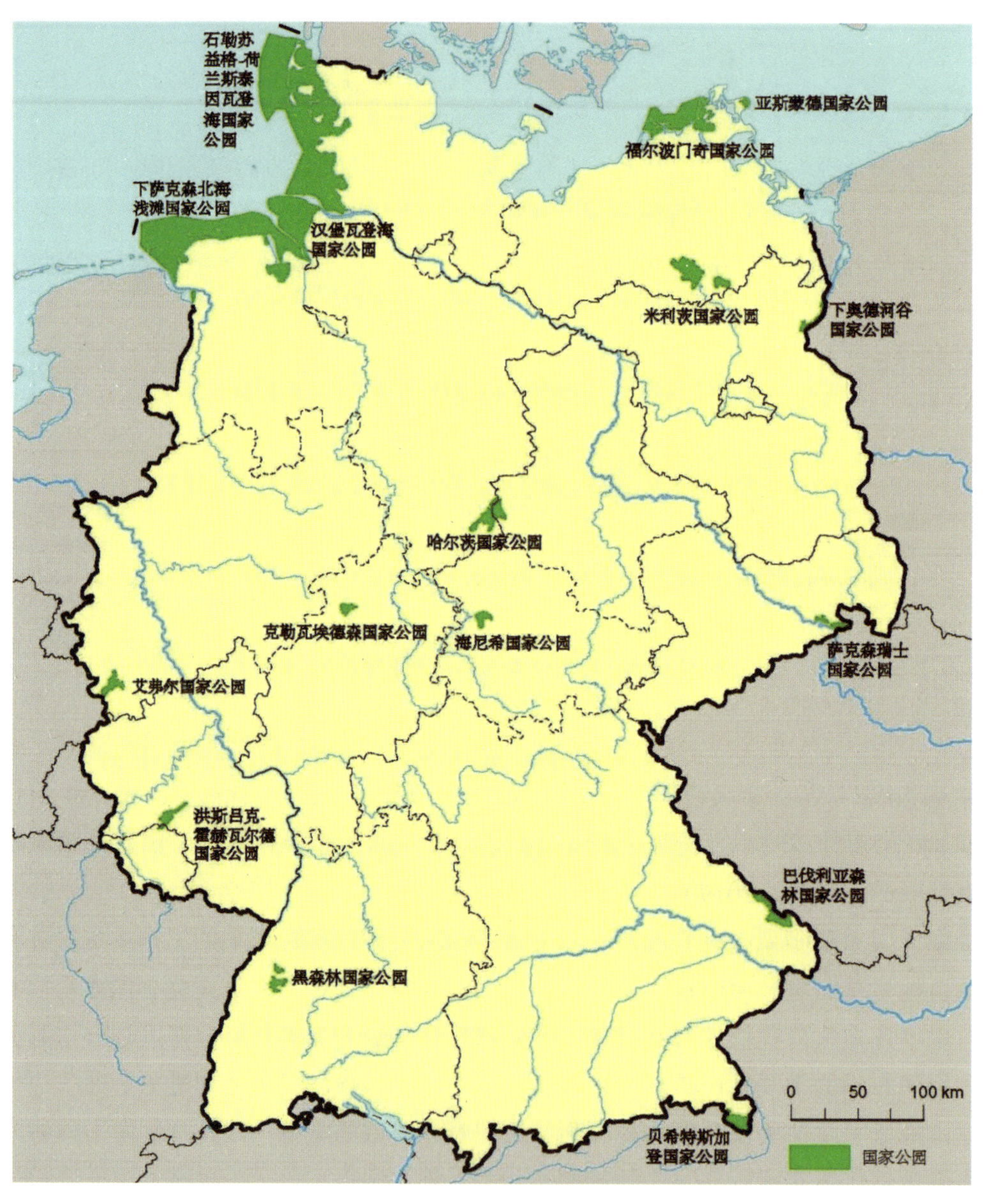

图 5-5　德国国家公园系统分布

资料来源：德国联邦自然保护局，https：//www.bfn.de/en/activities/protected-areas/national-parks.html。

国家公园体系规划是德国生物多样性保护国家战略的主要内容。德国生物多样性保护的两大战略任务是：①实现全封闭式封山育林的国有林面积达 10%（占全国森林面积的 5%）；②实现原野区面积占德国国土面积的 2%。目前，德国大多数的国家公园仍处于“发展期”，即现在的国家公园与“大片区域处于不受人为干扰的自然状态”这一标准还有很大的差距（宋增明等，2017）。

5.2.4 结合实际，制定新建、扩建目标（俄罗斯）

俄罗斯国家公园的发展始于 1983 年索契和驼鹿岛 2 个国家公园的建立。其目的是保护具有国家重要性的自然和历史文化遗产，以供当代及后代子孙欣赏和享用。据统计，截至 2014 年俄罗斯共建立了 47 个国家公园，占地面积 12.7 万 hm^2。

根据《具国家重要性的自然保护地发展构想（2012—2020）》，俄罗斯计划到 2020 年年底，新建 11 个国家级自然保护区、20 个国家公园和 3 个国家级自然庇护所；扩建 11 个现有的自然保护区和 1 个国家公园；在自然保护区和国家公园周边划建缓冲区。俄罗斯计划到 2020 年年底，使各类自然保护地的面积占国土总面积的 13.5%。其中，具有国家重要性的自然保护地的面积要达到国土总面积的 3%。俄罗斯计划扩大保护地体系，保护独特的生态系统、自然景观、野生动植物，尤其是列入俄罗斯红皮书名录中的珍稀物种和濒危物种，增加环境教育和生态旅游机会。

俄罗斯国家公园体系目前覆盖了 7 个地理区、11 个生物区和 27 个省，代表性植被包括：泰加林和落叶针叶林、落叶林等平原植被；山地针叶林、山地落叶林等高山植被；沼泽植被等（宋增明等，2017）。

5.3 我国国家公园发展规划的研究进展

自建立国家公园体制改革任务提出后，很多研究人员开展了国家公园空间布局的相关研究。王梦君等（2017）以资源为重要基础和先决条件，结合地理区划、资源特色、管理状况、主体功能区的国家重点生态功能区，分析中国自然地理及生物地理区划，将全国区划为 4 个大区域、9 个亚区域；根据资源禀赋、建设适宜性、管理可行性遴选原则，按照山系、水系等完整自然生态系统保护要求，筛选自然生态典型、管理体制复杂的区域，作为国家公园拟建地；进一步分析拟建地的资源禀赋、建设适宜性和管理可行性，提出在 84 个区域建设国家公园。

欧阳志云等（2018）采用资料收集与整理、同国家与地方部门访谈、专家咨询、空间分析与模型模拟等研究方法，在广泛收集与整理全国生态系统、生物多样性与自然景观的资料与数据的基础上，建立了全国自然保护地数据库；在借鉴国家公园建设与规划国际经验的前提下，研究了全国自然保护体系分类与国家公园的定位；系统分析与评估了生态系统、重点保护物种与自然景观空间格局，并构建了国家公园空间布局的原则与评估标准。其中，国家公园空间布局的原则主要包括科学性、国家代表性、原真性、完整性、全国参与性原则。国家公园的评选指标主要分为国家代表性（第 1 层级），原真性、完整性（第 2 层级），生态区位重要性、历史文化价值、紧迫性、可行性、对人类活动抗干扰性（第 3 层级）等 3 个层级，且前一层级的结果作为能否进入下一层级评价的依据。此外，就海洋国家公园而言，其空间布局的原则除遵循陆地国家公园空间布局的原则外，还遵循在海洋生态保护红线内，以海洋生态优先区和各类海洋保护区为基础；重点考虑以海洋生物多样性、海洋生态系统典型性、海洋景观独特性为内涵的国家代表性；兼顾不同海区、不同生态系统的平衡，不考虑行政区的平衡等海洋特色原则。最后，在对相关区域评估的基础上，确定了 84 处候选国家公园，其中陆地候选国家公园 76 处，海洋候选国家公园 8 处。

虞虎等（2019）指出我国国家公园遴选应首先将全国划分为若干个自然生态区域，其次建立指标体系评价每个自然生态小区，从自然生态小区层面进行遴选，最后将遴选出来的潜在区域在全国层面进行总体布局和优先顺序选择。根据这个研究思路，其提出了从自然生态系统完整性、生态重要性、原真性、生物多样性、自然景观价值、文化遗产价值等 6 大方面构建国家公园遴选指标体系，区分国家公园建设的潜在区域和可建设区域。首先，根据国家公园选择的需求，确定我国自然生态地域系统的划分类型和基准自然类型区域。其次，选择国家代表性、生态重要性、原真性等要素指标建立评价模型，分析确定国家公园建设的可行的潜在区域。再次，在潜在区域的基础上，在每个自然类型区域范围内，根据土地所有权权属关系、社区人口情况以及现有保护地分布等外部环境条件，确定国家公园建设的具体边界。最后，在每个生态类型区域选定的情况下，再根据保护对象的价值确定选择的国家公园建设区域是属于自然生态系统保护还是关键物种栖息地保护。

《国家公园空间布局方案》（征求意见稿）在全面分析我国生态系统、生态功能格局、生物多样性、典型自然景观特征、自然保护管理基础条件的基础上，将我国划分为 40 个生态地理区，然后从国家代表性、生态重要性、管理可行性等 3 个方面，全面梳理各生态地理区的代表性生态系统、珍稀濒危物种分布和自然地貌景观特征，遴选了 236 个国家公园评估区（其中陆域 212 个，海域 24 个），最后根据坚持国家利益、坚持自然优先、坚持系统均衡、坚持统筹整合、坚持稳步推进等 5 个空间布局原则，遴选出 61 个候选国家公园。

5.4　相关建议

结合国外国家公园发展规划案例与国内国家公园发展规划的相关研究，就我国国家公园发展规划的制定，提出如下几点建议。

（1）坚持相关原则。

国家公园发展规划在制定过程中应坚持以下原则：一是国家主导原则。国家公园发展规划作为国家层面的战略规划，应由国家相关部门主导、地方各级配合、社会积极参与，体现国家主体地位，并充分发挥各级作用。在规划时，应兼顾实现以全民所有的自然资源资产为主体，以及中央或省级人民政府直接行使统一管理权的可能性，确保国家在未来国家公园体系中主导地位的实现。二是保护优先原则。国家公园发展规划应将生态保护作为首要定位，体现国家公园保护大面积自然生态系统完整性、原真性的基本功能，对接全国主体功能区规划明确的重点生态功能区、生态保护红线等生态安全格局，以陆域的青藏高原屏障区、黄土高原—川滇生态屏障区、东北森林带、北方防沙带、南方丘陵山地带“两屏三带”和滨海防灾减灾带共同构筑的国家生态安全战略格局为布局重点，优先保护重要、特有生态系统类型和旗舰或伞护物种种群及栖息地，强化国家公园在水源涵养、水土保持、防风固沙、洪水调蓄和生物多样性保护等生态功能稳定与提升方面的重要作用，完善国家生态安全屏障。三是统筹整合原则。国家公园发展规划应在统筹考虑自然生态系统完整性、重点保护物种分布区、有国家代表性的景观类型分布区以及周边经济社会发展的前提下，整合各类区域交叉、空间重叠的自然保护地，归并因行政区划、资源分类造成条块割裂的相邻自然保护地，将最具国家代表性的大面积自然生态系统、最富聚生物多样性和最独特自然景观的区域，或具有全国乃至全球意义自然文化遗产的区域优先划入国家公园候选区。

（2）对接相关规划。

国家公园作为自然保护地的一种类型，其发展规划不仅是自然保护地发展规划的重要内容，更是国土空间规划的重要组成部分。因此，国家公园发展规划应与自然保护地发展规划和国土空间规划相协调。一方面，应将国家公园发展规划纳入自然保护地发展规划。国家公园以保护重要自然生态系统的原真性、完整性为首要功能，以保护具有国家代表性的大面积自然生态系统为主要目的，在推进自然资源科学保护和合理利用、保障国家生态安全、实现人与自然和谐共生等方面发挥重要作用。国家公园这一特征决定了其发展规划在自然保护地体系规划中应享有一定的“特殊待遇”，在制定自然保护地发展规划时，应将有国家代表性的自然生态系统优先划入国家公园，并且不再划入其他类型的自然保护地内。另一方面，应将国家公园发展规划纳入国家层面的国土空间规划。

国家公园强调对国家代表性的体现，是能够代表国家重要意义的大面积生态系统和大尺度生态过程的国土空间。应基于国家生态安全格局和生态地理区划成果，独立开展自然生态空间保护价值评估，将具有国家代表性的典型生态系统、自然遗迹、自然景观以及生物多样性聚集区作为国家公园空间布局的潜在区，优先纳入全国国土空间规划纲要，作为战略性指导和规模管控要求。

（3）明确设立顺序。

尽管国家公园发展规划所遴选的候选国家公园都具有十分重要的保护价值，但就设立顺序而言，应综合考虑生态系统的稀缺程度、珍稀濒危物种的数量、自然资源资产产权的清晰程度、保护管理能力的强弱等因素。优先将生态系统稀缺程度高、珍稀濒危物种数量多、受威胁较大的区域设立国家公园。将自然资源资产产权的清晰程度、保护管理能力的强弱作为评定国家公园设立顺序的辅助因素。对于生态系统的稀缺程度、珍稀濒危物种的数量相近的候选国家公园，优先将自然资源产权清晰、具有中央或中央授权省级人民政府形式统一管理的条件，各级政府和相关方面积极性高、已经开展国家公园前期工作的区域设立国家公园。

第 6 章　国家公园总体规划

国家公园总体规划，即在对国家公园选址地进行综合调查分析的基础上，对国家公园的目标、范围、功能分区、发展方向以及国家公园管理部门的职责权属进行明确，制定国家公园有关生态保护、科研监测、旅游、环境教育、社区发展等一系列行动计划与措施的过程及其文本。在国家公园规划体系中，总体规划是最为关键的一环，在规划所定的时期内对一个国家公园的建设具有总体指导性，明确一个国家公园的建设目标和发展方向。总体规划也具有承上启下的作用，以全国国家公园发展规划为上位规划，将其要求具体到每个国家公园的建设中；同时又是国家公园各专项规划的上位规划，是各专项规划的总指导和依据。

6.1　规划总体思路

6.1.1　规划原则

在编制国家公园总体规划时，应遵循下列原则：

（1）指导性：总体规划应对国家公园的分区和建设、保护和合理利用、管理和监测提供科学、合理的指导。

（2）统一性：统筹国家公园范围内的各专项规划，形成统一的规划蓝图，对国家公园空间范围进行用途管制，便于对生态环境和自然资源实行一体化管理。

（3）可操作性：尊重自然生态系统内在规律和国家公园的本底情况，对国家公园进行科学合理的规划和分区，并结合已有的社会情况和建设情况，编制符合实际需求的规划。

（4）保护优先性：在对国家公园进行总体规划时，优先考虑保护生态系统、珍稀物种和自然资源，并在保证重要生态系统、物种栖息地不被破坏、实现自然资源可持续利用的前提下，进行适度的开发，均衡当前利益和长远利益。

6.1.2　规划目标

总体规划中所确定的目标，是国家公园建设、保护和管理工作的纲领性的指导，需要根据国家公园的建设情况合理设定。规划目标一般包括总体目标和阶段目标，总体目标为建立国家公园在生态保护、社会发展等方面所达到的总目标，较为宏观；阶段目标为根据国家公园所处的具体建设阶段，合理划分近期、中期和远期，并设立相应的符合该发展阶段的规划目标。

在宏观的规划目标确定后，需根据国家公园的保护对象、资源特征、发展情况等，设置详细的目标指标。例如，三江源国家公园列出了 15 项目标指标，并分 5 个时间阶段详细设置了目标内容（详见 10.2.2 节）。在该目标指标表中，多数的保护、修复和社区发展目标为定量指标，为该国家公园的建设工作提出了详细的指导，并可作为国家公园各建设阶段的考核标准。

6.2 选址划界

6.2.1 国家公园的选址

国家公园选址应设在“全国国家公园发展规划”中所拟定的区域中，其生态系统或分布的重要物种具有国家代表性，或自然景观具有独特性，生态系统具有原真性和完整性，可以划定足够大的面积，全民所有自然资源资产占比较高，具有良好的保护管理基础。在进行选址时，可采用系统保护规划法或者指标体系法等综合性的方法，确定国家公园具体所覆盖的区域，确保选址范围涵盖本区域内重要的生态系统、关键物种和自然景观。该类方法常用来进行保护地体系规划，可基于生态系统特征、生物多样性等找出保护优先区，并结合经济发展状况和社区分布情况，得出成本最低的保护规划方案（详见第 2 章）。

解决保护地交叉重叠、多头管理的问题是建立国家公园体制的一个主要目标，故需明确国家公园拟选址区域的保护地交叉重叠情况，优先将已经设立有多个保护地、交叉重叠现象明显的区域作为国家公园的选址。

专栏 6-1 国家公园选址的实践

（1）海南热带雨林国家公园的选址。

海南热带雨林国家公园选址时主要基于保护热带雨林生态系统的原真性、完整性，保护海南长臂猿等重要物种，同时充分整合已有的保护地，统筹生态保护和周边社区发展。国家公园选址于天然林集中分布的海南中部山区，以主要山体为骨架，以已有的 5 个国家级自然保护区为核心，共整合了 19 个自然保护地，联通了周围的天然林、公益林。这一选址方案将大面积的热带雨林生态系统整体纳入国家公园范围，进行更严格保护，有效解决了破碎化的问题，扩大和改善了关键物种的栖息地保护范围，并为更多物种的栖息地提供了保护。

（2）浙南生物多样性保护优先区国家公园选址研究。

在浙南生物多样性保护优先区中，运用遥感和 GIS 空间技术，构建国家公园选址空间适宜性评价体系，然后采用系统保护规划法进行选址规划，并与现有的自然保护地和生态保护红线等规划边界进行对比分析，得出了具有可行性的浙南优先区国家公园选址方案（详见第 10 章）。

6.2.2　国家公园边界划定

国家公园的边界依据国家公园自然生态系统结构、过程、功能的完整性，地域单元的相对独立性和联通性，保护、利用、管理的必要性与可行性，统筹考虑自然生态系统的完整性和周边经济社会发展的需要，进行合理划定。国家公园应当划定足够的面积，以满足保护生态系统和重要物种栖息地完整性的需求。国家公园的边界划定需注意结合生态保护红线、禁止开发区域等国土空间用途管制类型边界，以及行政区界、原有的保护地界线等已有的各种界线，以便于国家公园的建设管理和空间管控。国家公园边界应设立在易于辨别的地形标志物（如山脊、沟谷、河流）或固定的人工建设物（如村镇、公路等）处，以便于明确界线和标定界桩。边界划定可结合国家公园功能分区同时进行。

我国的很多自然保护区在建立之后出现了边界调整情况，究其原因，多是最初边界确立时未能充分考虑自然生态保护和社区发展的需求。国家公园边界在划定时需经科学讨论、综合论证，确保科学合理，达到自然生态保护、优化保护地管理方式以及一定程度上的游憩利用的目的，在划定之初即得到充分考虑，避免后续的调整。边界的最终确定必须在实地进行，以在最大限度上减小误差。

国家公园边界一经划定，即不可随意更改。若有理由充分的变动需求，需按照报批程序申报，以避免出现地方因为开发需要而调整边界的情况。

6.3　综合调查与评价

6.3.1　综合调查

开展自然资源调查，了解清楚国家公园内本底和资源情况，是国家公园总体规划工作的基础，可为后续的目标制定、功能分区，以及管理、保护、社区发展等专项规划提供依据。根据国家公园各试点的实地调查，结合文献研究，分析总结国家公园总体规划编制所需的资源调查项目类别，构建基于国家公园建设背景条件和资源状况为主体的国家公园资源调查指标体系，包括自然环境、社会经济情况、建设条件、生物资源 4 项类别，调查指标体系见表 6-1。

表 6-1 国家公园资源调查指标体系

类别	调查指标	指标内容	方法技术
自然环境	地形地貌	海拔、地貌、山脉、地质等	整理已有勘测结果，结合最新遥感数据和实地勘测
	气候	气温、降水、湿度、蒸发、日照等因子	获取气象站数据进行整理
	水文	水系分布情况、水位、流量、江河的流域情况、滨海的潮汐情况等	获取水文站数据进行整理
	土壤	土壤的类型、分布、持水量等	结合文献资料，布设监测点实地调查
	环境质量	空气质量、水质，土壤、噪声等污染状况	获取环境空气质量监测站、水质监测站等的数据，实地监测水质、土壤污染和空气质量
生物资源	生态系统	森林、草原、湿地、荒漠等所含的生态系统的种类、分布、面积、受人类干扰类型和程度等	获取遥感影像进行解译分析，设置样方监测，结合林业和土地利用调查数据进行整理
	植被	植被类型、分布、种类组成及优势种、群落结构特征、覆盖度、蓄积量或产草量、起源、退化情况等	布设样方实地监测调查，获取遥感影像NDVI 数据，结合森林资源二类调查数据进行整理
	物种多样性	各类群生物的种类、分布、数量、受保护和受威胁的情况等，必须覆盖国家公园区域内主要保护的生物类群	参考《县域生物多样性调查与评估技术规定》布设调查样方、样线、红外相机监测点等进行实地调查，对重点物种进行访谈调查，并结合已有调查结果
社会经济情况	行政区划	国家公园范围内所涉及的省（自治区、直辖市）、市（州、盟）、县（旗）、镇、乡、村等各级行政单元的界线、管辖范围	通过所在地政府获取资料
	人口	国家公园内及其周边各县、镇、乡、村的总人口数、户数、常住人口、人口增长率、人口结构、贫困人口数量等	通过所在地政府获取资料
	经济发展状况	国民生产总值、地方一般财政预算收入、居民人均可支配收入、全社会消费品零售额等	通过所在地政府获取资料
	主要产业	类型、数量、分布、销售额、产值、从业人口等，明确各农地、林场、牧场和鱼塘的分布、界线与权属	通过所在地政府获取资料，结合实地调查
	游憩发展调查	适合作为游憩的自然景观、人文景观和可借景观的分布、数量、旅游吸引力等，以及游憩活动开展状况	获取资料，结合实地调查

类别	调查指标	指标内容	方法技术
建设条件	用地条件	土地利用现状及其权属、与土地利用相关的各项管控界线等	通过所在地政府获取土地利用数据，结合遥感影像解译结果和实地调查
	基础设施	各项基础设施的类型与分布情况等	通过所在地政府获取资料，结合实地调查
	环境安全状况	已有的和潜在的对环境造成威胁的情况，如地质灾害、水土流失、土地沙漠化、污染等	通过地质、水文等调查结果分析得出，并结合资料获取和实地调查
	社区居民认知和支持情况	国家公园内及周边社区的居民对自然保护、国家公园的认知和支持程度	访谈调查

在进行资源调查时，可在国家公园范围内已有的综合考察以及各项监测、调查的基础上进行，但必须要对数据进行更新、核实和补充。综合调查需采用科学的方法和最新的基础数据（如最新的遥感影像等）支撑，以确保调查结果真实可靠。对各项指标进行调查时，需严格按照各个行业的相关标准规范选取方法、处理数据，如空气质量调查参考《环境空气质量标准》(GB 3095—2012)，用地条件调查可参考《土地利用现状分类》(GB/T 21010—2017)，植被调查参考《森林植被状况监测技术规范》(GB/T 30363—2013)，物种多样性调查参考《县域生物多样性调查与评估技术规定》等。资源调查的结果以列表、分布图或调查报告的形式呈现，涉及各类生态环境和自然资源的调查需制作分布图，为功能分区和专项规划提供依据。

6.3.2 建立条件评价

建立条件评价为对拟建立国家公园区域的优势和挑战进行评价。根据《建立国家体制总体方案》（以下简称《总体方案》）中关于国家公园设立标准的要求，将建立条件评价内容分为生态系统代表性、面积适宜性和管理可行性 3 个部分，并据此设置建立条件评价表（表 6-2），依据综合调查结果，对各项指标进行打分，最终依据分值的高低评价建立条件。

表 6-2 建立条件评价

类别	内容	评价标准
生态系统代表性	生态系统的特有性	待评价生态系统类型是否为所在地区或全国特有
	生态系统的典型性	待评价生态系统在同类型生态系统中的典型性以及待评价生态系统在所在地区的典型性
	生态系统的完整性	该生态系统在结构、生态过程方面的完整性及其破碎程度、退化程度、受干扰程度
	主要保护对象的稀有性和特有性	濒危、特有物种所占的比例及其濒危、特有的程度

类别	内容	评价标准
面积适宜性	国家公园的面积对于达到维持生态系统结构、过程、功能完整性的要求的满足程度	岛屿生物地理学方法、国家公园覆盖的所需保护的土地的面积比例等
管理可行性	国有土地所占比例	国有土地占总面积的比例
	已有的保护地管理状况评价	国家公园范围内已有保护地的保护成效评估结果
	社区支持程度评价	国家公园周边社区对建立国家公园的支持程度
	基础设施建立情况评价	国家公园内道路、供电、通信等基础设施的建立情况
	保护对象的保护状况评价	保护对象的种群状况、是否受到严重威胁等

6.4 功能分区与空间管控

划分功能分区进行空间管控，是国家公园基本的管理方式之一。《总体方案》中明确要求"按照自然资源特征和管理目标，合理划定功能分区，实行差别化保护管理"。根据国家公园各区域不同的本底情况和保护要求，合理进行功能分区，进行针对性的差别化管理，在保护和利用上采取不同的管理方式，可实现国家公园的多重目标，协调自然保护与当地社区发展的关系。

6.4.1 分区方式

世界各国根据自身实际情况，采用了不同的国家公园功能分区划分方式。美国国家公园将国家公园分为高密度游憩区、一般户外游憩区、自然环境区、特殊自然区、原始区、历史文化遗址等功能分区。加拿大规定国家公园必须进行功能分区，一般划分为特别保护区、荒野区、自然环境区、户外游憩区和公园服务区。日本依据保护对象重要程度和可开发利用强度，将陆域国家公园分为特别保护地域、特别地域（又细分为Ⅰ类、Ⅱ类、Ⅲ类）、普通地域以及限制进入区域和利用调整区域。我国台湾地区将"国家公园"划分为生态保护区、特别景观区、史迹保存区、游憩区和一般管制区 5 个分区。

我国现有的各类保护地也分别采用了符合各自管理需求的功能分区划分方式。我国的自然保护区多参照联合国教科文组织"人与生物圈"保护区的"三圈模式"，在《中华人民共和国自然保护区条例》中明确规定了"自然保护区可以分为核心区、缓冲区和实验区"，并对各区域内允许开展的人为活动进行了规定，3 种功能区的保护程度以核心区为最高，缓冲区次之，实验区最低。核心区旨在保护重要的生态系统、濒危物种栖息地等，实验区内可探索自然资源可持续利用，缓冲区一般位于核心区和实验区之间，起到缓冲带的作用。在空间管控方面，核心区除经批准的科研活动外禁止一切人员进入，缓冲区也只准进行科研活动，实验区可进行科研、游憩等活动。我国的风景名胜区主要划分为生态保护区、自然景观保护区、史迹保护区、风景恢复区、风景游览区和发展控制区等功能分区。我国的国家森林公园主要分为核心景观区、生态保育区、一般游憩区、管理服务区等功能分区，分区时主要考虑游憩机会，兼顾森林生态保护。根据《国家湿地公园建设规范》，我国的国家湿地公园分为湿地保育区、湿地生态功能展示区、湿地体验区和服务管理区等功能分区。

总结国内外国家公园及保护地的分区方式，可主要分为两大类：

（1）按功能分区，如美国、加拿大的国家公园以及国内风景名胜区、国家湿地公园，基于自然与文化遗产保护、游憩体验机会、可持续利用管理等不同的功能进行功能分区。

（2）按管控强度分区，根据保护重要性划分功能分区，并据此采取不同的管控强度，我国自然保护区的功能分区方式即为此类的典型，其功能分区多呈“同心圆”式分布，核心区在内，实验区在外，缓冲区在两者之间，保护管控强度向外逐渐降低。

《指导意见》中提出为实现差别化管理，我国国家公园需要“实行分区管控，原则上核心保护区内禁止人为活动，一般控制区内限制人为活动”。目前，大熊猫国家公园、祁连山国家公园体制试点区按照《指导意见》的要求，采用了划分核心保护区、一般控制区2种功能分区的方式。目前我国国家公园体制试点区的2种功能分区方式对比见表6-3。

表6-3 我国国家公园试点区2种功能分区方式比较

类别	划分2种功能区	划分4种功能区
分区名称	核心保护区、一般控制区	核心保护区（严格保护区）、生态保育区、游憩展示区、传统利用区
主要特点	核心保护区实行严格保护；一般控制区包含生态修复和多种利用功能，未做细致划分	保护区域包含两个不同保护强度的区域，利用区域按照不同利用类型进行了细分
保护区域主要管理要求	核心保护区依法禁止人为活动，逐步消除人为活动的干扰，实行最严格的管控，原有居民需逐步迁出	核心保护区实行最严格的保护，严控人为活动，禁止生产性农牧业活动、游憩活动和生态系统人工修复，居民需逐步迁出。生态保育区可开展人工修复和一定的游憩活动
利用区域主要管理要求	一般控制区依法限制人为活动，可开展人工干预的生态修复、传统的农牧业利用和游憩活动，但需严格控制生态影响	游憩展示区适度开展游憩体验活动，传统利用区可开展传统农牧业和餐饮住宿等经营性活动，但需严格控制生态影响
优点	两种分区对应国家公园的两大管理目标，分区性质明确，也便于整合原有的各类保护地的各种分区类型。一般控制区未具体划分游憩、生态修复和传统利用的区域，在各项管理措施落地方面更具灵活性	生态保育区有利于生态修复工作的开展，游憩展示区和传统利用区的划分使得不同利用措施可以明确落地，实行差别化管理

类别	划分 2 种功能区	划分 4 种功能区
缺点	在一般控制区中，多项功能集中于一个分区且未加以区分，未能落地进行差别化管理，需要进行二级分区，进行更详细的规划	分区方式相对较复杂，所依据的各种功能的区分边界难以明确，且灵活性较低，一定程度上为管控措施制定增加了难度

《指导意见》中所提出的将国家公园分为 2 个分区的方式，将按功能和按管控强度两大类功能分区方式结合起来，核心保护区实现国家公园对自然生态系统最严格的保护功能，管理强度最强；一般控制区实现国家公园科研、教育、游憩等多种功能，协调当地社区发展，管理强度较弱。这种分区方式相较于一些试点区按照不同功能分为 4 个分区的方式，功能边界明确，管控强度一目了然，宏观简洁，便于管理，也符合总体规划相对纲领性的编写要求；相较于自然保护区的分区方式，去除了“缓冲区”这一功能定位不明确、实际管理中和核心区区别不大的分区，更突出了不同的功能。但这种分区方式也有一般控制区所含具体功能多（如生态修复、游憩、资源可持续利用等功能），相应的管理措施难以明确落地的缺点，需要在分两个区的基础上，进一步进行二级功能分区，以将各项管理措施按照具体功能落地，并据此采取不同强度的空间管控措施。

6.4.2 分区原则

在对国家公园进行功能分区时，需要综合生态系统原真性、完整性的保护要求，以及社区居民可持续发展的需求，在科学的分区方法下，将国家公园划分为 2 个功能分区，具体原则如下：

（1）原真性。将国家公园内人为干扰最少、维持原始自然状态的高自然度区域划入核心保护区，人为干扰强度大的区域划入一般控制区。

（2）完整性。根据国家公园自身生态环境特点，按照山水林田湖草是一个生命共同体的理念，将重要生态系统、重要物种栖息地及其廊道整体划入核心保护区，打破行政区域界线和原有保护地的界线，实现对重要生态系统结构和功能完整性的保护。

（3）协调性。协调国土空间规划、生态红线以及社会经济发展相关规划，统筹原有自然保护地功能分区，并考虑已有的基础设施建设和生态体验发展情况等，为社区居民可持续发展留下空间，实现生态保护与社区发展的协调共赢。

（4）有效性。核心保护区面积和范围设置必须满足保护需求，并充分考虑国家公园内已有居民点的分布格局及社区发展情况，分区设置方便各种规划措施落地，分区边界结合自然地物和行政界线，使得保护有效、实施有效。

6.4.3　分区方法

在对国家公园进行功能分区时，应在 6.4.2 节所述的分区原则指导下，从生态保护和社区发展两个主要的切入角度，采用科学、客观的分区方法，将国家公园划分为核心保护区和一般控制区两个功能分区。推荐采用系统保护规划法或指标体系法作为功能分区方法，同时从这两个角度考虑进行分区，如利用系统保护规划软件 Marxan，可以从保护价值（生态系统、重要物种栖息地及其重要性）和成本（关联社区发展方面的内容）两个方面同时进行运算，综合得出保护价值最高、成本最低的区域，结合自然生态系统边界、原有保护地边界和自然地理界线等，划分出核心保护区和一般控制区（该方法详见 2.2.4 节）。

对国家公园进行功能分区时，应当打破原有自然保护地的界线。尽管由于具有一定的管理基础，将原有保护地的核心区域划入国家公园核心保护区的“成本”较低，但由于最初的划分不合理，或者经过时间推移原有各分区的生态系统质量发生改变等原因，原有保护地的核心区域往往不能很好地体现保护的需求，不应将其笼统地划入核心保护区。同理，各类型原有自然保护地的非核心区域内，可能会分布有重要保护对象，也不应笼统地归入一般控制区。

一种功能分区可以分为多个相离的区域，但应避免过于破碎，以避免给建设管理工作造成困难。在最终确定功能分区边界时，应对通过系统保护规划法或者指标体系法等方法计算出来的保护价值高的规划单元进行整合，可参考自然地理要素、生态系统边界等进行整合。

国家公园的功能分区界线的最终确定必须经过实地勘测，最好结合当地自然地理地标划定，以便于后续管理。若需要对国家公园的功能分区进行调整，需上报主管部门审批，原则上国家公园核心保育区的面积不可以减少。

6.4.4　一级功能分区

按照《指导意见》要求，国家公园的一级功能分区划分为核心保护区和一般控制区。核心保护区是国家公园内保护自然生态系统原真性和完整性，维护自然生态系统功能，实行严格保护的基本生态空间。在进行划分时，应将国家公园中，利用各种分区划分方法所得出的重要性最高的区域，即重要生态系统、重要物种栖息地划为核心保护区，并综合考虑区域内原有的自然保护区的核心区和缓冲区、世界遗产地、国际重要湿地核心区域等其他重要保护地类型的核心区域。一个国家公园内可划分多个核心保育区，但需避免过于破碎，以免影响生态系统完整性的保护。核心保护区的管理目标是保护自然生态系统的原真性和完整性，保护重要物种及其栖息地，保护生物多样性，最大限度地减少人为活动的影响。

一般控制区是国家公园内除核心保护区外的其他空间，是核心保护区外的缓冲地带，承载国家公园的科研、教育、游憩等多种功能，也是当地社区居民的生活生产空间。在进行划分时，将核心保护区之外的区域划归一般控制区，包括居民点、退化生态系统、游憩体验点等。一般控制区的管理目标是控制人为活动，协调保护与社区发展，修复退化的生态系统，维护生态系统和栖息地的完整性，合理开展自然资源可持续利用和特许经营活动，开展与管理目标一致的自然体验和宣传教育活动，实现生态保护与国家公园多种功能的共同发展。

目前，已经按照《指导意见》中的功能分区要求编写总体规划的祁连山国家公园和大熊猫国家公园，其一级功能分区的划分见表 6-4。

表 6-4　祁连山国家公园、大熊猫国家公园的一级功能分区

功能分区	祁连山国家公园	大熊猫国家公园
核心保护区	将祁连山冰川雪山等主要河流源头及汇水区、集中连片的森林灌丛、典型湿地和草原、脆弱草场、雪豹等珍稀濒危物种主要栖息地及关键廊道等区域划为核心保护区。其面积占国家公园总面积的 55%	将现有自然保护区核心区和部分缓冲区、世界自然遗产地核心保护区、森林公园生态保育区、风景名胜区核心景区、国家一级公益林中的大熊猫适宜栖息地，以及大熊猫野生种群的高密度分布区和大熊猫关键廊道优先划入核心保护区。核心保护区是维护现有大熊猫种群正常繁衍、迁移的关键区域，也是采取最严格管控措施的区域。其面积占国家公园总面积的 74.23%
一般控制区	核心保护区以外的其他区域划为一般控制区。同时，对于穿越核心保护区的道路，以现有和规划路面向两侧一定范围内，按照一般控制区的管控要求管理。一般控制区是需要通过工程措施进行生态修复的区域、国家公园基础设施建设集中的区域、居民传统生活和生产的区域，以及为公众提供亲近自然、体验自然的宣教场所等区域，为国家公园与区外的缓冲和承接转移地带	一般控制区是实施生态修复、改善栖息地质量和建设生态廊道的重点区域，也是国家公园内森工企业、林场职工、社区居民居住、生产、生活的主要区域，是开展与国家公园保护管理目标相一致的自然教育、生态体验服务的主要场所

资料来源：《祁连山国家公园总体规划（征求意见稿）》和《大熊猫国家公园总体规划（征求意见稿）》。

6.4.5　二级功能分区

在国家公园的一级分区之下，根据更具体的功能定位和管理需求，对核心保护区、一般控制区内设立二级分区。进行二级功能分区有助于更有针对性的管理，有助于各项管控措施的具体落地。二级功能分区在各个一级功能分区基础上进行划分，需要综合考虑保护对象分布、国家公园当地社区发展和国家公园多种功能的实现，可利用指标体系法，或按照实现二级分区具体功能的需求进行分区。二级功能分区的划分，可以在总体规划中确定，

也可以在生态保护专项规划中确定，具体详见 7.1 节。

在核心保护区内，可以依据国家公园不同类型的主要保护对象分布或其他与生态、生物多样性保护相关的需求，进行二级功能分区，如根据不同类群的物种分布，对核心保育区进行功能分区，可以更好地对作为主要保护对象的重点物种开展针对性的保护。在一般控制区内，可按照实现更为具体的功能的需求，以及自然资源保护与利用方式的不同，划分为生态修复区、游憩展示区、传统利用区等。景观资源较好、人为活动相对较多的区域可划分为游憩展示区，在该区域内可开展对生态系统及野生动植物影响较小的生态体验、科普环境教育活动。传统利用区是当地社区居民主要的传统生活、生产空间，可开展对生态环境影响较小的农业、旅游业与服务业。对具有需修复的退化生态系统的国家公园，可将生态系统中重度退化的区域划为生态修复区，开展生态修复工作。

6.4.6　空间管控

国家公园属于全国主体功能区规划中的禁止开发区域，在国土空间规划体系中属于实行最严格保护的一类生态空间，其范围内禁止工业化、城镇化开发建设，禁止除国家重大重点建设项目以及国防安全设施外的大型建设活动，并严格审批各项建设活动，管控人为活动，逐步清退不符合国家公园保护要求的项目。

国家公园的核心保护区和一般控制区实行差别化的管理，需要根据各自的管控目标，制定相应的管控措施。国家公园内的核心保护区全部纳入生态保护红线范围内，采取严格保护模式，依法禁止人为活动，重点保护好国家公园内具有特色的生态系统、生物多样性和生态服务功能，维护大面积原始生态系统的原真性和完整性，禁止一切开发、建设活动，禁止除巡护、执法及经过审批的科研活动外的一切人员进入。在一般控制区内，可在符合保护要求的前提下，适当开展可持续利用，并注意推动社区发展。各类项目和人为活动在两种功能分区中的管控要求见表 6-5。

表 6-5　各类建设项目和人为活动在国家公园两种功能分区中的不同管控要求

人类活动	核心保护区	一般控制区
城镇化建设	严格禁止	严格禁止
工业建设	严格禁止	严格禁止
工矿企业	禁止新批建，原有的逐步退出	禁止新批建，原有的不符合规划和保护要求的逐步退出
水电、风电项目	禁止建设，原有的逐步退出	禁止新批建，原有的不符合规划和保护要求的逐步退出
居民点	禁止扩张，逐步实施生态搬迁	禁止扩张，涉及生态修复等保护项目的逐步实施生态搬迁

人类活动	核心保护区	一般控制区
道路交通	禁止新建、扩建道路，对原有道路车辆进行管控，建设野生动物廊道	除巡护道路外，禁止新建、扩建道路，对原有道路车辆进行管控，建设野生动物廊道
基础设施建设项目	禁止建设	经批准在不影响保护的前提下可以建设
种养业	禁止开展	社区居民可开展符合保护要求的种养业相关活动，禁止烧荒烧山，禁用高毒农药
牧业	拆除网围栏，禁止商业性放牧，逐步减畜	拆除野生动物栖息地内的网围栏，实施草畜平衡
林业	禁止开展各类林业活动，包括林下产品的采集等	经批准可以合理利用非野生动物栖息地的集体林中的资源
渔业	禁止开展各类渔业活动，禁止进行放生活动，放流需经严格批准	禁止捕捞，放生、放流活动需经批准，严禁将外来种引入自然环境
狩猎	严格禁止	严格禁止
生态修复	可开展自然修复，原则上不进行人工修复	根据退化情况实施自然或人工修复
游憩体验和宣教项目	禁止建设和开展	在符合保护要求的前提下建设和开展，并注意控制访客量
科研活动	经批准可以开展	经批准可以开展，可建设固定的科研监测站点
其他人为活动	除经审批的科研活动，禁止外来人员进入	在遵守法律规章、不影响保护的前提下，可进行科研、游憩体验、特许经营等活动

6.5 管理体制机制

管理体制机制创新是国家公园重要的改革任务。国家公园内往往包含原有的多个不同类型的保护地，原有的各保护地之间常具有交叉重叠的情况，在管理上容易出现职责不清、“九龙治水”的现象，需要建立统一、高效的管理机构加以整合。对管理体制机制进行明确也是国家公园总体规划中的重要内容，具体包括机构设置、运行机制等主要方面。

机构设置包括国家公园管理机构体系的设置、职责的明确、人员配置的需求等，需要在对国家公园管理职能和国家公园内原有各类保护地管理机构进行梳理的基础上，对国家公园管理局、内设机构、管理分局、管护站点等进行设置；明确列出国家公园管理机构的主要职责，包括相关行政管理职责、空间管控和自然资源资产管理、生态环境和生物多样性保护、社区共管、科研监测、宣传教育等；列出人员配置的需求，包括岗位的类型及其设置、临时聘用人员、人员培训等。

运行机制包括国家公园的利益协调、社会参与、特许经营、访客管理以及监督机制等，需要理清国家公园的利益相关者及其各自的利益诉求，在省、市县、乡镇、社区等不同层级上，构建与包括各级地方政府、社区居民、投资者、经营者、科研单位、访客、媒体、非政府组织等利益相关者的协调机制；构建包括志愿者、社会捐赠、科研、公众监督、国际合作等社会参与机制；在生态保护的前提下，构建特许经营机制，明确特许经营的范围、期限、形式、资金管理等；访客管理包括门票预约制度和访客行为管理等；监督机制包括明确监管的形式、建立监管渠道等。

自然资源管理包括自然资源资产确权登记、完善相关的管理制度以及相关的管控机制。国家公园需要开展自然资源资产综合调查，按照《自然资源统一确权登记暂行办法》的要求，作为独立的自然资源登记单元，对国家公园内所有的自然生态空间进行统计确权登记，清晰界定国家公园内国土空间各类自然资源的产权主体，并建立统一的自然资源资产信息管理平台，依法向社会公开登记结果；国家公园内自然资源资产的所有权由中央人民政府统一行使，委托国家公园管理局统一管理范围内的国有土地；建立自然资源资产调查监测评估、资源管控、自然资源资产负债表等制度，掌握自然资源资产的变动情况，探索集体所有自然资源资产有偿使用方式，制定资源环境综合执法制度，建立问责机制；组建巡护执法队伍，明确巡护执法内容、人员选拔机制和空间范围等。

管理体制机制内容的撰写，要注意对机构、职责界定清晰，明确国家公园运行各方面工作的责任主体，避免出现交叉重叠、含混不清的情况。国家公园可以在总体规划中详细列出管理体制机制的细节内容，如各级管理机构的详细设置、岗位数量等，也可以编制管理体系规划，对相关内容进一步详细展开。

6.6　生态保护修复

保护生态系统原真性和完整性，保护生物多样性，是国家公园最主要的工作。总体规划中相关内容主要包括生态系统保护与修复、物种多样性保护、地质遗迹和文化遗产保护等。

生态系统保护与修复包括重要天然生态系统的保护、退化或受损生态系统恢复。对于国家公园内作为主要保护对象的重要天然生态系统，需要识别其分布范围，加强管理措施，如实施封禁等，以保护其原真性和完整性；对于一般的生态系统，根据其自身特征，识别其面临的主要压力，采取因地制宜的保护措施。对外来入侵物种、植物病虫害采取生态防治，规划检疫检验制度。在生态修复方面，确定需要进行生态修复的各类退化或受损生态系统的分布与面积及其退化或受损的主要影响因素，划分自然修复和人工修复区域，提出修复的主要措施。生态修复应尽量以自然修复为主，对退化程度较高的生态系统，规划因地制宜的人工修复措施，如对于轻度退化草地进行自然修复，对工矿基地进行人工修复。

物种多样性保护包括对国家公园内的濒危物种、地方特有种和极小种群的动植物等重点物种以及其他野生动植物的保护。对重点物种的保护，需依据各物种的特征及受威胁因素，规划针对性的保护措施；对于在生活史不同阶段习性和生境不同的物种，可分时段提出动态保护要求；注重保护重点物种的栖息地及其天然的迁徙通道，可利用物种分布模型对物种栖息地分布进行模拟，保护重点物种的现有和潜在栖息地，对于破碎化的栖息地，规划野生动物廊道，修复退化栖息地。此外，需要规划野生动植物疫源疫病防治、野生动物救护、野生动物肇事补偿等措施。

国家公园内的地质遗迹和文化遗产需进行调查梳理，以明确其具体类型、分布以及非物质文化遗产的传承情况等，并制定保护措施、传承方案以及合理利用方式。

在总体规划中，生态保护修复的内容可以从较为宏观的角度进行编制，具体落地的生态保护修复措施，可以通过编制生态保护专项规划进行明确。

专栏 6-2　祁连山国家公园生态保护修复

在《祁连山国家公园总体规划（2018—2025 年）》中，生态保护修复部分主要包括以下内容：生态系统保护，包括对重要冰川雪山、丹霞地貌实行封禁保护等；生态系统修复，包括通过封山育林、森林抚育、草原禁牧休牧、退化草地治理等进行林草植被恢复，修复退化湿地，治理荒漠化土地，修复废弃矿山、废旧宅基地和人工设施拆除复绿等；雪豹等野生动植物保护，包括受损栖息地修复、栖息地廊道联通、珍稀濒危物种救护、动物疫源疫病防控、交通道路管控等；灾害防控相关内容，包括森林草原防火、有害生物防治等；文化遗产保护与传承，包括文物资源底数清查、推进文物资源信息化建设等。

6.7　自然教育体验

环境教育和生态体验是国家公园的重要功能，是国家公园全民公益性的重要实现方式。国家公园应按照综合调查中对于各项自然、人文景观资源的调查结果，根据相关资源的分布和质量，在“生态保护第一”的理念下，合理规划环境教育和生态体验内容。

环境教育和生态体验可以分别编写规划内容，也可以合并考虑，从体验教育的主要内容、开展方式、项目布局、设施建设、访客管理等方面进行编写。环境教育和生态体验的主要内容应突出生态文明的理念，围绕国家公园原真的自然和文化特色；开展方式可以包含研学活动、场馆科普、步道观光、生态休闲、户外运动、森林康养、媒介传播等；根据国家公园自身资源特色设置教育和体验项目，其布局应当结合景观资源分布、功能分区和社区分布合理设置；规划主要的环境教育和生态体验设施建设，包括宣教场馆、访客中心、入口社区、步道、解说和标识体系等；规划访客管理的措施，包括访客的容量管理和行为管理等。此外，环境教育的对象不仅包括国家公园的访客，还包括本地的社区居民，以及未到访国家公园的公众，可规划相应的社区宣教课程、远程媒体传播等内容。

生态体验和环境教育活动在一般控制区内开展，并确保生态体验和环境教育活动对国家公园保护目标的负面影响保持在可接受的范围内。具体详尽的体验路线、宣教课程、体验项目、设施建设、解说系统构建等，可以在环境教育专项规划和生态体验专项规划中详细列出。

专栏 6-3　大熊猫国家公园的自然教育体验

在《大熊猫国家公园总体规划》中，自然教育体验部分主要包括以下内容：自然教育和体验方式，包括自然课堂、在线自然教育、实地巡护体验等；自然教育和体验设施，包括建立解说系统（具体包括建立标识系统、印制解说出版物、建立智慧解说系统和专业解说队伍等），合理布局生态体验点、设置生态体验项目、建设生态体验设施等。

6.8　社区协调发展

社区发展是国家公园全民公益性的重要体现方面，也是国家公园规划建设中需要重点协调的方面。《总体方案》中明确提出了国家公园要“构建社区协调发展制度”，在总体规划中，可从社区共管、可持续发展、社会参与等方面进行编制。

社区共管主要包括社区共管机制建立、公益岗位设置、社区调控、生态补偿等方面。社区共管机制建立包括建立社区共管机构或组织，并明确相应责权和社区共管方式，如国家公园二级及以下管理机构与市县、乡镇共同组成共管委员会等。公益岗位可同时实现生态保护价值和社会效益，主要用于安置就业困难人员，包括生态管护公益岗和社会服务公益岗两类，生态管护公益岗负责对国家公园内的森林、草地、湿地、野生动植物等自然资源进行巡护、管护，根据国家公园的面积、管护需求、人均管护面积并结合国家公园内原有保护地的管护岗位进行岗位设置；社会服务公益岗承担对环境卫生、消防安全、交通管护等社会服务性的职责。社区调控主要为按照空间管控要求和社区现有分布情况，优化居民点布局，明确各社区的居民生产生活边界，规划入口社区，并简要规划社区的发展规模、主要发展方向、是否进行生态移民以及社区整体风格控制和环境提升等内容。生态补偿包括生态移民补偿、生态保护补偿（包括公益林补偿、草原奖补等）、野生动物肇事补偿等，国家公园需要根据自身和地区的特点制定生态补偿政策，并制定符合当地实际情况的补偿标准。更加具体详尽的内容，可以编制社区发展专项规划以进一步明确。

可持续发展主要包括生态产业、特许经营等方面。生态产业方面包括建立产业准入清单，制订清单之外的工矿企业等产业的退出计划；扶持替代生计，鼓励具有当地特色的生态产业发展，包括自然与文化体验、种养业、手工业等。特许经营方面包括制定特许经营的实施方式、范围、准入标准及管理等，需要将主要经营权向国家公园内的社区居民倾斜，鼓励社区居民开展特许经营项目。更加具体详尽的内容，可以编制特许经营专项规划以进一步明确。

在社会参与方面，国家公园需要引导社区居民成为自然保护的参与者，除上述公益岗位和特许经营中相关内容外，还应包括制定信息公开制度和公众监督渠道，引导社区居民参与国家公园政策、规划的制定和实施，保障其知情权和参与权；建立志愿者管理机制，为公众参与国家公园的保护工作提供平台。

专栏 6-4　钱江源国家公园的社区协调发展

在《钱江源国家公园体制试点区总体规划》中，社区协调发展部分主要包括以下内容：社区参与机制，包括决策参与机制、社区协商机制、利益分配机制、共同管理机制、信息畅通机制等；社区调控措施，包括空间调控、美丽乡村建设引导、产业引导（具体包括发展生态农业、乡村旅游等，进行政策引导等）；社区文化教育与培训，包括加强文化教育和就业管理、搭建就业平台、落实培训计划、设立就业与培训保障基金、实施鼓励政策等。

6.9 支撑体系建设

构建完善的支撑体系是国家公园得以畅通运行的保障，主要包括监测系统、科技支撑体系、基础设施建设、人才队伍建设等。

国家公园的监测系统可为国家公园的管理、运行、灾害预警、成效评估等提供数据支撑和保障，主要包括监测指标体系、“天地空一体化”监测系统、灾害预警系统、大数据运维系统等。监测指标体系应涉及国家公园内的各类自然资源及其保护与干扰，根据各类自然资源特征，合理设置监测指标，并规定相应的监测周期和监测技术方法。“天地空一体化”的监测系统包括地面监测样地和地面监测站点建设、遥感监测能力建设、无人机监测能力建设、视频监控系统建设、野生动物监测等内容。灾害预警系统包括森林防火监控预警系统、病虫害与外来物种监控预警、预防野生动物肇事的大型野生动物入侵报警系统等。大数据运维系统包括大数据管理平台、监测数据传输系统、大数据应用系统建设，以及监测结果定期发布制度等与数据存储、传输、共享相关制度的建设。具体的监测站布设点位、监测网格设置、大数据运维系统的技术要求等内容，可在监测评估专项规划中进行详细编写。

科技支撑体系包括确定国家公园主要科研方向并推动相关研究工作、建立与科研院所和高校的科研合作体系、通过培训等加强国家公园科研队伍建设、加强科技成果的应用转化并搭建相关科技成果转化平台等。

国家公园内的基础设施主要包括行政管理设施（管理局、管理站等）、巡护管护设施（管护点、巡护步道等）、科研监测设施（监测站、科研基地等）、社区保障设施（供电供水系统、垃圾转运系统、污水处理系统等）和宣教体验设施（访客中心、标识系统等）等。各基础设施除满足其本身的功能需求外，其建设需符合所在功能分区的管控要求，对生态环境的影响应尽可能降到最低，建筑风格整体统一且与国家公园的整体景观相协调。总体规划中基础设施相关内容主要为宏观地提出建设需求，更加详细的基础设施布局和建设要求等内容，可通过编制基础设施规划进行确定。

人才队伍建设主要包括人力资源需求、人才引进制度、人才发展措施和交流合作机制等，通过加强培训、吸引高素质人才、建立奖惩制度、开展学习交流活动等，满足国家公园对于生态保护、宣教、管理、建设等多方面的人才需求。

专栏 6-5　东北虎豹国家公园的支撑体系建设

在《东北虎豹国家公园总体规划》中，支撑体系建设部分主要包括以下内容：自然资源与生态监测体系建设，包括由东北虎豹等野生动植物监测、自然资源监测、生态环境监测组成的“天地空一体化”监测系统，实时监控传输系统和巡护管理系统。大数据运维与综合业务体系，包括自然资源大数据系统和业务综合管理系统；科学技术支撑体系，包括汇集各方研究力量推动东北虎豹相关领域重点研究，加强科研队伍建设等；人才队伍建设，包括以供需缺口为导向发展人才、加大人才吸引力度、加强人才培训和搭建合作平台等。

第 7 章　国家公园专项规划

专项规划是对总体规划内容的细化和深化，针对国家公园发挥的功能和建设需要进行分项、分重点规划。专项规划采取按需编制，可以编制生态保护、监测评估、环境教育、生态体验、社区发展、特许经营、基础设施、管理体系等专项规划。编制深度应满足立项要求，需要明确项目的空间布局、建设规模、项目时序安排、资金来源等，可以落地实施。

7.1　生态保护规划

7.1.1　规划目的

保护生态系统的原真性和完整性、保护生物多样性是建立国家公园最主要的目的，国家公园的生态保护专项规划即着眼于此，以进一步落实总体规划中关于生态保护的相关任务，将各项保护要求“落地”，划定二级分区，提出空间管控要求和具体的保护措施。生态保护专项规划在国家公园各专项规划中相对最为重要，对于其他专项规划具有指导作用，其他各专项规划的编制需注意符合生态保护专项规划中所提出的二级功能分区及其空间管控要求。

7.1.2　规划原则

（1）协调相关规划。生态保护专项规划是在各国家公园总体规划的指导下编制的，因此其内容应全部符合总体规划的要求。同时，注意与所在区域国土空间规划以及经济社会发展规划等相匹配，避免与上位规划冲突。注意结合国家公园所涉及的原有保护地的规划，将原有保护地的主要保护对象纳入国家公园的保护目标，并充分利用原有保护地的建设基础。

由于生态保护规划对其他专项规划的编制具有指导作用，在编制生态保护专项规划时，需注意与其他专项规划的编制工作做好沟通协调，及时提供空间管控方案，避免出现同一地块在不同专项规划中被规划了相矛盾的管理措施的情况。

（2）尊重自然过程。在编制生态保护专项规划时，需始终注意以保护生态系统原真性和完整性的原则。在制定二级功能分区时，注重保护原始林、天然湿地等具有原真性的生态系统，并注意其面积满足生态系统结构和功能完整性的保护需求；在规划生态修复时，以自然修复为主，人工修复时注意不引入外来种；在规划野生动植物保护时，注重就地保护，以栖息地保护和控制人为干扰为主，并控制外来入侵物种，若无必要，尽量不规划迁地保护项目。

（3）规划全面科学。生态保护专项规划需涉及生态保护的各个方面，包括各种类型的生态系统保护、各类群的物种多样性保护、重点物种保护、不同程度退化或受损生态系统修复、自然景观和自然遗迹保护等，保护措施涵盖空间管控、监测、巡护、生态补偿等各个方面。在规划二级功能分区和各种保护措施时，需采用科学的方法，保证保护对象得到有效保护，重要生态系统得到完整保护，二级功能分区和管控措施客观合理。

（4）注意因地制宜。生态保护专项规划中所提出的功能分区方案、保护修复措施、生态补偿等内容，需要符合本地区自然环境和生态系统的特点，以及社会发展实际和国家公园的发展阶段，做到保护措施落实到地、切实可行，不致因保护措施规划得过于严格或脱离实际而影响保护工作的开展。

（5）顾及社区发展。在规划空间管控和保护措施时，需注意考虑当地社区发展。在空间管控中为园区原有居民的传统生产生活留下空间，注意结合自然资源资产确权结果；在保护措施设置时充分结合当地社区传统文化中和生态保护相关的部分，并充分调动当地居民保护的积极性，如设立生态管护公益岗等；对于社区居民因生态保护做出的利益牺牲，应制订合理的生态补偿办法；注意国家公园的生态保护相关宣教活动应覆盖社区居民。

7.1.3　规划主要内容

7.1.3.1　生态保护基础和问题识别

在进行生态保护规划时，首先需要对国家公园生态保护面临的基础问题进行梳理。可采用“SWOT 分析”的方法，分析国家公园的生态保护工作基础、生态保护面临的问题、进行生态保护工作的必要性和面临的挑战。

对国家公园的主要保护对象进行调查，相比于总体规划中的综合调查，生态保护专项规划的调查更具针对性，主要关注各保护目标的分布和保护现状、面临的威胁，以便细化功能分区和提出针对性的措施。

7.1.3.2　生态状况综合评估

系统梳理国家公园的生物多样性和生态系统状况，对国家公园的生态系统服务价值、重点物种分布等内容进行客观的描述评估，识别出生物多样性和生态系统保护的重要区域（表 7-1）。评估的结果可为划定二级功能分区，制订可落地、可实施的管理保护措施提供理论依据：对栖息地进行分析和潜在分布预测，可为有效地保护重要物种提供科学的理论依据；生态脆弱性评价对于维持生态系统稳定、实现区域可持续发展有着重要的理论参考价值；生态系统服务价值评估是生态系统保护和管理的基础。

表 7-1　国家公园生态状况评估内容

评估类别	评估指标	评估方法
生物多样性评估	国家公园内重点物种的分布	基于《IUCN 红色名录》、国内红色名录和物种对生态系统的重要性等，获取重要物种名录，收集物种分布点，运用物种分布模型模拟各重点物种的分布
生态脆弱性评估	生态敏感度指数	植被覆盖度、河流湖泊、地形地貌、土壤侵蚀强度等
	生态弹性指数	植被净初级生产力、土壤有机质
	生态压力指数	人口密度、农牧业利用强度
生态系统服务功能评估	固碳	基于生态系统生物量估算
	水土保持	采用修正通用水土流失方程（RUSLE）评估生态系统土壤侵蚀功能
	水源涵养	采用水量平衡方程评估生态系统水源涵养功能
	防风固沙	采用修正风蚀方程（RWEQ）评估生态系统防风固沙功能
	洪水调蓄	基于可调蓄蓄水量与湖面面积之间的数量关系，构建湖泊洪水调蓄功能评价模型

在建立起评估体系之后，将各评价指标按照生态重要性的程度，结合层次分析法和德尔菲法确定权重，采用综合指数法进行加权叠加，得出综合评价结果。具体到各指标项的权重设置，需根据各国家公园的实际情况，使用相同的方法确定。在通过加权叠加得出各指标类的评估结果之后，利用自然间断点等方法，将所得结果分为 3～4 个等级。将 3 个指标类的评估结果相叠加，最终得出国家公园的生态状况评估结果，识别出生态保护的重要区域。

7.1.3.3　基于生态保护目标的空间管控

在一级分区的基础上，根据国家公园的保护要求和生态状况，以保障生态功能、有效实现保护、协调社区发展为原则，划分二级分区，制订相应的管控措施，以实现更具体、更落地的空间管控。

（1）核心保护区。

核心保护区的二级分区目的在于更好地落地实现自然生态系统的原真性、完整性保护，实现不同类型保护对象的差别化保护。国家公园的生态状况综合评估结果是核心保护区二级分区的重要依据，可根据重点物种栖息地、生态脆弱性和生态系统服务重要性，将核心保护区进一步进行划分，如在三江源国家公园生态保护专项规划中，将核心保育区划分为特别栖息地、特别保护地和自然保育区（详见第 10 章）。在管控措施方面，需在核心保护区一级功能分区最严格的保护措施的基础上，按照各二级分区的特点，增加相应的管控措施，如在特别栖息地建立廊道、进行物种监测，在特别保护地实行封禁保护，在自然保育区严控人为活动等。此外，对于国家公园的生态保护规划，可结合自然资源确权界，依据自然资源权属，对核心保护区进行二级分区，并根据自然资源权属规划相应的管控措施。

（2）一般控制区。

一般控制区的二级分区主要依据退化生态系统分布情况、游憩资源等各类资源的分布情况、保护对象的动态保护需求、社区分布情况等进行划分。

将退化生态系统分布的区域划分为生态修复区，可根据生态系统退化程度、退化生态系统类型等进一步细分，以便采取针对性的修复措施，如将以草地生态系统为主的国家公园的生态修复区，划分为沙化地、黑土滩和其他退化草地。生态修复区的管控措施根据生态修复要求制订，需做到遵循自然规律，因地制宜，以自然修复措施为主，限制各类会产生干扰的人为活动，并注意不可引入外来种。

将游憩资源分布的区域，以及拟建设宣教中心、游憩步道、访客服务相关设施的区域划分为游憩展示区。游憩展示区的管控措施注重减少访客对生态系统和生物多样性带来的压力和干扰，并注重提升访客的体验，科普正确的生态知识，主要措施包括根据旅游环境容量控制访客数量、实时监控访客数量、约束访客行为、设立宣传警示牌、在不影响生态的前提下建设宣教场馆和设施、开展环境解说等。

将国家公园内社区及可持续利用产业集中分布的区域划分为传统利用区。传统利用区的主要管控措施包括在保护生态的前提下发展生态产业、实施生态农业、进行草畜平衡管理等，以实现自然资源的可持续利用和人与自然生态系统的和谐发展。

此外，可以根据保护对象的迁徙规律等特征，在一般控制区内划分动态管控的区域，如在三江源国家公园内，每年 6—8 月藏羚羊迁徙季节，可以在藏羚羊跨越公路的迁徙通道处，设置动态管控区，对往来车辆进行管理，其他季节不进行特殊管理。

7.1.3.4 生态保护措施

除空间管控措施外，生态保护专项规划中需要规划应用于整个国家公园园区的生态保护措施，包括生态系统保护和修复措施、物种保护措施、管护体系、生态环境监测体系等。

生态保护和修复措施主要包括限制建设活动和人为干扰，用不破坏生态的方法防治外来入侵物种和有害生物，对退化程度较轻的生态系统进行自然修复，对退化程度较大的自然生态系统进行人工修复。生态修复的主要措施包括：在退化森林生态系统中，整治土地、改良土壤、种植本土树种，对于树种单一的经济林进行林分改造，恢复为与原有的或邻近天然林斑块一致的树种组合；在退化草地生态系统中，采取退牧还草、已垦草原还草、封育、人工修复与补播、生物治沙、复合治沙等措施进行修复。

物种多样性保护主要措施包括保护重要栖息地和潜在栖息地、建设动物廊道、加强巡护执法、禁售和清除捕猎工具、控制人为干扰、控制外来物种、加强检疫、对野生动物肇事进行预防和补偿、加强物种监测、强化物种保护宣传普法、建立野生动物救助机构等措施。针对国家公园的重要保护物种或类群，根据其习性，提出相应的保护要求，如在三江源注重对藏羚羊的保护，在6—8月的藏羚羊迁徙季节于其迁徙通道处实行交通管制等。

管护体系包括保护管理站点体系、巡护体系和防护体系等。保护管理站点需覆盖整个园区，并结合功能分区、居民点和进出国家公园的主要道路分布情况，进行合理设置，并为保护站点配备相应的设施。巡护体系建设包括巡护制度建立、巡护人员管理、巡护步道建设、巡护设备配置和巡护内容的制订等。注意将巡护工作与社区参与结合，如招募社区居民作为生态管护员参与巡护工作等；巡护步道的设置注意和保护站点结合，并注意不对生态系统和物种栖息地造成破坏；在巡护内容制订方面，注意和功能分区管控要求及保护对象所受的主要威胁因素紧密结合，在核心保护区、重要生态系统和物种分布范围、旅游高峰期、当地传统的狩猎季节、动植物疫病暴发等特殊时期增加巡护频率。防护体系包括防火管理，主要有火情监控能力建设、防火带建设以及防火制度建立；病虫害和疫病防控，包括加强检疫和监测、采用生态防治方法、建设疫源疫病防控站点、加强相关宣传等。

建设内容全面、覆盖整个国家公园的生态环境监测体系，该部分的规划也可单独列为一个专项规划。

7.2 监测评估规划

7.2.1 规划目的

监测与评估为国家公园保护和管理工作提供了本底数据和科学支撑。对国家公园生态环境状况进行全面、系统、连续的监测，进行定期评估，可使管理方及时掌握生态环境本底状况和变化趋势，为国家公园的动态的保护管理提供数据支持，为国家公园保护管理成效考核提供依据。

7.2.2 规划原则

（1）服务管理。国家公园内的各项科研和监测项目，需可应用于国家公园管理中，满足国家公园对生态环境数据和科学理论支撑的需求。

（2）综合统筹。监测规划需要结合国家公园范围内已有的各项监测项目进行，在原有的基础上系统考虑、科学设置。

（3）覆盖全面。注意每项监测项目的覆盖面，包括监测项目是否全面覆盖国家公园所需的生态环境监测的各个方面，监测站点设置是否对园区有全面的覆盖。

（4）共建共享。建设生态环境监测大数据中心，与各相关领域的科研单位合作并通过建立共建共享机制，使数据及时得到处理、应用和反馈。

（5）连续稳定。完善监测评估相关制度，各监测相关站点定机构、定人员，在技术和人员上保证监测工作的持续性。

7.2.3　规划主要内容

7.2.3.1　构建监测评估指标体系

结合国家公园自身生态环境特征，根据实际管理需求，完善生物多样性、生态系统服务、环境质量、自然条件与灾害、人类活动等各类别的监测指标，建立科学、可行、系统的监测评估指标与方法体系（表 7-2）。

表 7-2　监测与评估指标与方法体系

类别	监测指标	主要监测方法	评估指标
生物多样性	生态系统类型和面积、天然生态系统面积、植被状况、主要生物类群物种丰富度、重点物种种群及分布等	遥感监测、实地调查（包括样方调查、样线调查、红外相机网格化监测、无人机监测、无线电和 GPS 追踪、鸟类环志等）	各类生态系统面积变化；植被生产力变化；主要生物类群多样性指数；重点物种种群（或重点群落）变化等
生态系统服务	固碳、水源涵养、防风固沙、水土保持等	遥感监测、实地调查、模型测算等	固碳、水源涵养、防风固沙、水土保持等
环境质量	环境空气质量、水质、土壤环境质量等	驻站监测、实地取样分析等	环境空气质量、水质、土壤环境质量达标率；污水、固体废物处理率等
自然条件与灾害	气象监测、水文监测、气候变化监测、火情监测、气象灾害监测、地质灾害监测、生物灾害监测等	视频监控、遥感监测、实地调查	生物安全状况（包括动物疫病、外来物种入侵、有害生物等）；自然灾害造成的生态系统、生物多样性损害程度等
人类活动	常住人口数量、游客量、人类活动用地类型和面积、社会经济、自然资源利用情况、公众参与、主要生态环境问题等	借助游客管理系统、资料调查、访谈调查等	生态保护工程实施情况；生态补偿实施情况；生态监测开展情况；退化土地面积变化；破坏生态、危害野生动植物、污染环境等事件的发生情况等

7.2.3.2 监测能力建设

在进行监测能力建设规划时，需首先全面了解国家公园内已有的监测能力建设情况，在此基础上，根据国家公园的实际需求，对监测能力进行全面提升，建设“天空地一体化”的、全覆盖的监测体系。在地面监测能力方面，对各监测项目的覆盖空缺区域补充建站，对监测项目不全的站点进行升级改造，站点建设及监测方法需符合各项行业标准。可将国家公园划分为若干个大小相等的正方形网格，在每个网格中设置一个监测站点。根据监测项目需求和国家公园面积的不同，各国家公园、各监测项目之间所使用的网格大小可有不同的设置，如钱江源国家公园在进行红外相机布设时，设置了覆盖整个园区的 1 km×1 km 的网格（图 7-1）。此外，需增强国家公园的遥感监测和无人机监测能力，规划建立遥感数据和无人机监测的应用平台。

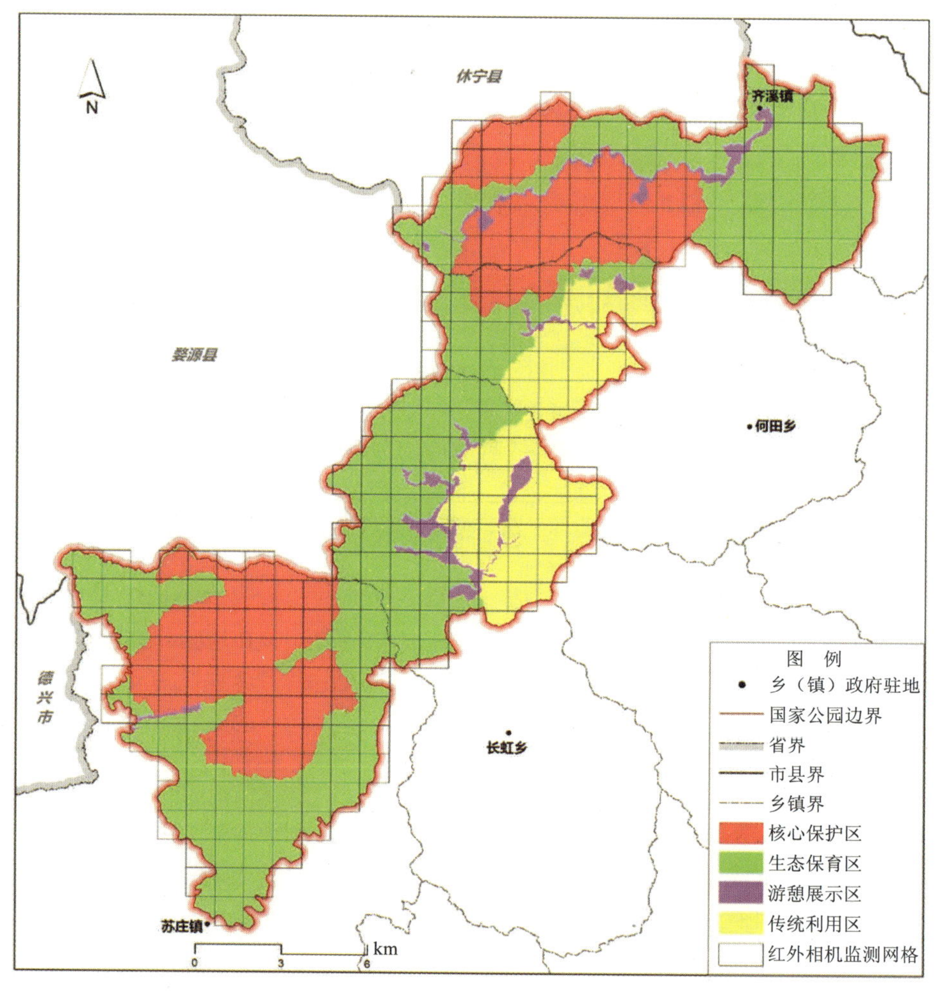

图 7-1 钱江源国家公园内的红外相机监测全境网格

7.2.3.3 大数据管理应用平台建设

国家公园需规划建设大数据管理应用平台，为国家公园管理提供基于大数据、云计算的数据资源中心，整合多源、多尺度数据，形成对多源、异构、海量数据的高性能存储、处理和超级计算能力，为国家公园管理提供数据挖掘和实时数据快速分析、评估、决策、预警的处理能力。

7.2.3.4 监测评估运行保障系统建设

建立监测队伍，招聘引入外部人才，每年对监测人员进行培训，培养业务精湛的监测技术骨干，为国家公园内生态监测与评估预警体系运行提供人力资源保障。培训一部分当地社区居民参与监测工作。此外，也可将一些生态监测活动与公众参与相结合，吸引具有技术知识的志愿者参与监测。建立与科研机构长期合作机制，如在国家公园内建设院士工作站等，邀请科研院所、专家学者为国家公园提供长期的指导。

7.2.3.5 建立评估制度

建立定期评估制度，根据管理工作需要，组织具有资质的相关部门、社会组织等第三方进行，以国家公园内的监测系统作为数据支撑，定期对园区生态状况进行评估，发布评估报告，可以白皮书的形式发布，评估结果可为编制自然资源资产负债表、生态补偿、生态产业发展等提供数据支持，也可为领导班子和领导干部综合考核评价提供依据。建立信息公开制度，通过网站定期发布监测和评估结果，实现社会共享，并接受全社会的监督。

7.3 环境教育规划

7.3.1 规划目的

国家公园的环境教育以价值解说为载体、以生态体验为途径，旨在让访客和广大民众对国家公园的自然环境和文化有一定了解，在了解知识的基础上，开启民众对环境、自然、生命等命题的感悟。环境教育不仅针对已到访或即将到访公园的访客，而且还面向全体民众，是国家公园全民公益性的重要体现。它是向全民展现国家公园自然绝景、阐释文化源头的窗口，是激发全民对自然的热爱、引发其兴趣、帮助其建立自然文化保护意识的助推器，是大众与国家公园管理工作人员、各类专业人士就国家公园进行交流互动的平台。同时能提高国家公园的知名度和影响力，争取更多的建设资金和科研合作，促进国家公园的长远发展。

7.3.2 规划原则

（1）针对性原则。国家公园的环境解说教育重点是国家公园范围内及周边社区群众、中小学生及访客，培训对象主要是基层工作人员和社区干部。同时，环境解说教育内容的取舍详略也应充分考虑不同对象自身的特点，做到各有侧重，有偏有全，设定教育和解说系统要实现的目标，再围绕目标进行相应的技术和内容设计。

（2）多样性原则。科普与环境解说教育系统应该是由人员解说、解说牌示、可携式出版物等各种宣传要素组成的一个有机系统，它根据访客的需求提供不同的环境教育方式。解说教育内容涉及法规条例、资源保护、环境建设、动植物救护等多方面，需注重科普性、知识性；解说教育方式多样化，定点环境教育与流动宣传相结合，利用网络和各种媒体，通过多种渠道，采取各种形式，进行宣传、教育和培训。

（3）引导性原则。与基本国民教育内容相结合，强调对受众的引导性。利用国家公园的科技人员优势，或邀请相关专家走进自然课堂，向学生展示书本上的生态、文化、地理、历史知识点等在国家公园的现实存在。

（4）以人为本的原则。科普与环境解说教育系统应充分体现人文关怀，即环境教育的人性化，在设计时应充分考虑公众接受环境解说教育服务时的心理需求。国家公园的环境解说教育首先应尊重自然；其次，尊重访客，引导解说充分考虑公众的需求，适应各类公众阅读理解，应充分体现人对自然的尊重。

（5）寓教于乐原则。科普宣传方式多样化，通俗易懂、活泼有趣，结合环境教育解说牌示，确保环境教育内容易于被当地群众接受，力求科普宣传达到让公众在游览过程中潜移默化，陶冶民众爱护自然、保护环境的情操。

7.3.3 规划主要内容

环境教育规划的内容应因地制宜，根据各国家公园自然环境和文化的特点制订相应的解说类型和主题。

7.3.3.1 环境教育资源调查

（1）自然景观资源。国家公园的自然景观资源包括天景、地景、水景、生景，将其按照自然科学的类别进行分类，最终得出以地球科学、生物学、天文学为主要内容的自然科学环境教育类别。

（2）人文景观资源。国家公园的人文景观资源大致可分为园景、胜迹、风物等三大类，将其按照社会科学的类别进行分类，最终得出以伦理文化、历史文化、民俗文化、爱国主义文化为主要内容的社会科学环境教育类别。

7.3.3.2　环境教育主题及内容

特色鲜明是国家公园宣教的灵魂和魅力。国家公园的所有宣教工作皆是围绕宣教主题对国家公园特色的凝练而展开的。环境教育主题包括生态环境主题教育、主题文化环境教育、保护发展历史沿革、政策法规知识科普等。

（1）生态环境主题教育主要包括针对国家公园内典型自然生态系统、珍稀濒危野生动植物、生物多样性、地质地貌等内容的展示，用通俗易懂的方式阐释专业知识。

（2）主题文化环境教育主要包括针对国家公园内传统文化、民俗民风、文化遗产等内容的展示。

（3）保护发展历史沿革主要包括国家公园建设理念、国家公园保护发展史、保护与科研成绩等内容的展示，塑造国家公园的良好形象，突出生态保护重要地位。

（4）政策法规知识科普主要以国家和各级地方政府颁布的法律法规和政策（如《森林法》《野生动物保护法》《野生植物保护条例》等）为宣传重点，通过对国家公园相关政策、法律法规的宣传，让社会公众特别是周边社区居民了解保护政策、法规，自觉遵守有关保护法律法规，提高周边社区和国家公园管理人员的法制观念。

7.3.3.3　科普教育展示方式

国家公园应建设多元化的教育展示系统，以满足不同群体有条件地开展与功能区和资源特色相一致的活动，使人们在游憩体验过程中接受环境教育，真正达到知性之旅，激发保护热情。

（1）综合场馆式。通过展馆分区，借助云导览、虚拟现实等技术手段能够全面展现国家公园主题核心资源，面向社会公众直观呈现宣教基本内容，主要包括综合科普教育中心、科普教育基地等。

（2）开放体验式。通过开放式的自然教育体验基地、宣教小径等，打造走进自然、认识自然、享受自然、融入自然的宣教氛围，形成生态体验与教育为一体的特色，主要包括自然教育体验基地、夏令营基地、生态宣教小径等。

（3）媒介传播式。包括印刷品、影音媒体、传统媒体和新媒体建设等方式，内容可涵盖自然资源、人文知识、业务交流等，是塑造国家公园影响力的主流宣教形式。

（4）交互沟通式。包括科普宣教主题活动、专题教育、人员交流培训和创建志愿者服务机制等方式。

7.3.3.4　解说标识系统规划

国家公园解说标识系统主要针对访客构建一套现象讲解、展示、教育、说明、演示功能的标识，包括国家公园形象标识、管理型标识标牌、解说型标识标牌等。在设计上，要突出国家公园的特色，做到形象鲜明、统一规范；在内容上，突出科普宣传示范作用，做到信息连续、主题突出；在功能上，突出智能化解说技术应用，做到传递高效、智慧便捷。

解说方式主要包括：

（1）定点解说。在国家公园内的游憩区域、宣教场馆、宣教基地或活动现场开展定点解说服务。

（2）带队解说。能够实现与访客间的灵活互动，满足访客的个性化求知需求，传播国家公园理念，搭建国家公园与访客间的纽带桥梁。

（3）非定点解说。在国家公园开阔区域、主要设施出入口空间、交通接驳枢纽点等常常有访客聚集或需要等待的区域，根据现场资源条件，灵活开展环境教育解说。

（4）咨询服务。在国家公园访客服务中心、宣教设施馆、重要景点、国家公园入口处等设置咨询服务，为访客提供地点指引、活动咨询、交通引导、材料发放等服务。

专栏 7-1　武夷山国家公园科普教育专项规划

一、总论

阐述规划背景、指导思想、规划目的、规划原则、规划依据等内容。

二、科普教育现状及受众分析

重点梳理了武夷山在科普宣教方面的已有设施，以及开展的相关工作，总结存在的问题，并提出对策建议；将武夷山国家公园的宣教目标群体概括为社区居民、社会访客、政商团体、管理人员等 4 类，针对不同受众制定了相应宣教策略。

三、科普教育主题及内容

确立武夷山国家公园“宣传、教育、参与、意识”四个层面的内涵。明确武夷山国家公园宣教核心展示内容：独特壮观的地貌景观、典型的森林生态系统、丰富的生物多样性、高品质的人文资源等自然与文化资源；武夷山保护发展史、保护与科研成绩等保护发展历史沿革；政策法规知识、自然保护知识等自然保护科普知识；国家公园建设理念、国家公园大事记等国家公园体系知识。

四、科普教育展示方式

武夷山国家公园按不同功能区建设多元化的教育展示系统。规划将教育展示方式分为综合场馆式、开放体验式、媒介传播式和交互沟通式 4 种类型，满足不同群体有条件地开展与功能区和资源特色相一致的活动，使人们在游憩体验过程中接受科普教育，真正达到知性之旅，激发保护热情。

五、解说标识系统规划

武夷山国家公园解说标识系统主要针对访客构建一套现场讲解、展示、教育、说明、演示功能的标识，包括国家公园形象标识、管理型标识标牌、解说型标识标牌等。在设计上，突出武夷山国家公园的特色，做到形象鲜明、统一规范；在内容上，突出科普宣传示范作用，做到信息连续、主题突出；在功能上，突出智能化解说技术应用，做到传递高效、智慧便捷。

六、保障措施

制定了政策保障、组织保障、人才保障、管理保障等措施。

7.4 生态体验规划

7.4.1 规划目的

国家公园的生态体验规划是以国家公园总体规划为基础的专项规划，是在对国家公园生态体验资源调查、评价以及对生态体验环境容量和市场潜力分析的基础上，明确生态体验区范围和开展生态体验的宗旨、规模以及一定时期内的旅游产品类型、路线安排、设施建设、环境保护和经营管理等方面的行动计划与措施，是长期指导国家公园开展生态体验区建设和组织、管理生态体验活动的主要依据。国家公园生态体验规划的核心要义是通过小范围的生态体验活动展现国家公园的核心资源和独特魅力，进而实现大范围的保护。

7.4.2 规划原则

（1）生态保护第一和适度开发的原则。国家公园应坚持生态保护第一、国家代表性和全民公益性。通过生态体验规划，为国家公园实现全民公益性和国有自然资源全民共享、世代共享寻找可行途径。同时，在生态体验规划过程中贯彻旅游环境承载力理论，把旅游活动强度和访客数量控制在生态体验资源和环境的承载力范围内，努力将旅游活动对国家公园生态环境和传统文化的影响降到最低。

（2）可持续发展的原则。生态体验规划必须以生态学的原理和可持续发展思想为指导，将环境保护意识融入其中，并作出详细的规划和具体措施，使得生态体验实现可持续发展。可持续发展是对生态体验规划的综合性要求，即要建立一套行之有效的评价标准，保证国家公园生态效益、经济效益和社会效益的兼顾和统一。

（3）保持自然和文化的原真性原则。生态体验产生的动机之一就是要了解、鉴赏、享受国家公园的自然及文化，所追求和强调的是“原真性”和“自然性”。自然和文化的原真性决定了生态体验资源的品位和对访客的吸引力。因此，在规划时应尽量保持生态体验资源的原始韵味，保护大自然的原始性和当地特有的文化传统，避免将现代文明强加给国家公园，在旅游设施建设和景观设计上实现生态化，并与当地的自然和文化景观相协调，保持生态与文化资源的“原汁原味”。

（4）多方参与的原则。规划应坚持以当地社区为主体、以多方参与为途径实现生态体验。在生态保护第一的前提下，探索同时实现生态保护和民生改善的生态体验途径，探索有利于传统文化传承的当地社区居民发挥主体作用的生态体验模式，探索实现环境教育全覆盖的国家公园多方参与机制，与地方政府、管理部门、企业、社区和当地群众共同探索生态体验和环境教育的途径。

（5）环境教育原则。环境教育是生态体验的重要功能之一，以期实现生态体验过程中对访客进行生态科学知识的普及和环境保护教育，激发访客保护生态环境的自觉意识。在规划时应充分考虑将环境教育的原则和内容融入生态体验项目、产品、设施中。

（6）可操作性的原则。国家公园的生态体验规划不仅应进行前瞻性的思考，更要注重其实施的可操作性和可行性。因此，规划中不仅针对国家公园的资源特色、环境基础、开发难度、资金筹措、区域合作等因素，提出发展的重点、难点与亮点，而且还要提出重点项目规划，实现以点带面、统筹安排，以期最终实现国家公园生态体验规划的总体目标。

7.4.3 规划主要内容

国家公园生态体验专项规划是在国家公园总体规划的框架下，对如何开展生态体验进行的落地和细化。根据国家公园不同旅游资源类型、空间分布特点，明确国家公园生态体验的范围、发展思路、主题功能、主要设置的游憩项目内容以及周边辐射发展带动项目等。

7.4.3.1 生态体验资源调查与评价

调查内容一般包括生态体验资源分布区域的环境调查，自然旅游资源与人文旅游资源的数量、类型、质量、分布、组合状况、成因、规模、生态体验功能，邻近地区相关旅游资源的调查，旅游现状调查。

资源评价一般针对地文资源、水文资源、生物资源、天象资源等自然风景资源，历史古迹、古今建筑、社会风情、地方产品及其他人文风景资源，不在国家公园内但具备观赏条件、对国家公园具有影响力的自然与人文景观，以及对国家公园的地理位置及与周边景区景点的地域组合、区内和区外交通条件、区域经济状况、已开发建设景点、已有服务设施与基础设施等方面的评价。

7.4.3.2 环境容量分析

环境容量分析本着在保证旅游资源和生态环境可持续发展的条件下，能够取得最佳经济效益，同时满足访客的舒适、安全、卫生和方便等旅游要求的原则，计算环境容量和访客数量，按照科学合理的环境容量控制访客规模，达到人与自然和谐共处。

环境容量测算可分别按分区、景点可游面积测算日环境容量，并结合旅游季节特点，计算旅游区年环境容量。一般采用面积法、卡口法、游路法 3 种测算方法，可因地制宜加以选用或综合运用。

7.4.3.3　客源和市场分析

（1）客源地理结构分析。根据已掌握的基础资料，通过对目前的客源地理分布、客源地社会经济状况、访客数量等因素的分析，预测进入国家公园的访客来源、数量及其停留时间。

（2）客源地市场潜力分析。通过对访客地理分布区域的社会经济条件分析，预测规划期内各年访客数量和消费水平。

（3）访客规模分析。根据国家公园所处的地理位置、景观吸引能力、旅游设施改善后的旅游条件及客源市场需求程度，按年度分别预测国际与国内的访客规模。

（4）旅游市场定位。在对客源、市场潜力和访客规模进行分析的基础上，与当地旅游规划相衔接，明确国家公园生态体验发展方向、思路和目标，本着重在自然、贵在和谐、精在特色、优在服务的原则选择主体旅游产品，进行旅游市场定位。

7.4.3.4　总体布局与路线安排

（1）总体布局。①范围。国家公园旅游设施建设、旅游参观活动的路线、范围要严格限制在一般控制区或国家公园外围。②旅游区划。生态体验区域可按不同功能区划为游览区、景观生态保育区和服务区，按不同游览方式区划为非机动车区和步行区，确有必要可增划机动车区。

（2）游憩活动。充分发挥国家公园景观资源的优势或特色，围绕保护对象，兼顾观景、游览、休憩、疗养、保健、科普等多种功能，依据国家公园旅游资源与环境的分布特色，规划资源性游憩活动和娱乐性游憩活动。

（3）路线。旅游路线规划应以访客中心为起点，将所有景点串联起来，其间有鲜明的阶段性和空间序列变化的节奏感，逐渐引人入胜。应便捷、安全，使访客在尽可能短的时间内观赏到景观精华。沿途合理安排访客的行、食、住、购、娱等旅游服务设施和休息、卫生、安全设施。旅游路线布设一般规划为 3 种形式，即环状、线状和辐射状。三类旅游路线视不同的条件可组合成多种方式。

7.4.3.5 资源、环境及社区文化保护

（1）资源保护。①重点保护对象的保护措施。预测生态体验对国家公园的自然资源和主要保护对象的影响部位、大小、时段、周期；分析自然资源和主要保护对象对影响因素的反映程度；提出消除或控制影响因素的措施。②旅游景点建设原则。对一切景物和自然环境，要予以严格保护，不得损毁、破坏或随意改变；根据环境容量确定合理的游览接待规模，有计划地组织游览活动，不得无限制地超量接纳游览者；应避开野生动物的繁育场所和繁育季节；新建的各类设施要考虑与周围的景观和环境相和谐。应采用生物防治为主的病虫鼠害防治措施，防止环境污染。

（2）环境保护。国家公园生态体验区内大气、水、土壤、噪声等环境质量应达到优良水平。

（3）社区文化保护。应针对文物古迹、传统文化明确相应的保护措施。

7.4.3.6 生态体验设施建设工程

生态体验设施建设工程规划内容主要包括基础设施建设工程、服务设施建设工程、其他设施建设工程。

（1）基础设施建设工程。包括道路系统建设、供电工程、供热工程、给排水、通信。

（2）服务设施建设工程。包括生态体验管理站、访客中心、自然生态教育中心、住宿设施、商业设施、环境解说及其配套设施建设等。旅游服务设施可根据访客量进行规划，不得设在脆弱敏感的生态区域，除直接服务于旅游或以应对紧急情况、提供考察实习为目的的设施外，均可建在国家公园外围的入口社区或特色小镇。所有建筑应采用最大限度地利用资源、减少设备数量和能源消耗的生态建筑。建筑物造型、色彩和体量要与当地传统建筑及自然环境和景观相协调。

（3）其他设施建设工程。包括安全设施、防火设施、急救系统等。

7.4.3.7 生态环境监测与评价

（1）生态环境监测。生态体验环境影响监测是国家公园生态体验规划的重要组成部分，为给生态体验环境影响评价提供科学依据，国家公园可对生态体验区内的生态环境实施动态监测。监测内容包括旅游区的生物资源、自然景观、水环境、空气环境、土壤环境等方面。生态环境的监测可结合当地的生态特征，选择具有指示性、代表性的指标和固定监测点，建立相应的监测程序。

（2）访客监测。国家公园管理机构应建立日常访客指标监测体系，指标可包括访客人数、客源地、满意度以及停留时间等。监测方法可采用访客登记以及访客问卷调查等。

（3）生态环境影响评价。生态体验规划上报审批前，应组织进行对国家公园主要保护对象的影响评价与环境影响评价，并向规划审批机关提出国家公园主要保护对象影响报告书和环境影响报告书。规划中应对规划实施后可能对国家公园主要保护对象和环境造成的影响作出分析、预测和评估，提出预防或者减轻不良环境影响的对策和措施，作为规划草案的组成部分一并报送规划审批机关。

7.4.3.8　管理机构与经营管理机制

国家公园生态体验规划的管理机构应为国家公园管理机构，负责管理计划的执行和考核、生态体验区域内的生态环境保护、生态体验区建设和监督、旅游秩序维护以及其他协调工作。

专栏 7-2　武夷山国家公园生态游憩专项规划

一、国家公园基本情况

阐述国家公园所在区域的自然地理概况、社会经济概况、历史沿革以及宏观背景分析。

二、总论

包括规划范围、规划依据、规划原则和目标等。

三、游憩发展现状

梳理了武夷山国家公园范围内的武夷山国家级自然保护区、武夷山国家级风景名胜区、武夷山国家森林公园、武夷源森林生态旅游区、武夷天池国家森林公园、青龙旅游区、玉龙谷旅游区、龙川大峡谷旅游区、十八寨旅游区等区域已开展的生态旅游活动。

四、游憩资源调查与评价

根据《旅游资源分类、调查与评价》（GB/T 18972—2017），结合武夷山国家公园的生态游憩资源赋存状况，将国家公园的生态游憩资源进行系统分类，武夷山国家公园的生态游憩资源共分为 8 个主类、27 个亚类、89 个基本类型，并对武夷山国家公园游憩资源价值进行定量和定性的评价。

五、游憩类型与主题定位

武夷山国家公园的游憩类型定位为生态旅游，是在保护第一的前提下，以国家公园丰富的自然游憩资源以及地域文化为主体，以生态学观点和可持续发展思想为指导，开展认识自然、科普教育、科学考察、文化体验、生态环境保护为主要目的的游憩活动，重在展示国家公园珍贵的自然景观资源和浓郁的文化特色景观，实现生态游憩服务功能，从而让公众加深对大自然的认识，了解大自然、体验大自然和保护大自然。

六、市场分析与预测

针对生态游憩市场发展现状及趋势，并综合考虑武夷山国家公园自身资源、特色、区位、发展条件等多种因素，以及国家公园的保护、科研、教育、生态游憩和社区发展五大功能，武夷山国家公园生态游憩专项规划应采取多层次生态游憩发展战略，以精品原生态游憩为召唤，以文化体验和自然教育为重点，并积极开展其他专项游憩活动。

七、总体空间布局与策划

根据武夷山国家公园的游憩资源空间分布、组合特征，以及国家公园所处的独特地理位置和旅游区位，武夷山国家公园生态游憩的总体布局为“一条生态绿道，两条生态体验外环线，三个生态发展核，四大生态游憩发展片，五个生态服务中心，五大生态游憩产品体系，多个生态游憩区域”，简称为“一二三四五五”框架结构，构建“生态游憩点—生态游憩区—生态游憩线路—生态游憩网络”模式，实现武夷山生态游憩可持续发展。

八、生态游憩发展片区规划

制定了东部原生态体验游憩发展片区、西部科普研学探险生态游憩发展片区、中部森林生态文化体验游憩发展片区、南部生态休闲体验游憩片区等区域的规划。

国家公园的经营管理机制应实行特许经营制度，在保证国家公园对旅游管理权限的情况下，注重引进特许经营者或当地社区的参与，与社区利益和区域经济发展相结合，实现推动自然保护事业与经济发展相结合的市场经济的运行机制。

7.5 社区发展规划

7.5.1 规划目的

社区是自然资源的保护和利用者，是文化资源的传承者，是国家公园的重要组成部分。国家公园建设的重要目标之一是增进当地社区的发展和居民的福祉，国家公园的管理也需要社区的参与和支持。通过社区发展规划，协调社区居民生产生活和资源保护的关系，扶持和引导社区产业结构，建立社区参与机制和社区共建共管机制，最终实现人与自然和谐相处的生态文明可持续发展的目标。

7.5.2 规划原则

（1）生态保护第一的原则。社区发展要在保证生态保护目标得以实现的前提下，利用资源优势，进行合理开发、适度经营，在国家公园的一般控制区寻求更符合生态规律的、可持续的产业发展模式，让国家公园的自然资源持续地服务于社区发展建设，促进社区持续、稳定、健康发展。

（2）可持续发展的原则。社区发展要以满足社区居民生产生活基本需求，改善和提高社区生活质量为目标实现社会的可持续发展；要以保护自然资源环境为前提，以发展生态体验、生态产业等替代生计，减少对自然资源的依赖，提高社区自身“造血式”发展的能力，实现经济的可持续发展；要以社区能力建设等增强社区保护自然环境、参与国家公园管理、实施和评估的自觉和自律，实现生态的可持续发展。

（3）公众参与式发展的原则。通过多种方式实施对资源的共同管理和利益的公平分配，充分体现社区的参与性、平等性、自主性和持续性。鼓励和吸引社区居民参与国家公园管理和项目决策、规划、设计、实施、监督和评估工作，保证社区经济稳定发展的同时公平分享所得利益，实现自然资源的有效保护和社区的和谐发展。

（4）责、权、利平衡的原则。探索多元化自然资源保护模式，建立社区共管保护制度，健全相关法律法规，明确国家公园管理机构与社区之间以及社区自身的责任、权利范围，并制定合理的利益分配方案，避免强势群体主导而弱势群体边缘化的现象发生。

7.5.3 规划主要内容

7.5.3.1 物质空间规划

从国家公园总体层面规定社区整体的控制或搬迁。采取更为严格的国家公园分区管制，明确社区土地利用管制要求。规划应具体到社区空间、社区景观要素、建筑物及设施等层面。在规划设计层面，应制定具有针对性的设计指南，强调国家公园原真性与地域性的保留，保障社区建设中建筑物及设施在形式、材料、风格上与周围环境协调，避免建设性的景观风貌破坏。

7.5.3.2 非物质空间规划

增加社区资源及其价值研究作为规划决策的基础。积极引导社区参与资源管理、生态保护，通过媒体、展览、会谈等形式提高居民意识，协助社区组织建立与发展，注重居民职业技能的培养，尽量由当地居民承担景区巡守、资源监测、解说等服务。扩大资源保护的范畴，一方面关注社区本身所具有的景观特色、文化传统、民间技艺等非物质文化遗产；另一方面将规划范畴尽可能扩展至与国家公园关系密切的外围社区。强调加强产业发展引导，筛选体现社区资源特点、利于资源保护的产业发展路径。

7.5.3.3 体制机制规划

（1）社区参与机制。我国国家公园面临的社区背景复杂性和特殊性，决定了建立有效的社区发展机制是国家公园建设的难点和重要任务，而国家公园与社区之间共生关系的基础是社区参与到国家公园的保护、管理、发展等活动中。社区参与机制规划主要包括明确社区参与主体、社区参与内容，构建社区参与运行机制框架。

①社区参与主体。针对不同类型的国家公园或者国家公园的不同管理计划，社区参与的主体类别不同。按照其在国家公园保护和发展过程中的主动性、紧急性、重要性具体甄选。对于国家公园不同功能区保护级别不同，最具紧急性的社区参与主体为位于核心保护区内的社区居民。

②社区参与内容。根据社区参与主体在国家公园建设中所扮演的角色和在此过程中其贡献的具体内容以及社区参与程度，将社区参与内容分为信息投入—决策参与者、生产资料投入—投资者或经营者、劳动投入—国家公园和相关企业从业人员、行为投入—传统社区居民。

③社区参与运行机制框架。明确在社区参与过程中“如何促进参与”“如何组织参与”“如何保障参与”及“参与效果评估”，包括引导机制、组织机制、保障机制及评估机制。

（2）社区共管机制。社区共管与社区参与的含义并不相同，社区参与概念的范畴比较宽，社区参与包含了社区共管概念。社区共管是指参与的人员和参与的活动比较明确、参与的形式和内容比较规范的参与活动。在社区共管中参与的各方要有明确的权、责、利关系。

社区共管机制主要包括以下几个方面：

①确定和评估自然资源利用的制约因素和机遇；

②制订社区资源管理计划；

③设计和实施环境教育计划；

④制定土地利用计划和条例；

⑤涉及游憩计划和活动；

⑥监督和评估社区发展和保护计划的影响。

7.5.4 关键规划环节

7.5.4.1 多方案比较

多方案比较是综合不同利益相关者意见、实现广泛公众参与的有效途径。在规划政策制定之前，首先提出可以实现规划目标的多种不同方案，对各方案符合目标的程度、社会经济方面的可行性、对资源或其他限制因素造成的影响、实施费用等进行预测与评价，选出最优方案。在确立多方案时往往会加入一个不作为方案，当作其他方案比较的基础数据。不同方案的形成过程、政策内容、比选和淘汰过程都会形成清晰的报告书，供社会公众和相关决策者进行监督和审查。这一环节在平衡矛盾的同时，还可以给社区居民提供了解规划目标、规划过程和影响规划政策的机会。多方案比较可在确立有争议的规划政策时运用，在实施步骤和评估方法上比较灵活。

7.5.4.2 公众参与

社区是国家公园内社会经济要素分布最密集的区域，也是最容易产生利益冲突的区域，规划过程应有充分的利益相关者参与和公众咨询。国家公园管理机构作为社区规划的编制方，负责确定公众参与者范围及参与形式，并具体组织相关活动。国家公园社区规划的利益相关者主要包括各级政府机构、非政府机构和民间社团、社区居民团体、相关商业机构、专业咨询机构和研究专家、景区游客等。国家公园社区发展规划中的公众参与应当贯穿前期调研、中期评估、后期决策全过程。尽管在规划过程中融入公众咨询可能会拖延规划进度，但公众越早、越广泛地参与，越能增强规划政策的可操作性和有效性。

7.5.4.3 与其他专项规划的关系

社区发展规划作为国家公园规划体系中的一个专项规划，规划内容往往不能涵盖社区的方方面面，如社区的基础设施建设、社区居民的特许经营等具体问题还需要在其他专项规划中解决。有必要厘清国家公园社区发展规划与其他专项规划之间的关系和自身定位，有时还需对与已有规划不符的规划内容做出解释说明。

7.6 特许经营规划

7.6.1 规划目的

《总体方案》强调国家公园的经营管理实行“特许经营管理”。特许经营规划明确特许经营的法律依据、特许经营项目、受许人选择条件、收费标准，以及如何监督受许人以保证国家公园的生态保护等，构建管理科学、运行高效的国家公园特许经营管理体制和运营机制，使得公众获得更佳享受、经营服务更加高效、生态保护能力得到提升。

7.6.2 规划原则

（1）生态优先、绿色发展。坚持生态环境与遗产资源保护的优先地位，积极鼓励生态友好型特许经营项目的发展，严格禁止对生态环境和遗产资源可能造成破坏性影响的特许经营项目。

（2）公众收益、反哺社会。特许经营活动应在公共游憩、自然文化教育、科研科普等方面具有明确公益价值，确保社会公众是国家公园特许经营活动的直接受益方，并有利于原住民生存与发展。

（3）集中统一、规范高效。依法授权专门机构对国家公园特许经营活动实施集中管理，完善法律保障体系，加强风险防控能力，确保国家公园内特许经营管理的系统性和稳定性，提高管理效率和服务水平。

（4）精准有序、公开公正。完善既有法律法规，明确国家公园管理单位、特许经营受许人、相关机构组织在特许经营项目管理中的职责义务，建立公平正义的特许纠纷解决、信息公开、价格形成和公正合理的特许费用征收机制，加强内部监督和社会监督，推动社会共治。政府和特许经营者任何一方违约都应担负违约责任，应建立健全政府失信责任追究制度及责任倒查机制。

7.6.3 规划主要内容

7.6.3.1 特许经营产业引导

包括社会经济现状的调查与分析、产业发展的引导方向、产业结构及其调整、空间布局及其控制、促进产业发展的措施等内容。明确产业准入负面清单。

7.6.3.2 特许经营方式

包括授权、租赁和活动许可。授权指国家公园管理机构依法授权企业、组织或个人开展指定经营活动的行为。租赁指国家公园管理机构依法与获得授权经营的企业、组织或个人签订的建筑或设施租赁合同。活动许可指国家公园管理机构依法对企业、组织和个人在公园内开展节庆、摄影、采风等活动颁发的进入许可。

7.6.3.3 特许经营项目

依法科学制订国家公园特许经营项目计划，界定特许经营的项目类别及禁止行为，可开设的项目主要涉及 7 个主要类型：公共设施、安保设施、体育设施、文化设施、交通运输设施、商业设施及旅游住宿接待设施或服务等。

7.6.3.4 选择受许人

国家公园特许经营受许人一般均为个人、企业或团体（公益组织或公共团体等）。规划制定特许项目的申请程序、遴选规则，对受许人资格、能力以及政策扶持设置最低要求。

7.6.3.5 监督受许人

强调受许人的行为规范，具体包括受许人接受监督和评估、签订环境保护合同。特许经营申请程序中设置有关环境评估的内容，即项目是否对国家公园自然和人文环境产生影响、产生哪些影响和应采取何种应对措施。国家公园管理机构评估特许经营合同执行情况，或成立专门机构对公园内部的项目跟踪监督和实施评估，确保特许经营项目按照经营合同运行。

7.6.3.6 确定特许费率

“资源有偿使用”是特许经营制度实施的前提，特许经营费收入是国家公园收费系统的组成部分，为国家公园运营提供了资金支持。规划确定特许经营费率的制定方式、费率标准以及费率调整方式。

7.7 基础设施规划

7.7.1 规划目的

国家公园基础设施是为了国家公园的保护和发展必须建造的设施。根据国家公园生态保护、监测评估、环境教育、生态体验、社区发展等需求，科学设计、有序推进基础设施建设，以县、乡公路和农村道路为基础，构建国家公园巡护路网体系；注重人的发展，推进电力、通信、水利、环保、防灾减灾，构建全面布局、点线结合的基础设施支撑体系；以提高管理能力和管理水平为目的，加快管理设施建设，加速实现人与自然和谐统一，全面建设现代化国家公园。

7.7.2 规划原则

以科学发展观为指导，着眼国家公园发展未来及国家公园定位，充分体现国家公园的地域、文化特色，因地制宜、合理布局、以人为本、可持续发展，突出国家公园的生态教育功能。在国家公园的基础设施规划建设中遵循：

（1）整体规划、分步实施的原则。

（2）设计超前、功能先进、使用方便、结构协调的可持续发展原则。

（3）突出重点、全面推进的原则。

（4）环境保护优先、基础设施生态化原则。

7.7.3 规划主要内容

7.7.3.1 管理服务设施规划

国家公园管理服务设施主要指国家公园行政管理机构业务用房和辅助用房，其功能是为国家公园的管理、信息沟通、后勤保障提供服务。管理服务设施的规划应本着便于宏观管理、沟通信息和后勤保障社会化的原则，管理服务设施就近安排在中心城镇；对于大中型国家公园可设管理分局（所）。

7.7.3.2 社区公共服务设施规划

社区公共服务设施规划与建设是实现基本公共服务均等化的重要途径，是满足社区民生需求的教育、就业、社会保障、医疗卫生、文化体育等领域的公共服务。研究不同群体对社区公共服务设施的需求差异，建立健全社区公共服务设施在社区空间网络化分布，建立基础服务设施集约、均等，覆盖社区原住民和访客等不同群体，满足其公共服务诉求。规划内容包括：

（1）教育服务设施。根据分区确定规划区内中小学、幼儿园的位置、用地规模、设施规模、服务半径和人数等指标。

（2）社区服务机构。确定居委会、社区服务中心、老年服务设施等公共服务设施的位置、用地规模、设施规模、设施内容、服务半径和人数等指标。

（3）社区医疗卫生服务设施。依据社区人口规模和访客规模容量，确定医疗卫生服务设施的位置、用地规模、设施规模等，同时明确医疗卫生服务设施的床位数、医务服务人员数量、医疗用品量及其他医疗服务配套设施。

（4）社区文娱休闲设施。根据人口规模预测，合理确定文娱休闲设施布局、立面，确定文娱休闲设施的位置、用地规模、服务人数、建筑密度、建筑高度、体量、色彩等设计指导原则。服务原住民和访客的休闲娱乐需求。

（5）社区商业金融服务设施。确定商业网点在社区的布局、规模、服务半径和人数，明确商业服务设施的建筑密度、容积率、建筑高度等控制指标，确定商业市场的消防安全设施布置。

（6）社区服务服务设施。确定工程管线位置、走向、管径和工程设施的用地规模、界线，制订工程管线的管理维护规则。

（7）宗教服务设施。确定宗教服务设施位置、用地规模、设施规模等，规定设施的体量、建筑高度、建筑密度、容积率等指标。

7.7.3.3 道路与交通设施规划

规划内容包括：

（1）确定游览人行道的线路走向、密度、长度、宽度，并在游览线路两侧布局地域特色的图腾、标识等景观小品。

（2）确定车行道的线路走向、长度、路幅宽度、停车场及其他道路交通配套服务设施。

（3）确定道路红线、断面、高程及坡度，同时规划道路周围的截洪沟布局，防止地质灾害的破坏。

（4）优化道路网络结构，规划新建道路，对现有的道路进行升级改造，禁止车行道穿过生态敏感度高的区域，严禁破坏生态斑块和生态廊道的贯通性和完整性。

（5）合理布局社区交通集散中心，确定集散中心服务人数、服务半径、设施规模等控制指标，科学规划集散中心的疏散通道、消防通道等应急救援设施。

7.7.3.4 环境保护设施规划

规划内容包括：

（1）根据原住民的生产生活行为特点，确定社区环境保护设施布局，居民点合理规划布局垃圾箱、垃圾收集点、垃圾中转站，确定垃圾设施规模，确定垃圾服务设施的服务半径。

（2）合理规划旅游公厕等环卫设施，配备一定数量的流动公厕，为人流量高峰期做准备，科学确定公厕等设施的服务半径、服务数量等。

（3）游览线路两侧依照一定的距离配备垃圾箱等环卫设施，确定垃圾箱的分布密度、尺寸大小、服务半径等规划指标。

（4）根据区域人均年用水量和人均污水量情况，可合理确定卫生用水量和污水量，在此基础上，确定污水处理设施的选址布局、规模等控制指标。

7.8 管理体系规划

7.8.1 规划目的

管理体系规划是国家公园管理的基础和保障，通过理顺国家公园管理体系，建立国家公园日常管理保障体系，为国家公园的建设运行规划好组织和制度的保障。其中，改革创新国家公园管理体制，构建借鉴国际经验、符合中国国情、体现中国特色的国家公园管理体系，是管理体系规划的核心；加强日常业务管理的建设，健全制度保障，是管理体系规划的重要内容。

7.8.2 规划原则

管理体系规划要按照《总体方案》的要求，围绕统一管理国家公园内的自然资源资产，规范明确国家公园的管理要求，以及建立健全高效的管理运行机制三个方面开展顶层规划设计，确保实现国家公园的统一、规范、高效的管理。国家公园的管理体系规划应遵循以下原则：

（1）统一规范、高效精简的原则。建立由中央直管或省级代管的国家公园管理机构实体，整合区域内相关自然保护地的管理职能，对国家公园进行统一保护、管理和建设。按照国家公园的管理目标和职能需求，合理设置部门组成机构，明确职责分工，确保各项事务有序开展。

（2）制度健全、保障有力的原则。建立健全国家公园保护管理的制度体系，通过各项制度的完善，为国家公园的保护和管理提供有力保障，确保实现国家公园生态保护第一的理念。

（3）政府主导、多方参与的原则。国家代表性和全民公益性是国家公园的基本属性。国家公园的建设应强化政府的主导作用，同时，充分发挥利益相关者的积极性和主动性，形成全社会参与国家公园保护和建设的良好局面。

7.8.3 规划主要内容

7.8.3.1 体制运行管理

国家公园管理机构是开展各项工作和实施规划计划的前提和重要组织保障。《总体方案》中提出“建立统一事权，分级管理体制”的要求，包括建立统一管理机构、分级行使所有权、构建协调管理机制等。在体制运行管理方面，应从以下方面进行设计：

（1）组建管理机构。以实现“一件事情由一个部门负责”及“两个统一行使”为目的，完善管理架构，明确管理职责。统筹考虑生态系统功能重要程度、生态系统效应外溢性、是否跨省级行政区和管理效率等因素，确定国家公园内全民所有自然资源资产所有权由中央人民政府还是省级人民政府代理行使。

国家公园实行层级管理体系。国家公园管理局可根据实际需要，按照自然区域和行政区划相结合的原则，下设国家公园管理分局；并根据区域面积和功能差异，下设管理站点进行具体管理。

（2）明确机构职责。国家公园管理机构统一行使自然资源资产管理和国土空间用途管制职责，依法实行更加严格的保护。按照保护管理事务的实际需求，科学设立内设机构，对国家公园的生态保护、建设管理和综合事务等工作实行全面管理。同时，在国家公园的科学研究、综合执法等方面，设置直属机构进行管理。此外，在机构管理方面，要明确职能职责、工作流程、岗位标准，建立规范、统一的内部管理制度。

7.8.3.2　日常业务管理

国家公园管理机构按照保护管理要求，建立健全各项制度，包括生态保护、科学研究、游憩教育、社区管理、特许经营、志愿服务、交流合作和资金保障等，为国家公园保护管理提供科学、系统、合理的依据和保障。各项制度建设的宗旨如下：

（1）生态保护方面。以国家公园内主要保护对象的原真性、完整性为目标，维持和提升生态系统服务功能，维持生态系统平衡与稳定。

（2）科学研究方面。鼓励、支持和规范国家公园范围内的科研活动，促进国家公园生态系统和生物多样性保护、自然资源和历史文化资源的保护传承。

（3）游憩教育方面。通过自然体验、生态教育等方式，理解国家公园生态保护和文化传承的重要性，唤起人们尊重自然、顺应自然、保护自然的意识。

（4）社区管理方面。建立公园和社区的共建共享体系，鼓励引导社区参与国家公园的保护、建设和管理，推动创新具有该国家公园特色的社区发展模式。

（5）特许经营方面。探索建立“政府主导、管经分离、多方参与”的经营机制，调动社区居民参与的积极性。

（6）志愿服务方面。鼓励社会各界人士参与国家公园志愿服务，维护志愿者合法权益，确保志愿活动有序进行。

（7）交流合作方面。加强与国内外国家公园管理机构、科研院校、企业等不同组织的交流合作，相互学习借鉴，不断扩大国家公园影响力。

（8）资金保障方面。建立以财政投入为主，社会积极参与的多元化资金筹措保障机制，确保国家公园资金来源的可持续性。

第 8 章　国家公园规划的审批

规划审批是规划实施的重要前提，健全的审批体制是确保规划科学化、规范化的重要保障。通过对我国典型自然保护地以及国外国家公园的规划审批进行梳理，提出我国国家公园规划审批的内容和程序，从而为建立我国国家公园的规划审批体制机制提供参考。

8.1　典型自然保护地规划审批体制

8.1.1　我国典型自然保护地规划审批

8.1.1.1　自然保护区规划审批

自然保护区是我国最早的自然保护地类型之一，为我国生物多样性保护发挥了重要作用。2018 年，国务院机构改革之前，自然保护区实行综合管理部门和行业管理部门相结合的管理方式。其中，原国家林业局是最为主要的行业管理部门，其针对林业主管部门管理的国家级自然保护区，出台了《国家级自然保护区总体规划审批管理办法》。办法中涉及了总则、规划上报、规划审批、规划实施监督和附则五个章节。其国家级自然保护区总体规划审批程序大致如下：

（1）编制或修编完成后，由省级林业主管部门组织评审和审查，完成后上报国家林业局。

（2）国家林业局登记受理后，由计财司和保护司共同进行专业审核和业务审核。

（3）若存在修改意见，返回省级林业主管部门，组织进行修改；若无修改意见，直接办理批复，并在中国林业网对批复的总体规划进行公告，并建立档案予以保存。

8.1.1.2　风景名胜区规划审批

风景名胜区是我国一种特殊的自然保护地类型，风景名胜区规划是切实地保护、合理地开发建设和科学地管理风景名胜区的综合部署。2018 年，国务院机构改革之前，住房和城乡建设部负责对风景名胜区进行管理，为加强风景名胜区规划编制和实施管理，出台了《国家级风景名胜区规划编制审批管理办法》。其国家级风景名胜区审批程序大致如下：

（1）规划编制完成后，风景名胜区规划组织编制机关应当组织专家进行评审。

（2）报送审批前，风景名胜区规划组织编制机关和风景名胜区管理机构应当依法将规划草案予以公示。

（3）国务院住房和城乡建设主管部门应当按照国务院要求，组织专家对规划进行审查，征求国务院有关部门意见后，提出审查意见报国务院。

（4）国家级风景名胜区总体规划由省、自治区、直辖市人民政府报国务院审批。

（5）风景名胜区规划组织编制机关和风景名胜区管理机构应当将经批准的国家级风景名胜区规划及时向社会公布。

8.1.2　国外国家公园规划审批

8.1.2.1　美国国家公园规划审批

美国是世界公认的最早以国家力量介入文化与自然遗产保护和最早建立国家公园管理体系的国家。美国国家公园规划审批充分体现规划的高度一致性和审批的全民性。就美国国家公园的规划设计而言，首先由国家公园管理机构提出申请，国家公园管理局批复同意后，交由其下设的丹佛服务中心全权负责规划设计工作，编制完成后上报国家公园管理局，经审批同意后报国会审批通过。同时，在规划设计过程中，必须向当地及国家公园所在州的国民广泛征求意见，否则参议院将不予讨论。

8.1.2.2　英国国家公园规划审批

英国在尊重土地私有权利的基础上十分重视国家公园规划的统一管理，英国国家公园管理局主要负责组织编制规划，并负责实施。编制过程中，居民、社区组织、社会团体、议会、专家、企业等利益相关者全过程参与，并由中央管规划的社区部派监察员来主持听证会，最后规划监察员综合各方意见，做出规划是否通过的决定。此外，国家公园管理局对内部规划申请的审查很严格，需要经过主席团的讨论同意以及广泛公示，当没有反对意见或消化各方意见后方可通过。

8.2　国家公园规划送批文件的主要内容

国家公园总体规划的送批文件目前还没有明文规定，按照一般要求应包括以下内容：规划文本、规划说明书、基础资料汇编以及规划图纸。

国家公园专项规划的送批文件可根据情况有所增减，一般包括各种规划文本、规划图纸以及规划评审意见等。

8.2.1 规划文本

规划文本是实施国家公园总体规划的规范和指南，应以法规条文的形式书写，并对国家公园自然资源的保护做出强制性规定，对国家公园自然资源的合理利益做出控制性规定。

规划文本一般包括以下内容：

（1）规划总则，包括规划的背景和原则、规划范围和期限。

（2）国家公园的建立条件和相关分析。

（3）国家公园的生态环境、自然资源和社会经济本底概况。国家公园资源调查指标体系为这一部分提供支撑。

（4）国家公园的选址依据和边界。依照国家在全国尺度上所提出的国家公园布局，在布局中所拟定的区域内对国家公园确定具体的选址。

（5）国家公园的功能分区及各分区的管控措施。

（6）国家公园的专题规划，包括管理、保护、监测、社区发展、游憩宣教、基础设施建设规划。

（7）投资估算和保障措施。该总体规划框架可以应用到不同本底情况的国家公园中，对内容设置明确而可行，可以切实应用于国家公园总体规划编制工作中。

8.2.2 规划说明书

规划说明书是对规划文本的详细说明，是对规划内容的分析研究和对规划结论的论证阐述。

规划说明书的内容包括阐述国家公园自然条件、保护对象现状、社会经济状况等基本情况，对规划确定的原则、目标、规定、措施、结论等内容，以及对国家公园范围、分区以及生态保护、自然教育、生态体验、社区发展等方面规划对策的分析和说明。

8.2.3 基础资料汇编

基础资料汇编主要是整理汇编规划工作中涉及或使用的各相关基础资料、数据统计、论证依据等内容。一般包括国家公园科学考察报告、涉及原自然保护地基本情况、专家评审意见等资料。

8.2.4 规划图纸

规划图纸主要是准确描述规划内容所处的地域或空间位置，一般包括国家公园地理区位图、自然保护地分布现状图、土地利用现状图、土地权属现状图、保护对象空间分布现状图、国家公园居民点分布图、国家公园交通图、功能分区图等。

8.3 国家公园规划的审批程序

国家公园规划的审批目前还没有明确的规定，建议遵循以下流程：合法合规性审查、公众意见征询、专家评审、规划审查、批前公示、规划审批、规划公布。

8.3.1 合法合规性审查

国家公园总体规划等各项规划的合法合规性审查，由国家公园管理局进行审查，并以国家公园管理局单位名义出具审查报告。其审查报告应作为“专家评审”环节的评审参考材料。

国家公园规划成果的合法合规性审查包括以下内容：

（1）是否与国家公园的相关法律法规、规范性文件一致。

（2）是否与上位法规和规范性文件相抵触。

（3）是否与同位法规、规范性文件对同一事项的规定相冲突。

（4）其他应当审查的内容。

8.3.2 公众意见征询

合法合规性审查完成后，国家公园管理机构通过组织听证会等形式，广泛征求国家公园管理机构职能部门、地方政府部门、社区居民等主要利益相关者及公众意见，并对规划报告进行合理修改。同时，将公众意见采纳情况作为附件材料和“专家评审”环节的评审参考材料。

8.3.3 专家评审

国家公园规划编制完成后，对于国家公园总体规划，由国家公园管理局从国家公园专家委员会中随机抽取专家进行评审；对于国家公园专项规划，由国家公园管理机构从该国家公园专家委员会中随机抽取专家进行评审。

8.3.4 规划审查

专家评审完成后，由国家公园管理局进行规划审查，并抄送生态环境部等有关部门征求审查意见。

规划审查包括以下内容：

（1）是否与各相关法律法规、规范性文件相一致。

（2）是否对专家评审意见进行了相应反馈和修改。

（3）其他应当审查的内容。

8.3.5 批前公示

国家公园总体规划应在国家公园管理局、国家公园管理机构网站上进行批前公示；专项规划应在国家公园管理机构网站上进行批前公示。公示期满后，应将收集到的社会各界意见及反馈和采纳情况作为附件材料报送审批。

8.3.6 规划审批

国家公园总体规划由国家公园管理局报送国务院审批。国家公园专项规划由国家公园管理机构报送国家公园管理局审批。

国家公园总体规划和专项规划上述环节中产生的意见及反馈和采纳情况，应作为附件材料报送。

8.3.7 规划公布

国家公园总体规划批准后，应当在国家公园管理局、国家公园管理机构网站公开，任何组织和个人均有权申请查阅。国家公园专项规划批准后，应当在国家公园管理机构网站公开，任何组织和个人均有权申请查阅。

第 9 章　国家公园规划的实施

国家公园规划通过审核批准后，需要从法律、体制、资金、人才等方面建立完善的机制；同时，要针对国家公园规划的落地，特别是生态环境的保护，建立内部和外部的监督机制，保障规划能够有效实施，确保国家公园得到有效保护，并充分发挥其科研、教育、游憩的多功能性。

9.1　规划实施的保障机制

9.1.1　法律保障

可以通过立法的形式，为国家公园的运行管理提供一种行为准则。目前，国家公园作为一种新的保护地类型，各项工作都在试点推进，作为最重要的国家公园立法工作也在积极推进中。总体规划作为国家公园保护管理的统领性规划，应在国家公园法中明确其法律地位，以及国家公园规划的总体要求、原则目标、主要内容、审批程序等事项，使编制和实施总体规划成为保护管理国家公园的法定程序。同时，针对国家公园的复杂性和特殊性，根据《总体方案》要求，“各国家公园建立后，国家公园管理单位应尽快制定国家公园管理条例，并至少取得省（自治区、直辖市）级人大立法通过，做到一园一法”。目前，三江源、神农架、武夷山国家公园体制试点已通过省级人大审议，制定实施了国家公园管理条例（试行）。通过不同层级法律制度的完善，系统建立国家公园规划编制和实施的法律保障，确保国家公园的各项工作严格按照总体规划执行，并对违反总体规划的各项活动和行为进行严肃查处。

9.1.2　体制保障

国家公园是国家批准设立并主导管理的自然保护地类型，国家公园设立后，其内的全民所有自然资源资产所有权由中央人民政府直接行使或委托省级政府代为行使。国家公园建立统一的管理机构之后，原有区域内涉及的各类自然保护地管理机构不再保留，统一行使国家公园管理职责，并按照相关法律法规，编制和实施国家公园总体规划。针对自然保护地整合过渡时期出现的涉及规划问题，根据问题情况应报送国务院国家公园行政主管部门（国家公园管理局）进行审议，如按照国家公园保护管理要求制定总体规划过程中，面临与原有自然保护地总体规划以及已批复的设施建设项目之间的衔接问题要予以妥善解决。

国家公园管理局负责协调国家公园管理机构与属地人民政府的关系，同时，根据实际情况需要，国家公园属地人民政府可授权国家公园管理机构履行国家公园范围内必要的资源环境综合执法职能。针对违反总体规划要求开展的资源环境破坏行为，严格进行执法；同时，正确处理好自然资源综合执法和生态环境综合执法之间的关系，建立协同机制。

9.1.3 资金保障

国家公园属于中央事权，应建立以中央财政投入为主、地方财政投入为辅、社会资本积极参与的资金保障机制，同时，注重体现公平与效率原则，在政府财政投入方面，充分体现生态环境保护的质量状况，充分利用生态补偿这一调控机制；在社会资本投入方面，探索多元化资金投入渠道，包括鼓励开展 PPP（政府和社会资本合作）模式，积极构建绿色金融体系，设立绿色产业基金等。此外，国家公园管理机构在门票收入、特许经营、社会捐赠等方面应建立健全资金管理制度。同时，根据国家公园管理机构强调以实现公共利益为目标的属性特征，建议建立统收统支的财务管理体制。

9.1.4 人才保障

注重国家公园科技人才的引进和培养，实现国家公园的科学化管理。在人才引进方面，通过长短期聘用结合、岗位因需流转等政策，吸引专业技术人才参与国家公园的建设管理。在短期聘用方面，以项目定岗位，以需求聘人才；在长期聘用方面，加强与其他各类保护地、NGO 等组织机构的人才联动；对于高技术的人才，可以创新引进形式，分时间、分区域参与国家公园建设管理工作。在人才培养方面，积极与国内外顶尖高等科研院校合作，通过横向交流、定向培养、国际对标等方式，提升国家公园管理队伍的业务水平；同时，大力加强基层生态管护队伍和工作人员的培训力度，提升专业化水平。

9.2 规划实施的监督机制

9.2.1 国家公园的日常管理监督

国家公园管理局应加强对国家公园规划审批、实施的监督检查。同时，国家公园管理机构应当向国家公园管理局报告国家公园规划的实施情况，并接受监督；对于发现存在的问题，应当及时反馈、纠正和处理。

国家公园管理局对国家公园规划的实施情况进行日常管理监督检查，有权采取下列措施：

（1）要求报送与监督事项有关文件和数据资料等。

（2）进入国家公园进行实地检查。

（3）要求国家公园管理机构汇报国家公园规划实施和日常管理情况。

（4）查阅或者复制与监督事项有关资料、凭证。

（5）向有关单位和人员调查了解相关情况。

（6）法律、法规规定有权采取的其他措施。

此外，任何单位和个人都应遵守已经批准实施的国家公园规划，并有权利对国家公园规划实施情况进行监督，有权就涉及利益关系的相应活动是否符合国家公园规划要求向国家公园管理机构进行查询。同时，国家公园规划的监督检查情况和处理结果应当在国家公园管理局和国家公园管理机构网站上公开，供社会公众查阅和监督。

9.2.2　国家公园的生态环境监督

国家公园坚持生态保护第一的理念，根据《深化党和国家机构改革方案》，以及部门“三定”方案，生态环境部组织制定各类自然保护地生态环境监管制度并监督执法。

在规划审查阶段，国务院生态环境主管部门应根据国家制定的生态环境保护目标和有关规划、政策等，检查国家公园发展规划、总体规划编制和实施情况，督促与全国生态环境保护规划及生态功能区划、生态保护红线等相一致，满足国家生态安全保障需求。

在规划实施阶段，国务院生态环境主管部门应重点监督检查国家公园管理部门和管理机构是否按照总体规划要求，对国家公园生态环境保护进行有效管理，是否存在造成生态环境破坏的违法违规问题。监督检查方式建议包括强化监督、个案查处和专项督察 3 种方式，其中，强化监督是以“绿盾”行动为主的检查行动，采用面上检查与随机抽查相结合的方式定期开展；个案查处是针对媒体曝光、群众举报和日常管理中发现的国家公园内突出生态环境问题开展的检查行动，采用明察、暗访等形式不定期开展；专项督察是针对中央领导指示批示涉及国家公园突出生态环境问题开展的检查行动，由中央生态环境保护督察办公室组织开展督察。

9.3　国家公园规划的实施建议

9.3.1　强化规划管理意识

国家公园规划是经国家行政部门审批具有法律效力的重要文件，是国家公园建设管理的指导性报告，应大力加强国家公园的规划管理意识，在规划的编制、审批、实施、监督、修订等各个阶段，规范相应程序。其中，规划实施是规划管理最重要的环节，也是最困难之处，要严格按照总体规划要求，依法依规管理国家公园；特别是要严格建设项目审批，对于国家公园允许的建设项目，要将规划确定的原则和内容落实到建设的全过程。

9.3.2 与其他规划的协调

国家公园是我国自然保护地中最为重要的一种类型，按照自然保护地的管控要求，其总体规划应当符合禁止开发区域的有关要求。国家公园作为生态保护空间，是国土空间规划的重要组成部分，应纳入国土空间规划一张图，在多规合一时优先安排预留生态空间，实行国土空间用途统一管控。当国家公园总体规划与省级层面其他规划不一致时，应由国家公园管理局协调省级相关业务主管部门进行协调；其他级别（市县级）规划应符合国家公园总体规划的有关要求。

9.3.3 提升公众参与水平

全民公益性是国家公园的重要理念之一，在整个国家公园规划的编制过程中，国家公园管理机构、规划编制团队应采取多种形式，与各利益相关者就规划的内容和建议进行深入交流，确保规划能够体现各方利益，提升规划的合理性和可操作性。积极构建国家公园规划编制机制，包括：①多方交流机制。通过圆桌会议等形式，建立社区居民、非政府组织、访客、科研人员、特许经营者等各利益主体交流意见的平台，实现各方利益最大化；②信息公开和反馈机制。规划编制过程的重要环节要做到信息公开透明，通过网站、微信公众号等多媒体方式进行报道，同时，针对社会公众的意见，要进行记录和反馈。

第 10 章　国家公园规划实践

10.1　国家公园总体规划——以仙居国家公园试点为例

浙江仙居国家公园试点（以下简称仙居国家公园）位于浙江省仙居县境内，属浙东丘陵山区、括苍山北麓，生物种类多样，自然资源丰富，文化历史悠久，公园内分布着世界上规模最大的火山流纹岩地貌。仙居国家公园规划总面积为 301 km^2，包括仙居国家公园风景名胜区、仙居国家森林公园、括苍山省级自然保护区和仙居省级地质公园。行政范围覆盖皤滩乡、淡竹乡、白塔镇、田市镇 4 个乡镇的部分区域，东西长 20.8 km，南北宽 21.1 km。

10.1.1　规划原则

（1）保护优先原则。按照“严格保护、统一管理、合理开发、永续利用”的要求，坚持自然生态环境保护优先，统筹协调经济社会发展与人口、资源、环境相适应，均衡局部利益与整体利益、当前利益与长远利益，促进生态系统良性循环，实现资源环境与社会经济的协调发展。

（2）可持续发展原则。仙居国家公园开发利用一定要坚持可持续发展原则，这是保证仙居国家公园生态环境保护和当地居民生活水平提高的关键。这就要求对国家公园的保护与开发要注意区际公平，即做好区域协调，保证不对其他区域生态环境造成影响；代际公平，即保证要给子孙后代留下一个继续发展的优越生态环境；人际公平，即要关注旅游资源保护与开发对各阶层人群的影响。

（3）循序渐进原则。仙居国家公园规划要坚持高起点、高层次、高标准，通盘考虑，留足发展空间，一次规划到位。强化规划的严肃性和执行力，严格操作标准。根据保护对象和经济能力，区分轻重缓急，先重点、后一般，分步骤、渐进式推进。

（4）统筹协调原则。仙居国家公园自然资源原属于自然保护区、风景名胜区、森林公园、地质公园及地方政府管理，应综合协调各利益相关方，加强部、省、市、县之间的纵向联系和部门之间的横向沟通、协调与合作，加快建立国家公园管理机构，统一负责国家公园建设和管理，提高自然资源保护效率。

10.1.2 规划目标

仙居国家公园以保护典型亚热带阔叶林生态系统和生物多样性，以及中生代火山和火山岩地貌景观为主要地质遗迹和地质景观为根本任务。同时，仙居国家公园将为公众提供休闲娱乐、环境教育和科学研究的机会，以增加人们对仙居国家公园优越的生态环境和丰富的自然资源景观的了解和认识。

仙居国家公园的建设将始终坚持以自然生态保护为主要目标，在保护生态系统完整性和发挥生态系统服务功能的前提下，适度开展科研、教育、旅游活动，禁止与保护目标相冲突的一切开发利用方式。仙居国家公园要在不断借鉴“政府主导、多方参与，区域统筹、分区管理，管经分离、特许经营”等国际先进经验，始终把握国家公园“既不同于严格的自然保护区，也不同于一般的旅游景区”的本质特点，协调处理好环境与发展、保护与利用、经济与社会等方面的关系，通过功能区划的创新，开展“多规合一”，实现生态、生产、生活空间的科学合理布局，建立健全绿色化发展体制机制，强化自然生态空间保护与开发利用的管制。同时，仙居国家公园作为国家公园体制改革的试点，要开展管理体制优化整合、管理机制改革等工作，完善我国自然保护地体系，引导和规范国家公园体制建设。

10.1.3 综合调查与评价

10.1.3.1 自然地理概况

（1）地质地貌。仙居国家公园地处华南褶皱系浙东沿海火山岩带中部。中生代以来强烈的火山喷发活动、岩浆活动和沉积作用，形成了大面积出露的晚侏罗纪和白垩纪火山沉积岩地层。地质构造复杂，以断裂为主。境内断裂纵横交叉，新华夏系构造为主要构造骨架。

（2）气候条件。仙居国家公园地处亚热带季风气候区，全境内气候温和，雨量充沛，四季分明，水、热、光资源充足。多年平均气温 17.2℃，平均降水量 1 644 mm，平均日照时数 1 932.6 h，年均蒸发量 1 260.8 mm，年平均风速 1.28 m/s，多年平均无霜期为 246.2 d，气候垂直分布规律明显。

（3）水文条件。永安溪为灵江—椒江的源头，属典型的山溪性河流，其支流呈树枝状自西向东在公园境内分散分布，其中仙居县较大的支流朱溪港、十三都坑、十八都坑、朱姆溪、十七都坑、万竹坑等均发源于国家公园境内。

（4）土壤条件。主要有黄壤土、红壤土、水稻土、酸性粗骨土 4 大类。海拔 800 m 以上的山地分布的土壤类型主要是黄壤土；海拔 800 m 以下分布的土壤类型以红壤土、粗骨土为主；其中 700～800 m 保存着年代较久的红壤土类，土壤呈红、酸、黏、瘦等特征，土层深厚；700 m 以下山地以粉红泥土、粉紫泥土或石砂土为主；在海拔约 200 m 时，分布的多数是红沙砾岩、红砂岩或钙质紫红色砂页岩风化发育而成的红砂土或红紫砂土；水稻土由人工耕作改造而成，主要分布在地势较平坦处。

10.1.3.2　自然资源概况

（1）植物资源。植物区系成分复杂，层次分明，种类丰富，部分自然植被保存完好，在淡竹乡的俞坑和朱沙坑保存有 30～40 km^2 的亚热带常绿阔叶林，是我国东部低海拔沟谷地带的典型代表，主要由壳斗科（Fagaceae）、樟科（Lauraceae）、山茶科（Theaceae）等树种组成，被专家誉为浙江省内罕见的天然植物“基因库”和“植物博物馆”，浙江省植物资源丰富的地区之一（表 10-1）。其中国家 I 级保护植物有南方红豆杉（*Tuxuswallichiana* var. *mairei*），国家 II 级保护植物有浙江楠（*Phoebe chekiangensis*）、七子花（*Heptacodium miconioides*）、厚朴（*Magnolia officinalis*）等 15 种。列入《中国植物红皮书》的珍稀植物有黄山木兰（*Magnolia cylindrical*）等 5 种，浙江省珍稀濒危植物有少叶黄杞（*Engelhardtia fenzelii*）等 10 种，模式标本产于本地区的物种有长叶榧（*Torreya jackii*）等 11 种。

表 10-1　仙居国家公园植物种类

植物种类	科	属	种
蕨类植物	23	39	57
种子植物	138	629	1 423
裸子植物	5	13	18
被子植物	133	616	1 405
维管束植物	161	668	1 480

（2）动物资源。近 300 种脊椎动物中有国家 I 级重点野生保护动物 4 种，分别为白颈长尾雉（*Syrmaticus ellioti*）、云豹（*Neofelis nebulosa*）（多年未见）、豹（*Panthera pardus fusca*）（多年未见）和黑麂（*Muntiacus crinifrons*）；II 级保护野生动物有猕猴（*Macaca mulatta*）、短尾猴（*M. arctoides*）、穿山甲（*Manis pentadactyla aurita*）、青鼬（*Martes flavigula*）、水獭（*Lutra lutra*）、小灵猫（*Viverricula indica pallida*）、苍鹰（*Accipiter gentiles*）、赤腹鹰（*A. soloensis*）、雀鹰（*A. nisus*）等 33 种（表 10-2）。

（3）土地资源。根据实地调查和遥感卫星影像，将仙居国家公园内土地利用情况划分为 6 个一级类型和 12 个二级类型，具体的一级土地利用类型为耕地、林地、草地、水域及水利设施用地、其他土地和城镇村及工矿用地 6 类。森林生态系统是面积最大的一类生态系统，其面积占到整个国家公园生态系统面积的 91.86%。农田生态系统为第二大生态系统，其面积占到国家公园生态系统面积的 4.81%（表 10-3）。

表 10-2 仙居国家公园动物种类

动物种类	目	科	种
哺乳纲	8	20	49
鸟纲	14	32	138
爬行纲	3	7	39
两栖纲	2	5	17
鱼纲	5	14	49
脊椎动物	32	78	292

表 10-3 仙居国家公园土地利用统计

一级分类	二级分类	国家公园		外围管护区	
		面积/km²	占比/%	面积/km²	占比/%
耕地	水田	8.84	2.93	7.04	15.73
	旱地	5.67	1.88	2.33	5.20
林地	有林地	208.34	69.01	26.77	59.77
	灌木林地	45.26	14.99	0.10	0.22
	其他林地	23.71	7.85	5.00	11.16
草地	其他草地	3.23	1.07	0.28	0.62
水域及水利设施用地	河渠	3.03	1.00	0.76	1.69
	水库坑塘	0.06	0.02	0.26	0.58
	滩涂	0.86	0.28	0.45	0.99
城镇村及工矿用地	农村居民点	1.38	0.46	1.26	2.82
	其他建设用地	0.64	0.21	0.51	1.13
其他土地	裸地	0.86	0.29	0.03	0.06

（4）地质遗迹资源。仙居国家公园以中生代火山和火山岩地貌景观为主要地质遗迹和地质景观，主要地质遗迹类型以地貌景观类、水体景观类为主，矿物、岩石与矿床大类、地质剖面大类、地质构造大类次之，环境地质遗迹景观大类和古生物大类数量较少。共有各类地质遗迹 156 处，其中地貌景观大类最为丰富，共有 104 处，占总数的 66.7%，其次为水体景观大类地质构造遗迹类，共 24 处，占总数的 15.4%。

（5）旅游资源。仙居国家公园境内峰峦起伏，河流纵横，自然景观独特，旅游资源十分丰富。国家公园范围内共有景点 111 个，其中特级景点 1 个，一级景点 9 个，二级景点

14 个，三级景点 26 个，四级景点 61 个（表 10-4）。

表 10-4　仙居国家公园二级以上景点汇总

大类	中类	序号	景点名称	小类	级别	景点位置
自然景源	天景	1	景星望月	日月星光	一级	景星岩景区
		2	双峦架日	日月星光	二级	神仙居景区
		3	公婆岩	奇峰	二级	神仙居景区
		4	鸡冠岩	奇峰	一级	神仙居景区
	地景	5	将军岩	奇峰	一级	神仙居景区
		6	西天门	峡谷	二级	神仙居景区
		7	景星岩	奇峰	一级	景星岩景区
		8	鹿颈岩	奇峰	二级	景星岩景区
		9	蝌蚪岩	山景	特级	十三都景区
		10	天柱岩	奇峰	二级	十三都景区
		11	公盂岩	奇峰	一级	公盂岩景区
		12	岩缺	山景	二级	公盂岩景区
		13	升天柱	奇峰	二级	公盂岩景区
		14	雪洞	洞府	二级	景星岩景区
	水景	15	神龙瀑	瀑布	二级	公盂岩景区
		16	十三都坑沿溪	其他水景	二级	十三都景区
	生景	17	苦槠树林	古树名木	一级	淡竹景区
		18	毛竹林	植物生态群	二级	淡竹景区
		19	甜槠-木荷	植物生态群	一级	淡竹景区
		20	长叶榧	古树名木	一级	淡竹景区
		21	南方红豆杉	古树名木	一级	淡竹景区
人文景源		22	净居寺	宗教建筑	二级	景星岩景区
		23	圆寂塔	宗教建筑	二级	景星岩景区
		24	齐氏祠堂	宗祠	二级	十三都景区

10.1.3.3　社会经济概况

（1）行政区划。辖淡竹乡（除下叶村的全部行政村）、皤滩乡（陈山头村、金坑村、董坑村、万竹王村、下洪村、长埂村）、白塔镇（公有山村、高迁九村、山贝村、沙坑村、公有山插花村、插花村、前塘村、塘下村、东村村）、田市镇（九江村、苍山村、陈毛坑村、公盂村、前坑村、碗厂村、下曹村、上宅村、叶山村、下宅村、柯西山村、塘园村、东岸溪村、王山村、丁步头村、街下村、里坎头村）。

（2）人口。截至 2014 年年末，仙居国家公园总人口 33 241 人，其中非农业人口 650 人，人口自然增长率为 6.42‰，人口密度为 110 人/km^2。

（3）经济。2014 年仙居国家公园人均生产总值 27 331 元，增长 8.83%。城镇居民家庭平均总收入为 29 426 元，同比增长 9.0%，其中可支配收入为 27 948 元，同比增长 9.8%。农村居民人均纯收入为 11 632 元，同比增长 11.2%，可支配收入为 9 678 元，同比增长 11.5%。

10.1.4 空间管控

根据仙居国家公园生态系统完整性、自然资源和主要保护对象分布特点，结合目前的建设现状，整合生态系统服务价值空间分布图，生态适宜性分析、生态敏感性分析和生物多样性保护区域分析图，以及土地利用图，进行功能区划，制定管理目标，分区建设和管理。

仙居国家公园功能分区包括严格保护区、重点保护区、限制利用区、利用区和国家公园外的外围管护区。仙居国家公园功能区划及管理措施见图 10-1 和表 10-5。仙居国家公园分区管理目标与优先次序见表 10-6。仙居国家公园分区人类活动管理政策见表 10-7。

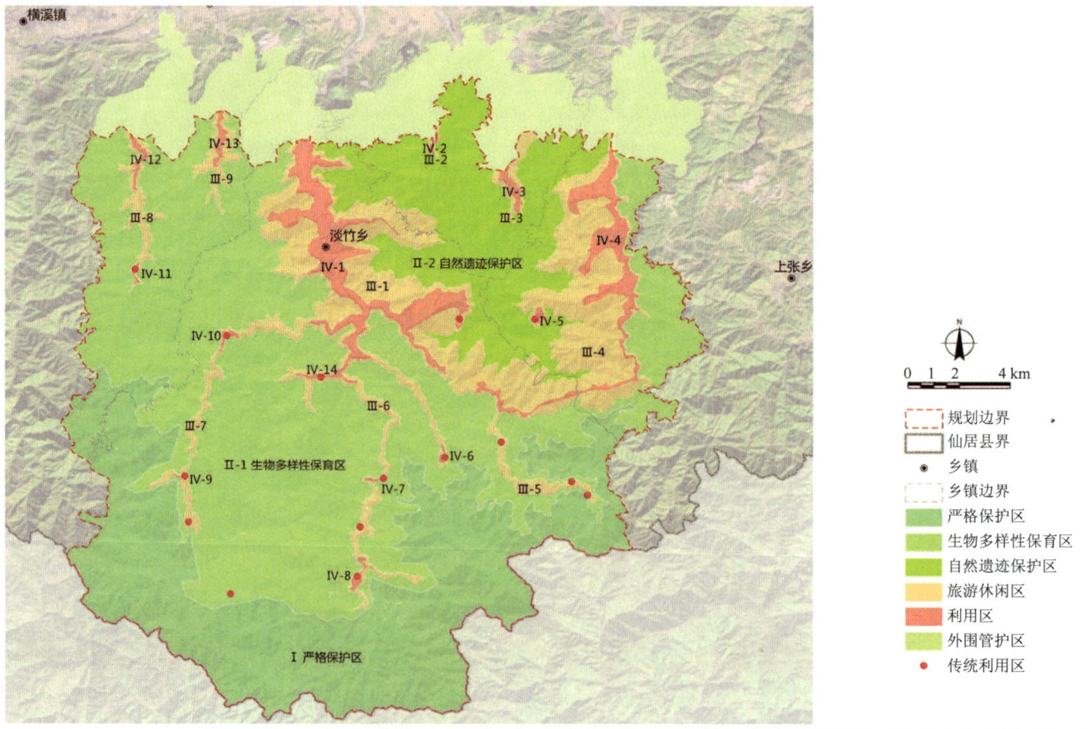

图 10-1 仙居国家公园功能区划

表 10-5　仙居国家公园功能分区与空间管控措施

<table>
<tr><th colspan="2">分区</th><th>面积/km²</th><th>占比/%</th><th>主要保护对象</th><th>管理措施</th><th>分布</th></tr>
<tr><td colspan="2">严格保护区</td><td>76.01</td><td>25.18</td><td>典型亚热带阔叶林生态系统；生物多样性；重要物种及其栖息地；生态系统极敏感区；最重要的生态服务功能区</td><td>严格管控人类活动干扰，一般情况下禁止机动设备进入，只能配置必要的保护和科研设施</td><td>Ⅰ</td></tr>
<tr><td rowspan="2">重要保护区</td><td>生物多样性保育区</td><td>128.28</td><td>42.50</td><td>生物多样性；重要物种及其栖息地；生态系统完整性；生态环境；生态系统敏感区；重要生态服务功能区</td><td rowspan="2">允许少量旅游和其他对自然生态环境影响较小的人类活动，主要为步行道和观景台设施；
允许必要的环境友好的交通设备进入；
配置保护、科研、宣教设施，与自然环境相协调的游览、解说和安全防护设施</td><td>Ⅱ-1</td></tr>
<tr><td>自然遗迹保护区</td><td>37.47</td><td>12.41</td><td>自然遗迹资源；生物多样性；生态环境；生态系统敏感区；重要生态服务功能区</td><td>Ⅱ-2</td></tr>
<tr><td rowspan="2">限制利用区</td><td>旅游休闲区</td><td>45.13</td><td>14.95</td><td>生态系统完整性；生态环境；生物多样性</td><td rowspan="2">在不改变原有自然景观、地形地貌情况下，允许游客适度进入，准许适量游人露营；修建必要的不与自然环境相冲突的交通设施，允许环境友好的交通设备进入；保护原住民及传统资源利用方式，保证资源可持续利用；保护古村落及建筑；建设不与自然环境相冲突的旅游、宣教、解说、安全防护及少量后勤服务设施</td><td>Ⅲ-1，Ⅲ-2，Ⅲ-3，Ⅲ-4，Ⅲ-5，Ⅲ-6，Ⅲ-7，Ⅲ-8，Ⅲ-9</td></tr>
<tr><td>传统利用区</td><td>—</td><td>—</td><td>原住民的传统生活方式；传统的农业生产方式；有地域特征的古村落和建筑</td><td>包括公孟村等共 15 处</td></tr>
<tr><td colspan="2">利用区（公园服务区）</td><td>14.97</td><td>4.96</td><td>生态环境；自然植被；生态系统</td><td>允许集中人类活动；允许交通设备进入；允许自然资源可持续利用；配置公共、商业、宣教和后勤保障等设施</td><td>Ⅳ-1，Ⅳ-2，Ⅳ-3，Ⅳ-4，Ⅳ-5，Ⅳ-6，Ⅳ-7，Ⅳ-8，Ⅳ-9，Ⅳ-10，Ⅳ-11，Ⅳ-12，Ⅳ-13，Ⅳ-14</td></tr>
<tr><td colspan="2">外围管护区（公园外）</td><td>44.81</td><td>—</td><td>生态环境；自然植被；生态系统</td><td>建立相应的旅游后勤设施建设；在基础设施建设和产业发展上考虑国家公园的保护和事业发展需要，尽量与国家公园的资源保护和景观维护需要适应；区内建设目标不得损害国家公园内的环境质量；在适当地进行管理的基础上，允许对自然资源可持续利用；对区域内可开展的旅游活动类型、范围和强度方面，以及旅游相关服务方面进行引导</td><td>共包括下珠村等 26 个行政村</td></tr>
</table>

表 10-6 仙居国家公园分区管理目标与优先次序

管理目标	严格保护区	重点保护区		限制利用区		利用区（公园服务区）	外围管护区（公园外）
		生物多样性保育区	自然遗迹保护区	旅游休闲区	传统利用区		
科学研究	█	█	█	▬	▬	▬	—
生物多样性保护	█	█	▬	▬	—	▬	—
环境监测	▬	█	▬	▬	▬	▬	—
环境保护	█	▬	▬	▬	▬	▬	▬
自然遗迹保护	█	—	█	▬	—	—	—
教育	—	▬	▬	█	▬	█	▬
旅游休闲	×	—	—	█	▬	█	█
资源可持续利用	×	—	—	▬	█	█	█

注：█ 表示主要管理目标；▬ 表示次要管理目标；— 表示潜在目标；× 表示不适用的管理目标。

表 10-7 仙居国家公园分区人类活动管理政策

管理目标		严格保护区	重点保护区		限制利用区		利用区（公园服务区）	外围管护区（公园外）
			生物多样性保育区	自然遗迹保护区	旅游休闲区	传统利用区		
管理活动	1. 标桩立界	★	▲	▲	▲	▲	▲	▲
	2. 生态环境监控	★	★	★	★	★	▲	▲
	3. 防火、防洪	★	★	★	★	★	★	★
	4. 植被恢复	—	○	○	○	○	▲	▲
	5. 引进物种	—	×	×	○	○	○	○
	6. 路面养护维修	—	△	△	△	△	★	★
	7. 解说咨询	—	★	★	★	▲	△	—
	8. 维护治安	—	★	★	★	★	★	★
	9. 急救	—	★	★	★	★	★	★
	10. 收取门票税费	—	○	○	○	—	○	—
	11. 社区教育、管理	—	—	—	○	★	★	★
科研活动	12. 环境监测	○	△	△	△	△	△	△
	13. 采集标本	○	○	○	○	△	△	△
	14. 钻探	○	○	○	○	△	△	△
	15. 科学实验	○	○	○	○	△	△	△
	16. 摄影摄像	○	△	△	△	△	△	△

管理目标		严格保护区	重点保护区		限制利用区		利用区（公园服务区）	外围管护区（公园外）
			生物多样性保育区	自然遗迹保护区	旅游休闲区	传统利用区		
旅游活动	17. 徒步	×	○	○	△	△	△	△
	18. 山地自行车	×	×	×	○	○	△	△
	19. 机动车观光	×	×	×	×	×	△	△
	20. 垂钓	×	×	×	×	×	△	△
	21. 游泳	×	×	×	×	×	△	△
	22. 漂流	×	×	×	×	×	△	△

注：★ 表示必须执行；▲ 表示建议开展；△ 表示允许开展；○ 表示一定条件下才可开展；× 表示禁止开展；
— 表示不适用。

10.1.5　生态保护规划

10.1.5.1　生态保护目标

生态保护主要目标：典型亚热带阔叶林生态系统和生物多样性，以及中生代火山和火山岩地貌景观为主要地质遗迹和地质景观等自然遗迹。

10.1.5.2　生态保护对象

仙居国家公园生态保护对象以森林生态系统、国家/地方重点保护动植物和自然遗迹为主。

10.1.5.3　威胁因子分析

对仙居国家公园内主要保护对象存在潜在威胁的有 3 个因素，一是人类开发建设等活动，二是主要溪流断水，三是有害生物、山洪、火灾和雨雪冰冻等自然灾害。

10.1.5.4　生态保护管理措施

（1）严格保护区：严格保护区以保护典型亚热带阔叶林生态系统、生物多样性、重要物种及其栖息地、生态系统极敏感区和重要的生态服务功能区为目标。对该区域采取以下保护措施：

①严禁非法进入，杜绝发生人为活动对典型亚热带阔叶林生态系统的干扰和破坏，严格禁止和杜绝在严格保护区内非法偷捕偷采野生动植物等行为；

②尽量保持生态系统自然演替完整的生态学过程，确保区内自然生态系统的原始性、

典型性及独特性，严禁引入外来物种，加强森林生态系统的保护；

③加强森林防火；

④加强生物多样性资源本底调查和评估，完善生物多样性监测预警体系。

（2）重要保护区：生物多样性保育区以保护生物多样性、重要物种及其栖息地、典型森林生态系统等为主要目标。对该区域采取以下保护措施：

①加强生物多样性资源本底调查和评估，完善生物多样性监测；

②加强珍稀濒危野生动植物保护、保存和恢复；

③组织实施提升森林质量；

④加强森林有害生物防控；

⑤加强防控火灾、山洪、雨雪冰冻等自然灾害。

自然遗迹保护区主要保护中生代火山和火山岩地貌景观为主要地质遗迹和地质景观等自然遗迹的完整性和真实性，具体采取如下主要保护措施：

①保护区域内各种地质遗迹的自然形象，禁止破坏地质遗迹完整性和真实性的人为活动；

②严禁伐木、开垦等开发利用活动，区内可以设置必需的游览道路和相关设施，但不得对地形、地貌环境景观造成破坏，所有人工设施都要与周边环境相协调；

③控制进入该区域的游人规模，严禁机动车辆进入；

④对专业人员的科考限定一定的范围和规模；

⑤加强自然生态系统和生物多样性的保护工作，与生物多样性保育区要求一致。

（3）限制利用区：旅游休闲区要求在保护优先的前提下，适当开展环境教育、科学研究和旅游休闲等公共服务活动。主要保护措施包括：

①在不破坏自然生态系统完整性，不改变原有自然景观、地形地貌情况下，允许游客适度进入，准许适量游人露营；

②修建必要的不与自然环境相冲突的交通设施，允许环境友好的交通设备进入，建设不与自然环境相冲突的旅游、宣教、解说、安全防护及少量后勤服务设施；

③不得对水源地生态环境造成污染；

④加强“三废”科学处理，垃圾进行分类收集，统一处理；

⑤对珍稀濒危动植物物种，以及重要自然遗迹，应根据各自特点，制定适宜的保护措施。

（4）传统利用区：主要保护原住民的传统生活方式、传统的农业生产方式，以及有地域特征的古村落和建筑。主要保护要求如下：

①保护原住民及传统自然资源利用方式，保证自然资源可持续利用，可从事传统耕种方式，禁止使用对环境产生影响的农药、化肥等；

②严禁在水源地附近玩耍、洗浴、洗衣物及向河中丢弃垃圾等，传统养殖方式要采取相应的环保措施，确保水源地环境不受污染；

③保护古村落及建筑，在修缮和建设古建筑或民居时，要注意与整体风格相一致，禁止与周边环境相冲突；

④加强遗传资源及相关传统知识惠益分享；

⑤在开展科研、教育、旅游等公共服务活动时，保护要求与旅游休闲区要求一致。

（5）利用区：该区域主要配置公共、商业、宣教和后勤保障等设施，允许集中人类活动和交通设备进入。但要注意保护水源林，保持水体清洁，不得人为破坏水源。严禁破坏森林、土壤等自然资源，不得采石、挖土、建墓，抓好植树造林（造竹），防止水土流失；不得建设严重破坏自然景观的大型人工项目，不得开展大规模的建设工程；要采取有效措施进行区内生态系统恢复工作，适当开展与国家公园整体协调的绿化工程。加强有害生物、外来入侵物种、火灾等自然灾害防控工作，保护生态环境。

（6）外围管护区：该区域在基础设施建设和产业发展上考虑国家公园的保护和发展需要，尽量与国家公园的资源保护和景观维护需要适应；该区域内建设目标不得损害国家公园内的环境质量；适当开展生态环境修复和景观绿化等工程。生态环境保护要求与利用区相一致。

10.1.6　科研监测规划

该规划以保护国家公园内的生态环境和自然资源为宗旨，利用科学监测手段，对国家公园内的空气质量、水质、土壤质量、生物多样性资源和游客数量等开展动态监测，为保护、管理、合理开发和资源可持续利用提供科研基础和技术支持。

（1）大气质量监测规划。

设置一个常规监测点，监测内容主要包括 CO、PM_{10}、SO_2、NO_x、$PM_{2.5}$ 和 O_3 等。

（2）地表水质监测规划。

在国家公园的主要地表径流上游、公园内主要景点下游和主要出境径流设置 5 个断面，开展地表水质监测。监测内容主要包括 COD、石油类、氰化物、六价铬、汞、铅、镉和砷等。

（3）土壤质量监测规划。

在国家公园内开展的土壤质量监测适用于“区域环境背景土壤采样”类。选点、采样技术、监测频率等技术规范均应参照相关规范执行。

（4）生物多样性监测规划。

根据《仙居县生物多样性保护行动计划（2014—2030 年）》，开展生物多样性调查、监测和预警。

（5）客流量监测。

在旅游旺季（5—10 月），实施电子门票制度，对刷卡进出国家公园范围的游客数量实施监控，保证游客数量低于景区环境的最大容纳范围。

10.1.7 环境教育规划

（1）建立宣传教育中心。

建立集公园管理、信息发布、营销宣传、电子商务、媒体运营于一体的宣传运营系统，推广仙居国家公园的形象和特色。

设置游客中心（为参观者提供信息、咨询、游程安排、讲解、教育、休息等服务设施）、宣教中心（提供信息、咨询和教育等服务设施）、资源展示厅、多媒体功能室。主要采用实物、标识牌、模型、多媒体和网络等多样的宣传方式，通过电视、报刊和网络等渠道，在交通较为便利、人员集中的地方进行集中展示、宣传和教育，内容包括仙居国家公园各类资源的科学价值、保护、科研、监测成果、社区文化及管理历史等。

（2）建立和完善解说系统。

仙居国家公园解说系统主要由标识牌系统和教育解说系统组成，其中标识牌系统主要布设在公园内外主要场所和交通干道上，起目的地引导、警示警告的作用，包括交通导向标识、景点导向标识、警示警告标识和管理设施标识等。教育解说系统主要布设在专门的场所、场馆，向公众展示资源、说明现象和解释原理等，包括科普画册、解说标牌、展览解说、音像解说和人员解说等。解说内容以仙居国家公园自然和文化资源为主，包括生物多样性、地质地貌、自然景观、历史文化和环境教育等。

10.1.8 生态体验规划

生态体验区规划范围为旅游休闲区、利用区和外围管护区，在自然遗迹保护区开展一些徒步探险等环境适宜性较好的旅游项目。该规划以自然生态景观为依托，将生态体验资源划分为 4 个旅游片区：大神仙居地质景观旅游区、十三都水上娱乐旅游区、淡竹生态休闲旅游区、仙居民宿体验旅游区。游赏项目包括野外游憩、审美欣赏、娱乐体育、参与体验等类别。

（1）大神仙居地质景观旅游区。

该区位于公园西北部，由神仙居徒步登山旅游分区、景星岩文化体验旅游分区、公盂岩自然探险旅游分区三部分构成。以地质景观为主要景观特色，火山岩地貌类型齐全、发育完整、构造独特，具有十分突出的景观与科研价值。

（2）十三都水上娱乐旅游区。

该区位于淡竹乡境内十三都坑下游地区，河面宽阔，水资源丰富，沿岸景色优美。以

“水上娱乐，赏溪之旅”为主题开展旅游活动，建设以水上娱乐项目为主的休闲旅游区，包括水上漂流、滑水、皮划艇、水上蹦床、游船沿溪景观游赏。

（3）淡竹生态休闲旅游区。

该区位于仙居国家公园中南部淡竹乡境内，区域较为完整地保存了自然景观的原始性和自然性，以植物景观和水景观最具特色。主要景点有苦槠树林、南方红豆杉古树、毛竹林、上吴石头村、淡竹瀑布群及特色民俗村寨等。淡竹生态休闲旅游服务区及相关设施位于生物多样性保育区内，该区域生态环境较为敏感，应严格限制旅游活动范围，注重活动的生态适宜性。

（4）仙居民宿体验旅游区。

该区位于公园东西两侧皤滩镇与田市镇境内，分别规划两个生态体验片区，主要以开展民俗体验、乡村生活体验、生态农业观光为内容。依托仙居县及国家公园良好环境本底，打造生态休闲农庄、生态采摘园、农艺观光园、生态花卉观光园等项目，重点创建一批特色园区、特色村区、特色农区，形成“一村一品”“一园一品”“一组一品”甚至“一家一品”的特色旅游发展模式，创建一个综合性、多功能、示范性、高品位的全国有机生态农业休闲旅游示范园区。

10.1.9　社区发展规划

（1）鼓励社区群众参与管理，提高社区群众责任感。

国家公园加强与淡竹乡、皤滩乡、白塔镇、田市镇各乡镇政府的联系，进行广泛的合作，让社区群众参与国家公园资源管理与合理利用，为社区群众提供护林、防火、巡护、值班、宣传、信息反馈以及经营、服务等岗位，以解决农村剩余劳动力的就业问题，增加当地居民收入，提高社区群众主人翁的责任感，提高保护积极性，实现国家公园与社区自然资源保护、生态环境保护、森林防火、社区建设、社区治安等工作的共同管理，提高管理成效。

（2）严格控制人口数量，提高群众综合素质。

配合淡竹乡、皤滩乡、白塔镇、田市镇各乡镇政府、林业局，严格控制人口数量，执行“少生、优生”的计划生育政策，控制外来人口迁入国家公园内；通过新农村建设，逐步清理林缘、林内散居民点，积极鼓励一部分对保护工作不太有利的部门和人员迁出国家公园；避免因人口增加而增加经济活动，导致对自然资源的压力加剧。同时搞好社区文化教育工作，利用国家公园科技优势、人才优势，经常深入社区进行服务，提高社区群众综合素质水平，引导社区居民科学合理地利用自然资源，建立有利于自然保护的地方产业。

10.1.10 特许经营规划

（1）立足资源优势，走可持续发展道路。

特许经营项目选择要依靠公家公园的优势资源，有计划地利用国家公园的可再生资源，尤其是具有特点的优势资源，形成规模，提高资源利用率，追求经济效益和生态效益共同发展。①建立绿色稻米和有机稻米基地，稳定粮食生产，提高粮食品质；②推广果园型生态畜禽保育，形成仙居国家公园特色“仙居鸡”“仙居花猪”产业；③大力发展杨梅、蜜桃产业，打造“仙梅”“永安溪蜜桃”品牌；④积极发展土蜂培育产业，打造原生态土蜂蜜产品；⑤积极推广竹林的集约定向培育新技术，建设一批高效生态竹子栽培示范基地；⑥发展“仙居国家公园特色服务点”，推广特色风味美食；⑦着力培育农副产品加工业，解决农户就业问题（表 10-8）。

表 10-8　仙居国家公园特许经营项目

经营项目	经营内容	经营方式
游客中心	集散中心、购物中心以及服务站点等	管理机构负责基础设施建设，授权合格企业经营
交通设施	停车场、旅游专线、旅游步行道等	管理机构负责基础设施建设，授权合格企业经营
住宿设施	度假酒店	招商引资，管理机构授权合格企业建设与经营
户外体验	野外露营区、户外活动中心等	管理机构负责基础设施建设，授权合格企业经营
餐饮设施	特色酒店、农家乐等	在管理机构的授权和引导下，通过招商引资授权合格企业建设与经营，或通过组织社区民众有秩序地开展
可持续农业	有机稻米、生态养殖和种植、特色产品（杨梅、蜜桃、蜂蜜等）	在管理机构的授权和引导下，通过招商引资授权合格企业建设与经营，或通过组织社区民众有秩序地开展

（2）坚持以科学技术进步为导向，实行市场经济，尊重市场规律。

国家公园进行资源利用要依靠科学技术，提高科技含量，增强产品的市场竞争力，提高从业人员素质，发展生产力。同时，要尊重市场规律，在不破坏资源的前提下，以市场为导向选择发展潜力大、效益好的项目，实行市场化管理，大力发展合作经济和外向型经济，多渠道吸收和利用资金，形成多元化投资主体。

（3）坚持生态保护与绿色发展共进，形成循环化的生产方式。

坚持保护与发展相结合，加快形成有利于资源节约和环境保护的空间布局和产业结构，构建绿色低碳发展方式。生态工业、生态农业、现代服务业和绿色新兴业态融合发展，绿色产业增加值占国家公园生产总值比重达到 50%左右。

10.1.11 基础设施规划

（1）管理站点建设。

在仙居国家公园风景名胜区、仙居国家森林公园、括苍山省级自然保护区、仙居神仙居省级地质公园徒步登山旅游区、景星岩景区文化体验旅游区、十三都景区人文探险旅游区、公盂岩景区自然探险旅游区和淡竹民俗体验旅游区各新建管理站 1 座，配备办公用房、野外巡护装备 2 套，巡护车 1 辆。

（2）服务站基础设施建设。

在神仙居徒步登山旅游区、景星岩文化体验旅游区、十三都人文探险旅游区、公盂岩自然探险旅游区、淡竹民俗体验旅游区、仙居国家公园风景名胜区、仙居国家森林公园、括苍山省级自然保护区、仙居神仙居省级地质公园、景星岩景区、十三都景区和公盂岩景区分别设置游客服务站，为游客提供游览信息咨询、游程安排、讲解、教育、休息、电信、投诉接待等旅游设施和服务功能的专门场所；提供绿色食品、生态餐饮，形成工艺品和纪念品设计、生产、销售等产业链；设置分类垃圾箱，实现垃圾收集的全覆盖；设置垃圾中转站 1 座、垃圾转运车 2 辆，每天将各处垃圾箱垃圾收集后，经中转站压缩处理后集中转运至垃圾填埋场；建设免冲水生态厕所。

（3）道路交通规划。

仙居国家公园形成三大主干道，扩宽石盟垟村—下齐村—下陈朱村—下齐村—尚仁村—冯科头村—下郑村段道路，长度 7 km，扩宽为 10 m。建设与完善各支干道，扩宽里坎头村—丁步头村—东岸溪村—塘园村—上宅村—下宅村—叶山段道路，长度 3.6 km，扩宽为 10 m；硬化林坑村—昔下村段道路，长度 1.8 km。外来旅游车辆禁止进入国家公园，外围区域新建停车场。规划环保旅游专线车，在呈桥、尚仁、东村、官坑、柯西、林坑、吴山后等沿线设置旅游汽车站点，通过监控系统安排车辆循环发送游客。

（4）通信规划。

扩大数据通信、移动通信、互联网和广播电视覆盖面，消除服务站、监测站、管理站和偏远居民区移动通信盲区。

（5）防洪规划。

控制上游洪水，稳定河流流态，山区和半山区修建护岸堤，堤坝的设计洪水标准为 100 年一遇。严禁各类建筑项目、设施侵占行洪通道，沿十三都坑等主要溪坑疏通水道、预留足够的排洪滩涂。加强对洪峰期的预测，预报应准确及时。水库、河流应错开洪峰放水或分期放水，不到危险期不放水，以便减缓河流的涨落高差，有利洪水消退。

（6）防火规划。

各服务站设置消防站，并建立防火责任制，签订责任状，落实到各单位、各部门、各具体负责人；建立各级防火指挥调度系统；组建专业、半专业综合扑火队伍和群众义务扑火队；购置消防车和专业扑火工具与相关设备；增添通信设备，建立畅通无阻的消防通信网络。对游人进行防火宣传教育，并进行防火安全检查，禁止将易燃易爆品带上山。消防供水主要以城市自来水为水源，要求市政给水管网实现环网供水，保证足够水量、水压；在设施和人流比较集中的地段设置消防水源；在景区、景点设置消防水池，保证日常消防供水。新建林坑村—叶坑村—九江村段防火通道，长度 4.5 km，宽度为 6 m；新建上井村—吴山后村段防火通道，长度 3 km，宽度为 6 m。

10.1.12　管理体系规划

（1）管理模式。

仙居国家公园实行管经分离、特许经营的管理和运营模式。仙居国家公园管理委员会是仙居国家公园的直接管理部门，行政属仙居县人民政府管理，主要负责区域内经济和社会行政事务，以及统一领导和管理自然资源。其管理模式具体包括：

①由国家自然资源资产管理部门对国家公园内所有自然资源进行统一确权登记，并行使国家公园内国有土地等自然资源的所有权职能；

②国家公园管理机构对非国有土地采取流转、租用和赎买等规范方式，对国家公园内所有土地等自然资源按功能区划和管理目标进行用途管制；

③仙居国家公园规划及外围管护区域涉及的淡竹乡全部行政范围，以及皤滩乡、白塔镇和田市镇部分行政村的经济和社会行政事务职能，由仙居国家公园管理机构负责统一行使；

④管理机构通过内设不同部门，分别负责资源保护以及商业性经营活动的监督管理等不同行政职责；

⑤管理机构将同时承担国家公园科学研究、宣传教育等其他社会责任；

⑥当地社区拥有参与国家公园管理的优先权利，国家公园管理机构可优先从当地社区中聘用合同制人员，参与国家公园资源巡护、宣教、环卫、监督等工作。

（2）国家公园管理办法。

制定并落实国家公园管理办法/条例，建立和完善有关生态环境保护的制度，建立环境质量、自然景观、生物资源的监测、评价和预警系统，做到有法可依、有章可循，确保国家公园的有效管理。

（3）内部组织管理制度。

由仙居国家公园管理委员会制定组织管理制度，统筹国家公园各相关部门的组织和协调。实行任期内岗位目标责任制，以规划预定目标的实现情况作为考核标准，所有考核结果将作为年度考量依据。

（4）社区共管制度。

采取多种交流方式，确保社区居民对国家公园各项管理政策法规的知情权。对社区居民进行生态管护、生态监测、导游讲解、文化传播、餐饮服务等职业技能培训，使其能够胜任国家公园有关岗位需求，提高社区居民收入。

（5）科技支持制度。

建立国家科学顾问制度，聘请相关高等院校、科研机构和非政府组织（NGO）等组成国家公园专家指导委员会，为国家公园的保护和管理提供技术支持。

（6）公众参与制度。

建立开放式公众参与机制，鼓励志愿者参与国家公园的建设与管理，作为国家公园的兼职解说员等角色，承担保护、管理的研究任务；建立公众参与奖励机制，奖励对国家公园建设与管理有杰出贡献的各类单位组织和个人。

（7）监督检查制度。

建立国家公园建设情况定期检查制度，发挥县人大、政协的监督作用，定期组织对国家公园建设工作进行检查，督促各相关部门落实国家公园规划的各项目标。

10.2　生态保护专项规划——以三江源国家公园为例

2015 年 12 月，中央全面深化改革领导小组第十九次会议审议通过《三江源国家公园体制试点方案》，并于 2016 年 3 月由中共中央办公厅、国务院办公厅印发。三江源国家公园是我国第一个国家公园体制试点，为我国建立国家公园体制迈出了重要一步。2018 年 1 月，经国务院同意，由国家发展改革委批复《三江源国家公园总体规划》（以下简称《总体规划》）。在《总体规划》指导下，以探索实现最严格的空间管控和最有效的生态系统保护为目标，就如何将三江源国家公园功能区划及生态保护具体管控目标和措施“落地”，编制了《三江源国家公园生态保护专项规划》。规划目的一是优化《总体规划》提出的一级功能分区，并通过细化二级功能区划，使生态系统保护、管理、保育的措施和要求落到具体地块；二是按照“山水林田湖草”是一个生命共同体的理念，统筹各类保护措施、协调人与自然关系，设计《总体规划》生态保护预期目标的有效途径；三是对三江源头的系统保护的目标、原则、框架做出整体安排，探索三江源国家公园系统完整保护理念的方法和途径，为推进国家公园体制试点提供有效支撑。

三江源国家公园位于青海省南部，共有长江源、黄河源、澜沧江源 3 个园区，总面积为 12.31 万 km^2，涉及青海三江源国家级自然保护区的扎陵湖—鄂陵湖、星星海、索加—

曲麻河、果宗木查、昂赛5个保护分区和青海可可西里国家级自然保护区。

10.2.1 规划原则

（1）坚持以总体规划为依据，充分衔接各类专项规划。三江源国家公园规划体系是以总体规划为指导，以各专项规划为具体支撑，其中保护专项规划要以总体规划作为总体思路，充分衔接其他各专项规划，对三江源国家公园生态保护工作进行具体布局并制定管理目标和措施。

（2）坚持以一级分区为基础，科学划定二级分区。在总体规划一级分区基础上，对三江源国家公园重点保护物种分布、生态脆弱性和生态系统服务功能综合评估基础上，划定二级分区，落实空间管控措施，实现空间管控目标。

（3）坚持以可操作性为目标，精准指导生态保护工作。三江源国家公园功能分区作为指导管理机构开展日常生态保护工作管理的依据，力求每个功能分区都有明确的管理目标和具体的管理措施，为三江源国家公园生态保护精准管理奠定基础。

（4）坚持以自然修复为主导，施行国家公园动态管理。三江源国家公园以保护自然生态系统完整性和原真性为目的，探索以自然修复为主导、动态管理的理念，核心保护区面积逐步扩展，一般控制区逐步缩小，将三江源国家公园范围内符合严格保护的区域逐步提高保护强度，实现最有效的保护。

10.2.2 规划目标

三江源国家公园范围内“山水林草湖”生态系统原真性和完整性得到有效保护，生态系统服务功能不断提升；草地生态系统显著恢复；森林灌丛生态系统有效保护，植被覆盖度有所提高；涵养水源功能改善，湿地生态功能增强；土地沙化趋势有效遏制；野生动植物种群显著增加，生物多样性明显恢复。构建生态保护新路径和新模式，将三江源国家公园建成青藏高原生态保护修复示范区（表10-9）。

表10-9 三江源国家公园生态保护目标指标

序号	指标名称	2025年	2035年
1	生态系统综合评估	林草湿荒各类生态系统趋于稳定，生态系统有效应对气候变化	生态系统持续健康发展
2	野生动物保护	种群得到有效保护，数量稳定，人兽冲突基本解决	人与自然和谐共生
3	水环境质量	长江Ⅰ～Ⅱ类 黄河Ⅰ～Ⅱ类 澜沧江Ⅰ类	长江Ⅰ类 黄河Ⅰ～Ⅱ类 澜沧江Ⅰ类

序号	指标名称	2025 年	2035 年
4	生态环境监测体系	完成布局并顺利运行，建立定期评估制度	监测评估能力进一步提高，定期评估制度进一步完善
5	空间管控	完成勘界定标，有效建立边界清晰、产权明确的管控体系	空间管控体系完善

（1）规划期（2020—2025 年）：为三江源国家公园建设期。建立健全生态保护管理体制机制；各类生态系统趋于稳定，生态服务功能得到增加，能够有效应对气候变化；野生动物种群得到有效保护，数量稳定，人兽冲突基本解决；完成勘界定标，建立边界清晰、产权明确的空间管控体系，生态畜牧业得到良性发展，全面实现草畜平衡；建成覆盖园区的“天空地一体化”生态环境监测网络体系、生态环境大数据中心和数据资源承载平台，全面系统地开展生态环境监测工作；完善社区参与三江源国家公园生态保护管理及保障制度，使社区参与生态保护工作的同时分享保护红利；构建个人、企业、非政府组织等社会公众参与三江源国家公园生态保护与修复的制度体系和服务体系。

（2）展望期（2026—2035 年）：在定期监测评估的基础上，探索功能分区动态管理模式，将符合条件的一般控制区向核心保护区转变，使得一般控制区逐步缩小，最终实现三大源头自然生态系统的完整保护，山水林草湖生态系统良性循环，生物多样性丰富，人与自然和谐共生。

10.2.3　综合调查与评价

10.2.3.1　自然地理概况

（1）地质地貌。三江源国家公园位于青藏高原腹地，属于高原地区，平均海拔 4 500 m 以上，主要山脉有昆仑山主脉及其支脉可可西里山、巴颜喀拉山、唐古拉山等。中西部和北部为河谷山地，多宽阔而平坦的滩地；东南部唐古拉山北麓则以高山峡谷为多，河流切割强烈，地势陡峭，山体相对高差多在 500 m 以上。

（2）气候。园区气候属青藏高原气候系统，具有高原大陆性气候特征，主要特征为冷、热两季，雨热同期，冬长夏短，且在两季间转换快。热量条件较差，温度年较差小、日较差大，多年平均气温在−5.6～7.8℃，冷季长达 7 个月，无绝对无霜期，气温年较差在 20～24℃。降水集中且蒸发量大，多年平均降水量为 262.2～772.8 mm，自东南向西北递减。日照时间长、辐射强烈。风与干季同期，大风多。空气含氧量低，仅相当于海平面的 60%～70%。

（3）水文。园区水系发达，是长江、黄河、澜沧江的发源地。主要河流包括长江源园区的通天河、楚玛尔河、勒玛曲、当曲等；黄河源园区的黄河、热曲等；澜沧江源园区的扎曲等。园区内湖泊众多，面积大于 1 km^2 的有 167 个，其中长江源园区 120 个，黄河源园区 36 个，澜沧江源园区 11 个。湖泊以淡水湖和微咸水湖居多。河湖和湿地总面积为 29 842.8 km^2。

（4）土壤。园区土层薄、质地粗、沙砾性强，其组成以细沙、粗砂、岩屑、碎石和砾石为主。土壤类型可分为 15 个土类、29 个亚类，以高山草甸土为主，冻土面积较大。土壤中微生物活动较少，化学作用较弱，土壤的潜在养分较高，但速效养分不足。

（5）生态系统。园区主要的生态系统类型有高寒草甸和高寒草原生态系统、湿地生态系统、森林灌丛生态系统和荒漠生态系统。其中，高寒草甸和高寒草原生态系统分布广、面积大，种类组成和层次较简单，在维护三江源水源涵养和生物多样性主导服务功能中具有基础性地位。森林灌丛生态系统较少且结构单一，主要为分布于澜沧江源园区的大果圆柏（*Sabina tibetica*）林。荒漠生态系统主要分布于可可西里，植被稀疏，结构单一，十分脆弱，对气候变化的响应较敏感。

10.2.3.2 自然资源概况

（1）草地资源。三江源国家公园草地面积广大，主要草地类型有高寒草甸、高寒草原、高寒沼泽、高山灌丛草甸等，总面积 10.16 万 km^2。高寒草甸和高寒草原是主要的草地类型，也是园区内最主要的植被类型。高寒草甸植被主要由耐寒的多年生植物组成，以高山蒿草（*Kobresia pygmaea*）、西藏蒿草（*K. tibetica*）、矮生蒿草（*K. humilis*）等为主，种类成分较多，分布广，面积大；高寒草原以青藏苔草（*Carex moorcroftii*）和紫花针茅（*Stipa purpurea*）为主，植被较为稀疏，覆盖度小，层次简单，植被低矮，生长期短，生物量较低。由于气候变化和超载过牧，3 个园区均有草地退化现象出现。

（2）水资源。园区水资源丰富，长江源、黄河源和澜沧江源多年平均径流量分别为 184 亿 m^3，208 亿 m^3 和 107 亿 m^3。园区内地下水储量也较为丰富。冰川融水是三江源国家公园内径流的主要补给之一。园区内雪山冰川主要分布于唐古拉山北坡、昆仑山以及巴颜喀拉山等。园区内湿地资源丰富，各江河流域河湖纵横，沼泽众多。沼泽具有重要的水源涵养功能，代表性沼泽湿地有星星海沼泽区、果宗木查沼泽区等。沼泽湿地主要分为高寒沼泽湿地和其他沼泽湿地。

（3）土地资源。土地利用情况划分为 7 个一级类型和 20 个二级类型，一级土地利用类型为林地、草地、住宅用地、特殊用地、交通运输用地、水域及水利设施用地、其他土地（表 10-10）。

表 10-10　三江源国家公园土地利用现状分类统计

一级类	二级类	长江源园区		黄河源园区		澜沧江源园区	
		面积/km^2	占比/%	面积/km^2	占比/%	面积/km^2	占比/%
林地	乔木林地	0.00	0.00	0.00	0.00	57.14	0.42
	灌木林地	82.39	0.09	3.91	0.02	241.48	1.76
	其他林地	0.00	0.00	0.00	0.00	77.19	0.56
草地	天然牧草地	74 650.03	82.65	14 155.77	74.18	12 227.11	89.01
	沼泽草地	365.80	0.40	1 047.15	5.49	0.00	0.00
	人工牧草地	0.00	0.00	1.42	0.01	0.00	0.00
	其他草地	0.00	0.00	583.24	3.06	0.00	0.00
住宅用地	城镇住宅用地	0.00	0.00	0.20	0.00	1.61	0.01
	农村宅基地	3.03	0.00	0.60	0.00	0.67	0.00
特殊用地	风景名胜设施用地	0.03	0.00	0.01	0.00	0.04	0.00
交通运输用地	铁路用地	0.07	0.00	0.00	0.00	0.00	0.00
	公路用地	0.01	0.00	3.49	0.02	0.00	0.00
水域及水利设施用地	河流水面	216.72	0.24	69.56	0.36	80.48	0.59
	湖泊水面	3 634.53	4.02	1 495.75	7.84	5.22	0.04
	坑塘水面	0.00	0.00	0.00	0.00	0.00	0.00
	内陆滩涂	2 278.06	2.52	399.75	2.09	22.71	0.17
	冰川及永久积雪	939.03	1.04	0.00	0.00	49.99	0.36
其他土地	盐碱地	20.34	0.02	40.89	0.21	0.00	0.00
	沙地	2 732.06	3.02	320.98	1.68	0.00	0.00
	裸岩石砾地	5 399.38	5.98	960.40	5.03	972.54	7.08
总计	—	90 321.49	100.00	19 083.13	100.00	13 736.19	100.00

数据来源：三江源国家公园自然资源统一确权登记调查成果。

（4）森林资源。三江源国家公园内林地面积相对较小，仅占园区总面积的 0.4%。园区内的林地主要有高寒灌丛和亚高山森林。高寒灌丛以高寒落叶阔叶灌丛为主要类型。亚高山森林较少，主要为大果圆柏原始林，集中分布在澜沧江源园区的高山峡谷区。

（5）野生动植物资源。三江源国家公园地处青藏高原高寒草甸区向高寒荒漠区的过渡区，园区内共有维管束植物 760 种，分属 50 科 241 属。野生植物形态以矮小的草本和垫状灌丛为主，高大乔木仅有大果圆柏、青海云杉（*Picea crassifolia*）等。园区内共有野生陆生脊椎动物 270 种，隶属 4 纲 27 目 72 科，其中兽类 8 目 19 科 62 种，雪豹（*Panthera uncia*）、金钱豹（*P. pardus*）、藏羚（*Pantholops hodgsonii*）等 8 种为国家一级保护动物，兔狲（*Otocolobus manul*）、荒漠猫（*Felis bieti*）、豺（*Cuon alpinus*）、水獭（*Lutra lutra*）等 14 种为国家二级保护动物；鸟类 16 目 45 科 196 种，黑颈鹤（*Grus nigricollis*）、金雕（*Aquila chrysaetos*）、胡兀鹫（*Gypaetus barbatus*）等 8 种为国家一级保护动物，国家二级保护动物有 26 种，包括灰鹤（*Grus grus*）、大鵟（*Buteo hemilasius*）、高山兀鹫（*Gyps himalayensis*）、猎隼（*Falco cherrug*）、白马鸡（*Crossoptilon crossoptilon*）等；此外，园区还分布有爬行类 1 目 3 科 5 种；两栖类 2 目 5 科 7 种；鱼类 3 目 5 科 40 种，包括川陕哲罗鲑（*Hucho bleekeri*）、厚唇裸重唇鱼（*Gymnodiptychus pachycheilus*）、黄河鮈（*Gobio huanghensis*）等 4 种濒危物种，骨唇黄河鱼（*Chuanchia labiosa*）、极边扁咽齿鱼（*Platypharodon extremus*）、拟鲶高原鳅（*Triplophysa siluroides*）等 8 种易危物种。玉树州是如今世界雪豹分布最集中的地区，可可西里是藏羚羊的主要的繁殖地和栖息地。

10.2.3.3 生态保护现状

（1）生态保护的地位与日俱增。习近平总书记、国家相关部委、青海省委和省政府、三江源地区各级党委政府对三江源生态保护高度重视。《三江源国家公园体制试点方案》明确“针对三江源生态保护任务重，区域生态系统脆弱性和敏感性强的特点，突出自然生态系统的严格保护、整体保护，统一功能区划，建立长效保护机制，将三江源国家公园建成青藏高原生态保护修复示范区”。

（2）生态保护的成效初步显现。三江源地区生态系统退化趋势得到初步遏制，生态系统服务功能凸显。相比三江源生态保护和建设二期工程实施初期，森林覆盖率由 4.8%提高到 7.43%，草原植被盖度由 73%提高到 75%，退化草地面积由 21.2 万 km^2 减少到 20.97 万 km^2，可治理沙化土地治理率由 45%提高到 47%，水源涵养量由 197.6 亿 m^3 提高到 211.8 亿 m^3。

（3）生态保护的体制基本成熟。《三江源国家公园总体规划》明确了国家公园的功能分区、主要目标等。《三江源国家公园条例（试行）》在国家公园生态保护建设等方面做了相应规定。园区设立资源环境综合执法机构，建立了较为完善的生态管护公益岗位机制，建立了社会监督机制等，生态保护的相关制度体系已基本成熟。

（4）生态文化传承历史悠久。园区内原住民主要是藏族，他们世代生活在青藏高原，逐水草而居的草原传统文化和藏传佛教相结合，形成了敬畏生命、天人合一朴素的自然保护理念。自然景观的独特性、生物多样性和自然文化遗产的原真性，以及地域民族文化在这里交相辉映，在世代传承中不断赋予时代精神，形成了典型的生态文化体系。

10.2.3.4 生态保护面临的挑战

（1）重点生态系统退化的趋势尚需扭转。园区自然环境恶劣，生态环境敏感脆弱。为遏制源区生态系统的持续退化，国家批准实施了青海三江源生态保护和建设一期、二期工程等重大生态工程，以及退牧还草、退耕还林（草）、天然林资源保护、三北防护林防护等专项工程。由于缺乏系统性、整体性考虑，工程的实施未能根本性扭转草地退化局面、遏制土壤水蚀增加趋势，局部鼠害仍需强化治理。

（2）社会经济发展滞后的局面尚需改善。园区海拔较高、自然条件艰苦、经济发展滞后，社会发育程度低，经济结构单一，在一定程度上影响三江源国家公园生态保护与民生改善协调推进。此外，由于受经济落后、工作环境艰苦的条件限制，难以吸引人才，造成专业技术人才缺乏，导致管理和服务需求难以得到满足。

（3）保护基础设施薄弱的"短板"尚需补齐。行政管理部门和各级地方政府重视生态保护工作，采取了相关措施，取得了一定的保护成效。但园区内单位面积的保护基础设施投入尚有不足，生态保护、修复缺乏技术储备。如何引进先进生态保护相关技术和方法，因地制宜、有针对性地提出相关措施，提升三江源国家公园生态保护水平，是目前亟须解决的问题。

（4）气候变化影响初步显现。园区处在青藏高原，属于对气候变化敏感的区域。受气候变化影响，园区内草地生态系统、冰川以及湿地生态系统出现了不同程度的退化。气温升高导致了冰川消融加速、雪线上升等，降水量的变化导致了可可西里的湖泊出现溢水现象以及草地生态系统的退化等，急需采取措施进行监测、研究和应对。

10.2.4　空间管控

10.2.4.1　功能分区划分原则

依据三江源国家公园的自然和人文资源分布、生态环境特点和管理需要，按照主导功能差异划分不同功能区域，以保护自然资源、人文资源为前提，展示生态景观和生态环境，协调社区发展，满足三江源国家公园多种功能和管理要求。功能区划分遵循以下原则：

（1）保护生态系统的原真性，珍稀濒危野生动植物栖息地完整性。保护生态系统的原真性和珍稀濒危野生动植物栖息地的完整性是三江源国家公园核心功能的体现。因此，三江源国家公园的功能区划应确保区域内高寒草原、高寒草甸、高寒湖泊、沼泽湿地生态系统等具有代表性的生态系统的原真性；雪豹、金钱豹、藏羚羊、野牦牛等代表性野生动植物栖息地的完整性。

（2）保障重要的生态系统服务功能，促进退化生态系统恢复。三江源国家公园提供的生态系统服务功能为保障我国甚至亚洲生态安全发挥了重要任用。功能区划考虑其在区域所发挥的水源涵养、水土保持、珍稀濒危野生动植物栖息地等重要的生态系统功能，将上述功能集中的区域进行有效保护。此外，着重考虑退化草场和湿地、鼠害虫害等区域的生态修复，确保生态系统服务对功能的稳定性和持续性。

（3）实现自然资源的科学保护与永续利用。三江源国家公园内自然资源的保护与社区群众的生活生产息息相关，科学界定三江源国家公园资源利用区域是保障自然资源得到良好保护和永续利用的基础。三江源国家公园利用区域的界定应充分考虑当地牧民基本经济来源和生活需求，合理调控并降低牧民对草地资源的依赖程度，有效保护三江源国家公园内自然生态环境和野生动植物资源，实现自然资源的永续利用。

（4）国土空间规划中统筹落实功能分区。国家公园功能分区通过国土空间规划、三条控制线的划定和落地得到进一步明确，纳入统一国土空间基础信息平台，形成一张底图，实现信息共享，实行严格管控。国家公园纳入生态保护红线，核心保护区原则上禁止人为活动，一般控制区严格禁止开发性、生产性建设活动。

10.2.4.2　功能分区划分方法

依据园区自然资源禀赋条件，以重点物种栖息地分布、生态脆弱性评价、生态系统服务重要性评价为基础，整合区域各类规划、区划，结合行政区划、土地利用、山脊线、山谷线、流域边界、自然资源确权界等实际，在功能分区的基础上，针对不同区域的管控目标差异，将国土空间进行二次划分，制定有针对性的管控措施。

10.2.4.3　功能分区方案

遵循生态系统整体保护、系统修复理念，将三江源国家公园划分为一级功能分区和二级功能分区，以一级功能分区明确空间管控目标，以二级功能分区落实管控措施。

（1）一级功能分区。

根据《指导意见》，在《总体规划》的基础上统筹划定落实一级功能分区。

①核心保护区是维护自然生态系统功能，实行更加严格保护的基本生态空间。以自然保护区的核心区和缓冲区范围为基线，衔接区域内自然遗产地、国际和国家重要湿地核心区域和国家级水产种质资源保护区、国家水利风景区等的核心区边界，以及野生动物重要栖息地等划定。该区以强化保护和自然恢复为主，保护冰川雪山、河流湖泊、草地森林，提高水源涵养、生物多样性和水土保持等服务功能，维护大面积自然生态系统的原真性和完整性，禁止人类活动。

②一般控制区是国家公园核心保护区以外的区域，是原住民传统生产生活空间，承接核心保护区人口、产业转移。按照土地利用总体规划和城乡规划，对已有城乡建设用地进行严格管控；适度合理发展生态畜牧业，保持草畜平衡；实施必要的人工干预保护和恢复措施，加强退化草地和沙化土地治理、水土流失防治。该区严格禁止开发性、生产性建设活动，除国家重大战略项目外，仅允许对生态功能不造成破坏的有限人为活动（图 10-2）。

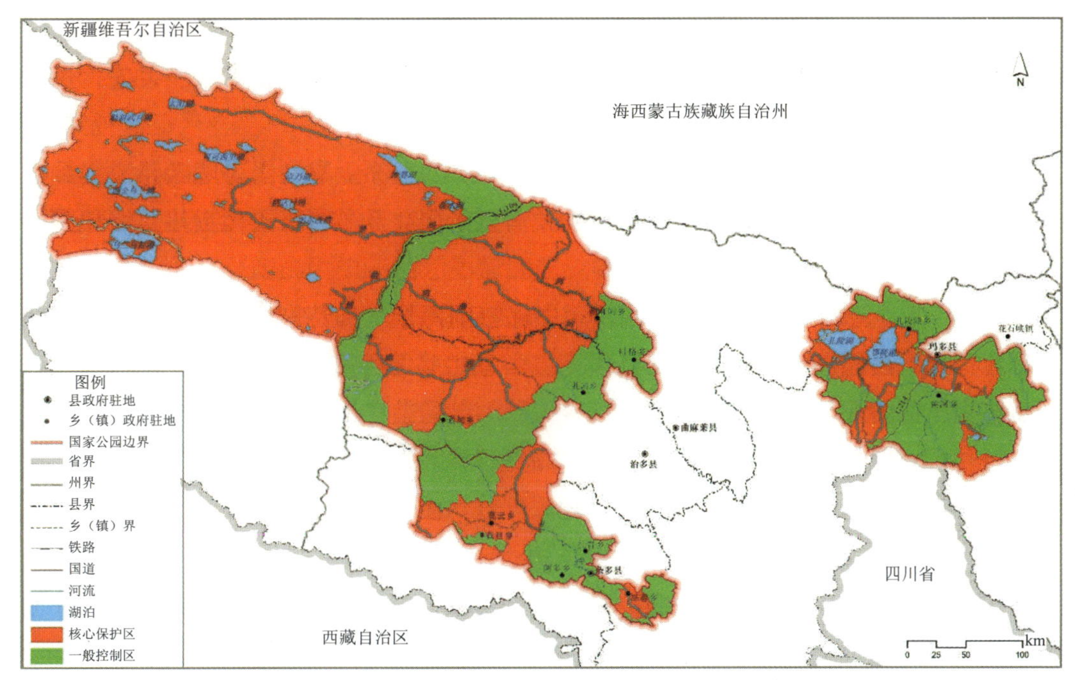

图 10-2 三江源国家公园一级功能分区

（2）二级功能分区。

①核心保护区。

在现状调查基础上，结合现有各类型自然保护地分布及要求，以最完整、最原真的自然生态保护为目标，根据重点物种栖息地、生态脆弱性、生态系统服务重要性，将核心保护区划分为特别保护地、特别栖息地和自然保育区，区内不能有任何形式的产业活动。

A．特别保护地。该区域是国际重要湿地、国家重要湿地、国家级水产种质资源保护区的核心区域，包括鄂陵湖、扎陵湖 2 个国际重要湿地，多尔改错、卓乃湖、库赛湖、玛多湖、岗纳格玛错等 5 个国家重要湿地，楚玛尔河特有鱼类和扎陵湖—鄂陵湖花斑裸鲤、极边扁咽齿鱼水产种质资源保护区的核心区。

管控目标：掌握鱼类“三场”情况和种群动态，保护青藏高原长丝裂腹鱼、裸腹叶须鱼、骨唇黄河鱼、花斑裸鲤、极边扁咽齿鱼等特有鱼类；保护和恢复国际重要湿地和国家重要湿地面积，改善水禽栖息地和湿地水质，逐步恢复湿地生物多样性，发挥湿地的多重生态功能。

管控措施：实施河湖和湿地封禁保护，禁止捕捞活动，进行科研活动或者鱼类调查需经过批准；管控民众放生和非政府行为的放流活动；建立河（湖）长制，禁止开展水污染项目；强化水产种质资源保护区生态环境监测。

B．特别栖息地。该区域是雪豹、藏羚羊等代表性珍稀濒危物种的重要栖息地，包括雪豹重要栖息地、卓乃湖等藏羚羊繁殖地。

管控目标：掌握藏羚羊、雪豹、金钱豹等珍稀野生动物分布情况和种群动态，保护其种群稳定和栖息地完整。

管控措施：除原有居民生活和经批准的科研监测工作外，禁止其他人为活动；加强野生动物及其栖息地监测，开展定期评价；探索有效的野生动物保护补偿制度；强化野生动物多样性监测。

C. 自然保育区。该区域是核心保护区中除特别保护地和特别栖息地外的区域，包含高寒草原草甸、高原湖泊沼泽、高寒荒漠、雪山冰川等多种重要生态系统，河流水系分布广，生态系统服务重要，生物多样性丰富。

管控目标：保护高寒荒漠、高寒草甸、高寒草原和森林灌丛生态系统完整性，保护高原沼泽、湖泊、河网、冰川雪山等自然景观原真性，湿地生态系统面积扩张，荒漠生态系统逐步得到保护和恢复，提高生态系统服务功能。

管控措施：禁止生产经营性放牧；禁止开发建设；采取自然恢复；可依托生态环境监测站点，进行经过批准的科学研究观测活动。

②一般控制区。

根据生态保护要求和生态畜牧业生产需要、村落分布和草原承包经营权界限等情况，将一般控制区划分为建设用地控制区、划区轮牧区和生态保育修复区。

A. 建设用地控制区。该区域是当地牧民的传统生活区域。对现有乡村建设用地和公路用地划定建设用地控制线。控制线内实行正面清单制度，控制面积只能变小不能变大。

管控目标：确保藏羚羊迁徙通道畅通；确保进藏交通能源通道安全；严格限制人类活动空间，达到严格保护的目的。

管控措施：在 6—8 月的藏羚羊迁徙期，停止除抢险外的公路建设，增设人员在青藏公路藏羚羊的 3 条迁徙通道周边进行交通管制，并阻止游人靠近藏羚羊；严格遵守建设用地控制线，切实将人类活动影响降到最低。

B. 划区轮牧区。该区域是当地牧民的传统生产区域。根据草原生产力和放牧畜群需要，结合行政区划、草原承包经营权界限，划定划区轮牧区，落实以草定畜，规定放牧强度、顺序、周期和时间。

管控目标：根据草地资源承载能力，以草定畜，维持草畜平衡，实现人与自然和谐；维持当地牧民传统生产生活方式。

管控措施：执行严格的草畜平衡制度，实行季节性休牧和轮牧；禁止与管理目标不一致的开发建设；适度开展生态体验和环境教育，限定生态体验路线和区域，控制访客流量；发展生态畜牧业，加快牧民转产就业。

C. 生态保育修复区。在生态系统和生态过程评价的基础上，按照退化成因，结合三江源生态保护和建设一期、二期工程实施进展，将集中分布的沙地、黑土滩和其他中重度退化草地划为保育修复区。

管控目标：草地退化态势得到明显遏制，提升高寒草原、高寒草甸生态系统服务功能。

管控措施：禁止放牧及开发建设项目进入；采取退牧还草、已垦草原还草、人工修复与补播等措施封育退化草地；采取以工程修复为主、生物和自然修复为辅的模式修复黑土滩；对于尚有植被生长的固定沙地，采取以封育为主、生物治沙措施为辅的模式促进沙地的植被恢复；对于植被生长困难的半固定、流动沙地，采取机械沙障与种草相结合的复合治沙模式建立生物治沙体系；加强草原鼠害防治；待生态系统恢复后实行草畜平衡（图 10-3 和表 10-11）。

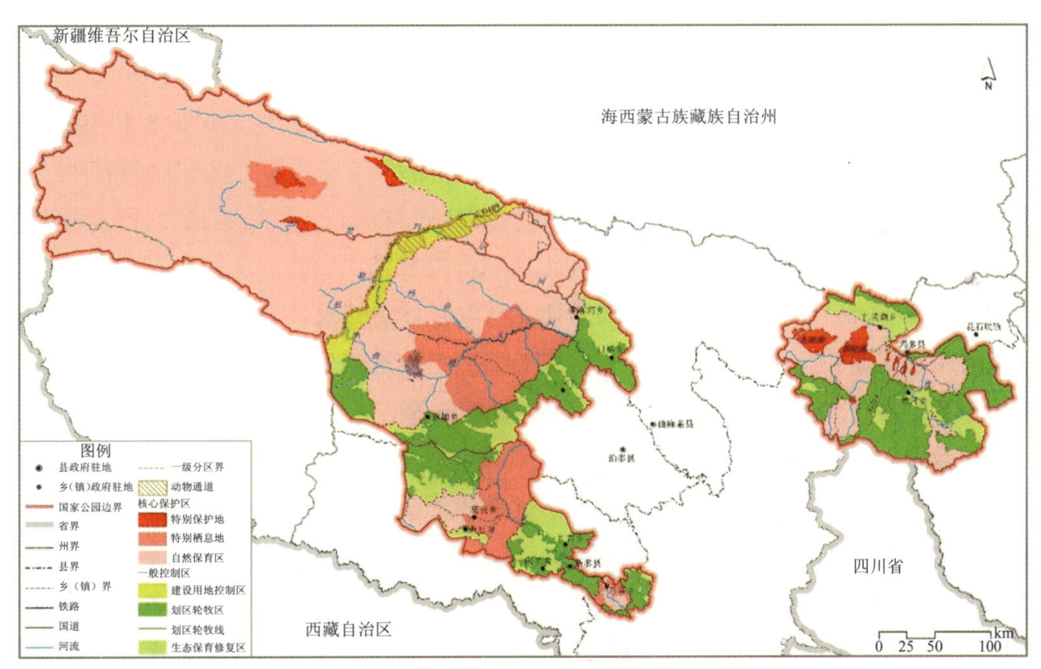

图 10-3　三江源国家公园二级功能分区

表 10-11　三江源国家公园功能分区统计

园区	面积/km^2	一级功能分区	面积/km^2	二级功能分区	面积/km^2
长江源园区	90 321.49	核心保护区	75 519.48	特别保护地	743.12
				特别栖息地	8 894.70
				自然保育区	65 881.66
		一般控制区	14 802.01	建设用地控制区	3 200.38
				划区轮牧区	6 138.74
				生态保育修复区	5 462.89

园区	面积/km²	一级功能分区	面积/km²	二级功能分区	面积/km²
黄河源园区	19 083.13	核心保护区	8 583.85	特别保护地	1 296.22
				自然保育区	7 287.63
		一般控制区	10 499.28	划区轮牧区	7 654.15
				生态保育修复区	2 845.13
澜沧江源园区	13 736.19	核心保护区	6 343.28	特别栖息地	4 318.26
				自然保育区	2 025.02
		一般控制区	7 392.91	划区轮牧区	3 931.87
				生态保育修复区	3 461.04
合计	123 140.81	—	123 140.81	—	123 140.81

10.2.4.4 分区管控

三江源国家公园功能区划是国土空间管控和各类自然资源管理、保护和利用的依据，经批准的功能区划应向社会公开。三江源国家公园管理局是功能分区空间管控的责任主体，依法查处任意改变用途、乱采滥挖、私搭乱建、乱砍滥伐、乱捕滥猎等各种违法行为；定期对园区内各类自然资源保护、利用和生态状况监测情况公布结果，涉密内容除外。根据保护和恢复状况，在定期监测评估的基础上对功能区划进行动态管理，由三江源国家公园管理局组织科学论证，提出功能区划调整方案，按有关规定和程序批准。

国家公园除生态保护修复工程和不损害生态系统的生活生产设施改造，以及自然观光、科研教育、生态体验外，禁止其他开发建设，保护自然生态和自然文化遗产原真性、完整性。生态保护修复工程建设应该遵从三江源国家公园标准体系的相关规定，符合三江源国家公园总体规划和生态保护专项规划。

园区内建设项目应提前征求三江源国家公园管理局意见，三江源国家公园管理局对占用不同功能分区内的建设项目实行分级审查，由国家公园管理委员会或管理处按职责范围审查是否符合三江源国家公园功能分区管控要求，出具审查意见。已获准许的各类建设项目在实施前，建设单位需向当地国家公园管理机构备案，制定科学的生态环境保护方案，签订生态环境保护协议；建设单位要采取有效措施，维护植被、水体和地形地貌等自然环境；因施工造成环境破坏的，应当同步进行生态修复；当地国家公园管理机构在项目建设过程中要按照审批文件和生态环境保护协议加强监管。

进入园区开展的科学研究、生态体验和环境教育等项目由三江源国家公园管理局根据功能分区进行审查，除重大或特殊的研究项目外，应在一般控制区内开展活动。三江源国家公园管理局可根据国家公园生态保护工作的需求，对进入园区开展科研和自然观光等允许活动的路线、内容等进行调整。

10.2.5　生态系统保护与修复

10.2.5.1　高寒草甸草原生态系统

采取封禁保护、以草定畜加强保护，对退化草地、沙化地，在不破坏其生态景观的前提下，进行自然和人工修复。

（1）草地封禁保护。核心保护区维持高寒草甸草原自然生态过程，采取严格封育措施，逐步拆除围栏，限制并减少各种形式的人类活动，不得有任何形式的产业存在。草地封禁保护面积共计 28 400 km^2。

（2）草畜平衡。一般控制区内盖度较高的草地，严格实行草畜平衡政策，使人畜与自然环境承载力相协调，实行季节性休牧和轮牧。其中，生态保育修复区内的草甸草原生态系统，修复期间实施严格的禁牧制度，待恢复后再开展休牧、轮牧形式的适度利用，并加强严格保护。草畜平衡面积共计 20 800 km^2。

（3）沙化地修复。对于尚有植被生长的固定沙地采取以封育为主的治理方式，同时辅以生物治沙措施，通过人工种草促进沙地的植被恢复；对于植被生长困难的半固定、流动沙地，采取机械沙障与种草相结合的复合治沙模式，通过沙障的覆盖为植被生长创造条件，最终建立以固沙植物为主的生物治沙体系。封育保护面积 670 km^2；生物治沙修复面积 185 km^2；复合治沙修复面积 35 km^2。

（4）退化草地修复。生态保育修复区内的退化草地实行禁牧，采取人工修复与补播措施，通过退牧还草、已垦草原还草和退化草地治理，恢复高寒草原和高寒草甸生态系统。退化草地修复治理面积共计 10 192 km^2。

（5）黑土滩修复。通过牧草混播、土壤改良、植被保育等措施，禁止人为活动及开发建设项目进入，加强虫鼠害防治，实现高寒草甸“黑土滩”型退化生境的全面改善。黑土滩修复面积 547 km^2。

10.2.5.2　湿地生态系统

核心保护区沼泽湿地严格实施封禁，封育保护面积共计 9 615 km^2。一般控制区沼泽湿地严格实行草畜平衡。

10.2.5.3　森林生态系统

将园区所有天然林地、灌木林地、疏林地划为国家级生态公益林实施封育保护，并加强森林有害生物防控。森林灌丛封育保护面积 462 km^2。

10.2.5.4 荒漠生态系统

强化封禁保护，禁止除巡护、科考外的一切人为活动。

10.2.5.5 冰川生态系统

实施封禁，加强对雪山冰川的监测和保护方法研究，禁止除科考外的一切人为活动。冰川雪线保护面积 990 km^2。

10.2.6 物种保护

（1）除经过批准的科研标本采集外，禁止狩猎、捕鱼、捡蛋掏窝、投毒及其他捕捉、伤害野生动物的活动，禁止擅自捡拾野生动物尸骨、采挖受保护的野生植物，加强巡护工作，严格执法。

（2）保护物种栖息地，减少人类活动干扰。重点物种栖息地内禁止会对生态环境造成较大影响的工程建设。当工程建设威胁到野生动物繁殖时，应停工至繁殖期结束。对重点物种栖息地内的访客量进行管控以减少干扰。核心保育保护区内逐步拆除网围栏，传统利用一般控制区在发展合作社的基础上优化网围栏布设。完成草原确权界限数字地图，建立草原网围栏数字地图，以此为据进行围栏的拆除和优化工作。

（3）定期开展野生动物资源本底调查监测，摸清园区内野生动植物本底及变动情况；对珍稀濒危物种开展重点监测。

（4）建立野生动物救助站，兼顾救助和防疫工作，但不能影响自然生态过程。非自然灾害发生时，禁止对野生动物进行投食；发生重大自然灾害时，可以对濒危物种进行适当投食。

（5）依法开展野生动植物资源利用，禁止引入外来物种或野生动物的人工繁育种群，未经批准禁止开展各类放生活动。

（6）预防野生动物肇事，对于由野生动物造成的家畜等损失，应依法进行生态补偿，或通过设立家畜保险给予相应赔偿。

（7）加强对野生动植物保护的宣传和相关法律规定的普及工作，尤其对重点物种栖息地内的社区。宣传普法可结合环境教育开展，并在园区内设置多处警示牌、保护标语等。通过大型哺乳动物重要栖息地的公路应限速，并在公路旁设置警示标识。

（8）鼓励具有相关知识能力的社会公众作为志愿者，参与巡护、野生动物救助、网围栏拆除等物种保护工作。

此外，针对食肉类、有蹄类、啮类、鸟类、水生动物重点物种、植物重点物种提出细化保护措施。

10.2.7 传统文化保护

调查园区内的习惯法、文化习俗及其他非物质文化遗产的种类和传承情况，历史和宗教遗迹、古村落等文化遗产、文化载体的分布和保护情况。进一步发掘传统文化中与生态保护相关的内容，通过多种途径弘扬，将其和生态保护有机结合。保护措施如下：

（1）通过搜集资料文献、现场调查及对具有代表性的个别研究对象进行具体分析，分别对三江源园区内的宗教文化、习惯法、文化习俗编册整理，形成系统完整的资料。

（2）充分发挥宗教文化在生态环保中的作用，把藏区传统文化中平等、正义、道德等准则推广到大自然中，有意识、有目的地保护园区自然环境。

（3）依托传统文化，打造园区生态文化体验点，通过宣传教育，将生态保护理念由点带面落实到三江源园区内。

（4）充分利用园区文化遗产，采取扶持文学创作、出版宣传图册、制作影视作品等方式，传承和弘扬传统文化中的生态保护理念。

10.2.8 人类活动迹地修复

10.2.8.1 废弃矿山修复

坚持“谁开发谁保护、谁破坏谁恢复治理”的主体责任。矿山地质环境的恢复治理应与原始的地质生态环境相结合，做到“一矿一方案”。废弃矿山修复面积 31.3 km^2。

10.2.8.2 废弃采砂场修复

对采砂场迹地进行人工生态治理恢复，通过复坑平整、饮水淤灌、回填覆土、撒播种子等主要技术措施逐步恢复废弃采砂场遗留地生态环境。废弃采砂厂修复面积 14.99 km^2。

10.2.8.3 废弃村舍牲畜圈修复

对于未被野生动物利用的废弃村舍牲畜圈，采用拆除围栏、封育、自然恢复等措施逐渐恢复其自然生态环境。

10.2.9 资源利用

10.2.9.1 生态产业

（1）生态畜牧业。坚持保护优先、限制开发，完善天然草地利用和保护机制，统筹考虑种养规模和资源环境承载力，转变生产经营方式，优化畜产品供给结构，建立健全生态畜牧业现代化经营体系，形成规模化、集约化经营为主导的生态畜牧业发展格局，促进生态畜牧业高效发展。

（2）文化产业。发展生态保护文化产业，形成以草原经济为主、融入绿色环保文化的具有高科技含量的产业链。

（3）访客体验。按照绿色、循环、低碳的理念设计生态体验线路、合理确定访客承载数量，依托环境教育项目，发展生态旅游。开展生态保护示范项目，组织社会或社区公众参观学习典型生态保护工程。

（4）中藏药材资源保护与开发利用。划定野生中藏药材资源保护区，开展珍稀濒危品种抢救、种质资源收集及保存培育，扩大濒危、珍稀野生中藏药材驯化和人工栽培规模，加强野生资源保护技术研究和培训。

（5）碳汇交易。探索开展碳汇交易，建立三江源国家公园碳汇产业发展的有效运行机制。

10.2.9.2　遗传资源

（1）植物遗传资源。依据种质资源量对植物遗传资源合理开发，开展驯化栽培。

（2）动物遗传资源。开展遗传资源调查与评估及受威胁与保护现状评估，研发物种繁育、种群恢复和物种野化技术，进行濒危物种恢复示范，建设三江源国家公园遗传资源样本库、数据信息平台，为青藏高原动物遗传资源研究及保护提供数据支撑。

10.2.9.3　以草定畜

（1）草畜平衡。遵循“吃半留半”的放牧原理，每年根据产草量、野生有蹄类数量和分布情况计算理论载畜量。摸清草畜资源及畜牧业生产经营状况，核实草原载畜量，制订草原生态保护建设及畜牧业生产发展计划，结合草原补奖政策实施和重大生态工程建设，建立以草定畜动态管理机制。

（2）休牧禁牧。根据不同功能分区的要求，以及不同地块载畜量情况，实施阶段性休牧和禁牧。核心保护区内禁止生产经营性放牧。一般控制区内适度合理发展生态畜牧业，保持草畜平衡。其中生态保育修复区禁止放牧，并采取退牧还草、已垦草原还草、人工修复与补播等措施封育退化草地，待生态系统恢复后再实行草畜平衡。根据草畜平衡管理要求，在每年的冷季和季节性休牧期开展补饲，在减少对天然草地的利用、缓解载畜压力的同时，维持畜牧业的收入，实现生态、生产“双赢”。

10.2.10　社区参与

充分发挥社区群众在生态保护和发展中的主体作用，激发其内在动力，参与三江源国家公园保护和管理；设置生态管护公益岗位，加大三江源国家公园保护力度；建立健全特许经营制度，加大社区居民就业引导和培训力度；构建三江源国家公园共建共管机制，实现三江源国家公园和周边社区的可持续发展。

10.2.11　森林草原防火

坚持“预防为主、积极消灭”的方针，加强森林草原防火工作，完善三江源国家公园森林草原防火体系，包括防火指挥系统、监测预报系统、扑救指挥系统、阻隔系统、健全防火宣传教育和培训体系。

10.2.12　监测评估

建立覆盖三江源国家公园的“天地空一体化”监测评估体系，综合运用野外样方法、样线法、红外相机陷阱法与遥感影像分析、无人机监测等技术手段，对园区生态环境状况进行系统连续监测，及时掌握生态环境状况和变化趋势，并建立定期发布制度，实现生态监测与评估信息资源共享，为国家公园生态保护、灾害与生态退化的防治与预警、自然资源管理、生态补偿、生态产业发展、政府决策和绩效考评等提供支持，为功能区划动态管理提供依据。

10.2.12.1　监测指标体系

在三江源生态保护工程生态监测项目已形成的监测指标体系基础上，结合三江源国家公园特点和实际管理需求，建立生态监测与评估指标体系（表 10-12）。

表 10-12　监测与评估指标与方法体系

监测类别	监测指标	主要监测方法
环境监测	气象监测	驻站监测、遥感监测、实地调查等
	环境空气监测	
	水文监测	
	地表水质监测	
	地下水监测	
	土壤环境质量监测	
	冻土监测	
	雪山冰川变化监测	
生态系统与物种多样性监测	高寒草原和高寒草甸生态系统	生态系统相关监测：遥感监测、样方调查、驻站监测等；动物相关监测：样线调查，利用红外相机、无人机监测，无线电和 GPS 追踪等
	森林生态系统	
	湿地生态系统	
	水土保持监测	
	野生动物多样性	

监测类别	监测指标	主要监测方法
自然灾害与生态退化防控监测	沙化土地监测	遥感监测、实地调查、驻站监测等
	“黑土滩”监测	
	气象灾害监测	
	水文和地质灾害监测	
	森林草原火灾监测	实时监控、微波监测
	生物灾害监测	实地调查，并借助生态系统与物种多样性监测
资源环境承载力相关监测	草地载畜量	访谈调查、无人机监测等
	旅游环境容量	访谈调查、借助访客管理系统等
社会经济发展调查监测	社会经济调查	访谈调查
	生产活动调查	访谈调查
	社区居民生态保护意识调查	访谈调查

10.2.12.2 监测能力建设

（1）地面监测能力建设。按照三江源国家公园功能分区增设地面监测站点，补充相应的生态监测仪器设备，完善地面监测能力。增设 3 个生物多样性监测站，作为野生动物样线监测、定点监测以及红外相机监测项目开展的基地；增设野生动物调查样线和红外相机布设区。

（2）遥感监测能力建设。建设高分遥感一站式服务系统和遥感数据处理应用平台。

（3）无人机监测系统建设。配备无人机及地面无人机控制处理平台，建设生态环境应急与监测系统。

（4）生态环境大数据平台建设。构建以生态环境大数据中心为核心平台、卫星通信链路和光纤传输链路结合、多部门联动、立足政府服务的三江源国家公园生态环境数据服务云平台，提供生态监测数据服务与信息共享。

（5）监测运行保障系统建设。开展生态监测专业技术人员培训、技术交流与研讨等活动；培训部分生态管护员参与监测工作。

10.2.12.3 建立评估体系

建立生态评估指标体系和定期评估制度，系统掌握园区生态保护和变化状况。评估结果应用于自然资源管理、生态环境保护、生态保护绩效考核等，为园区的动态管理提供依据，并为领导干部政绩考核、生态补偿、生态环境损害责任追究、自然资源资产离任审计等生态监管制度建立提供支撑（表 10-13）。

表 10-13　生态保护评估指标体系

评价内容	评价指标	指标内容
生态系统状况	植被盖度变化	植被覆盖度较上一次评估的变化
	植被生产力变化	植被净初级生产力（NPP）较上一次评估的变化
	草地面积变化	未退化的高寒草原和高寒草甸生态系统的面积较上一次评估的变化
	林地面积变化	林地的面积较上一次评估的变化
	湿地面积变化	河流、湖泊、沼泽等湿地的面积较上一次评估的变化
	雪山冰川面积变化	雪山冰川的面积较上一次评估的变化
生物多样性	重点野生动物数量变化	通过红外相机监测或固定样线监测，获取雪豹、金钱豹、藏羚羊、野牦牛、黑颈鹤等重点保护野生动物数量较上一次评估的变化
生态系统服务	水源涵养	水资源供给、径流调节和洪水调蓄
	土壤保持	应用通用土壤流失方程计算三江源国家公园生态系统的土壤保持量
	固碳	基于森林、草地生态系统生物量估算碳库，进而评价生态系统碳固定功能
草地承载力	理论载畜量	基于草地生产力水平，结合野生有蹄类的需求，测算生态平衡条件下的最大理论载畜量
环境质量	大气环境质量	环境空气质量优良率
	水环境质量	出境水质断面和饮用水水质达标率
	污水处理率	居民点生活污水处理率
	固体废物无害化处理率	生活垃圾无害化处理率
	企业环境破坏风险防控能力	将防范和降低环境破坏风险纳入常态化管理且无重大环境破坏隐患的企业占比
生态保护工程措施实施情况	三江源生态保护和建设工程	年度项目执行情况
	其他生态工程	年度工程实施情况
	生态补偿	草原生态保护补奖机制绩效评价结果、人兽冲突补偿和保险理赔的比例等
	生态监测	各项生态监测的开展、保障和完成情况
生态破坏情况（反向约束性指标）	退化土地面积	沙化地、黑土滩、退化草地面积
	违规建设和污染	发生违反三江源国家公园有关规定开展建设项目，造成环境污染等事件
	野生动植物遭受干扰	发生违反三江源国家公园有关规定进行野生动植物盗猎盗采、刻意追赶野生动物等事件

10.3 国家公园选址的空间评价——以武夷山生物多样性保护优先区浙江区域为例

武夷山生物多样性保护优先区浙江区域（以下简称浙南优先区）是浙闽山地常绿阔叶林地带最具有典型意义的保护优先区，保护价值高、基础好。开展建立国家公园的空间评价与规划，为我国东部沿海经济发达、人口稠密地区建立国家公园提供实践性参考，为我国国家公园空间选址提供一套科学合理的评价与规划技术方案。

10.3.1 规划目的

基于区域综合调查与评价，将系统保护规划方法与我国国家公园建设理念相结合，运用 Marxan 模型进行国家公园选址规划，克服现有国家公园试点区边界划定缺乏客观数据分析做支撑的不足。基于模型运算结果，对比多类规划，优化得出多种可行性方案，对遗址公园纳入国家公园理念范畴的可能性进行实践探索，增加国家公园空间选址的科学性、可行性和探索性。

10.3.2 综合调查与评价

10.3.2.1 自然地理概况

武夷山生物多样性保护优先区域是全国划定的 35 个生物多样性保护优先区之一，地处浙江、福建、江西三省交界的山地丘陵地带，总面积 79 287 km^2。其中，位于浙江省内的优先区面积为 25 759 km^2，占比 32.49%，涉及浙江南部的温州、丽水、台州、金华、衢州等 5 个地级市的 24 个县级行政区。

规划区地处亚热带季风气候区，夏季高温多雨，冬季温和少雨。水资源丰富，最大河流是瓯江，此外有灵江、飞云江和鳌江等较大水系，均为独流入海的河流。地貌类型以中山丘陵为主，平原地带较少，主要山脉有玉苍山、雁荡山、天台山、括苍山等。土壤类型以红壤为主。浙南优先区内自然保护地数量众多、类型丰富，包含凤阳山—百山祖、乌岩岭、大盘山、九龙山等近 20 个自然保护区，庆元、遂昌、牛头山等近 30 个各级森林公园，以及湿地公园、地质公园、国家考古遗址公园等其他类型保护地。保护对象为自然状态下的森林、湿地等关键生态系统，以及百山祖冷杉、景宁玉兰、天台鹅耳枥、莼菜、云豹、鼋、九龙山榧树等重要物种及其栖息地。

10.3.2.2 自然资源概况

（1）生态系统。

最主要的生态系统类型是森林生态系统，占比 83%。农田生态系统面积占比约 9%，除遂昌县旱地集中分布较为明显外，各地区水田和旱地穿插分布。聚落生态系统占比 2.5%，湿地生态系统占比不足 2%。

（2）生物资源。

规划区内有野生维管束植物 2 619 种，其中 2 294 种被子植物，299 种蕨类植物和 26 种裸子植物。国家Ⅰ级保护植物 7 种，国家Ⅱ级保护植物 34 种，极危植物 10 种、濒危植物 26 种、易危植物 72 种。野生脊椎动物 635 种，其中鸟类 343 种、鱼类 122 种，哺乳类 70 种、爬行类 65 种、两栖类 35 种。国家Ⅰ级保护动物 9 种、国家Ⅱ级保护动物 65 种，极危动物 8 种、濒危动物 31 种、易危动物 47 种。规划区内有 1 083 种特有物种，其中野生维管束植物 975 种，特有率达 37.23%；野生脊椎动物 108 种，特有率为 17.01%。

（3）社会经济概况。

浙南优先区内各县（市、区）之间发展水平较不平衡。温州市是浙江省最发达的城市之一，人口众多，城镇化水平较高；总人口 921.5 万人，人口密度 774 人/km^2，城镇人口比重 69.7%；生产总值达 6 006.16 亿元，人均 GDP 约为 65 000 元。金华市总人口 556.4 万人，人口密度 508.5 人/km^2，城镇人口比重 66.7%；生产总值达 4 100.20 亿元，人均 GDP 约为 74 000 元。台州市总人口 611.8 万人，人口密度 650.1 人/km^2，城镇人口比重 62.2%；生产总值达 4 874.67 亿元，人均 GDP 约为 80 000 元。丽水市总人口 219.9 万人，人口密度 127.1 人/km^2，城镇人口比重 61.5%；生产总值达 1 394.67 亿元，人均 GDP 为 63 611 元。衢州市人口较少，经济发展较为落后；总人口 218.5 万人，人口密度 247.0 人/km^2，城镇人口比重 58.0%；生产总值达 1 470.58 亿元，人均 GDP 约为 67 000 元。

10.3.3 生态保护现状评价

基于我国国家公园的内涵与理念，从生态系统重要性、国家代表性和地方可行性等 3 个层面构建了空间评价体系，其中生态系统重要性通过水文调节功能、土壤保持功能、碳固定功能 3 个指标指征，国家代表性通过县域特有物种丰富度指征，地方可行性通过人口密度指征（图 10-4）。

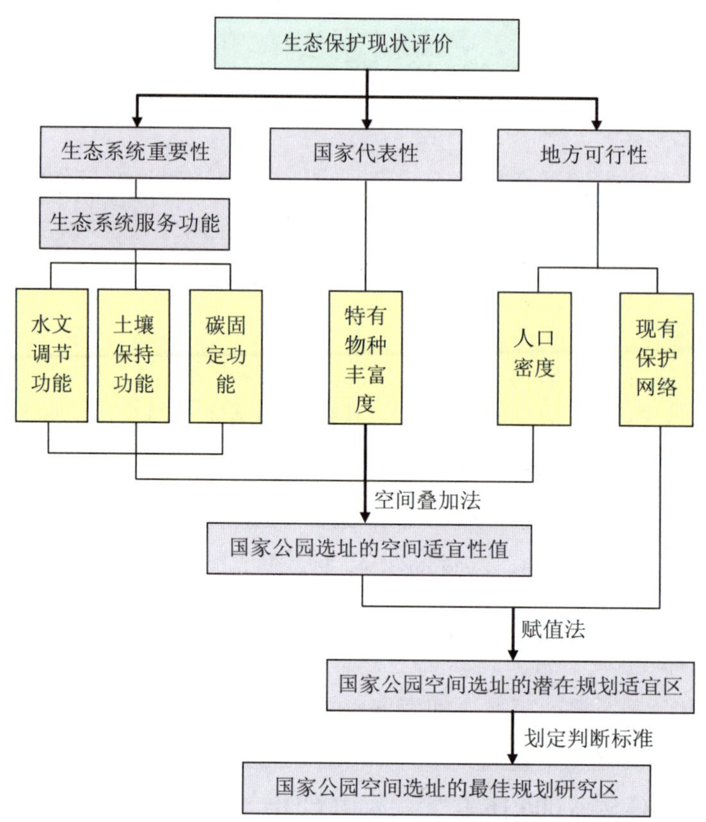

图 10-4 生态保护现状评价技术路线

10.3.3.1 空间适宜性综合评价

运用 ArcGIS 空间叠加功能评价区域国家公园选址空间适宜性。国家公园选址空间适宜性综合评价最高值为 7.8，最低值为 1.3，平均值为 5.1。西南部的龙泉、庆元、遂昌等地的适宜性程度最高，东北部的磐安、青田等地的适宜性程度最低。

10.3.3.2 潜在规划适宜区

通过将空间适宜性值与现有保护网络进行叠加分析，目视判别出 4 个潜在规划适宜区，随后构建了一套涵盖“空间适宜性、现有保护网络、重要或特殊的资源”三个层面的评价与赋值标准，识别出了位于龙泉、庆元和景宁交界处的最佳规划适宜区。该地区空间适宜性高，具备重要的典型生态系统和丰富的珍稀物种资源，现有两处国家级自然保护地和一处国家遗址公园（图 10-5 和表 10-14）。

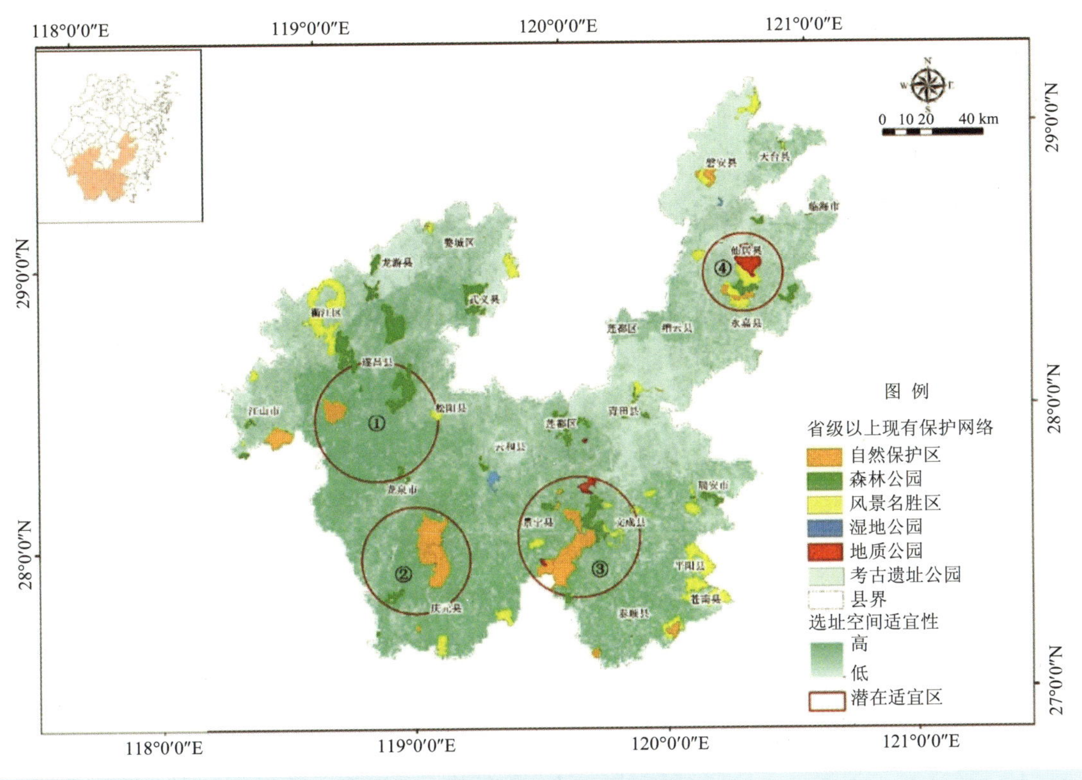

图 10-5 国家公园选址潜在规划区

表 10-14 潜在规划区评价对比

指标	潜在规划适宜区①	潜在规划适宜区②	潜在规划适宜区③	潜在规划适宜区④
位置	遂昌县、龙泉市交界处	龙泉市、庆元县交界处	景宁县、泰顺县和文成县的交界处	仙居县、永嘉县交界处
空间适宜性	值最高的连片区之一	值最高的连片区之一	值较高的连片区	值一般的连片区
赋值	3	3	2	1
人口密度/（人/km^2）	26.4	52.1	62.0	70.8
赋值	3	2	1	1
现有保护网络	九龙山国家级自然保护区、遂昌国家森林公园、龙渊省级森林公园等 2 类 3 处保护地	凤阳山—百山祖国家级自然保护区、庆元国家森林公园、大窑龙泉窑国家考古遗址公园等 3 类 3 处保护地	乌岩岭国家级自然保护区、铜铃山国家森林公园、百丈漈飞云湖国家级风景名胜区、九龙省级地质公园保护区等 5 类 13 处保护地	仙居神仙居国家地质公园、楠溪江国家级风景名胜区、下汤省级考古遗址公园等 5 类 6 处保护地
赋值	3	3	4	4

指标	潜在规划适宜区①	潜在规划适宜区②	潜在规划适宜区③	潜在规划适宜区④
重要或特色的资源	多为钱江源水源涵养地和公益林保护区，九龙山保护区拥有浙江第四高峰和黑麂、黄腹角雉、南方红豆杉等重点保护物种	多为生物多样性保护区和闽江、瓯江等水源涵养地，拥有江浙第一高峰以及百山祖冷杉等众多特有、珍稀濒危物种，大窑龙泉窑考古遗址公园在中国甚至世界陶瓷史上都具有重要地位	多为生物多样性保护区和森林及水源涵养区，乌岩岭保护区是我国特有物种黄腹角雉的重要栖息地，保护意义与大熊猫等同，且具有山地生态系统完整、物种资源丰富、山岳风景迷人的特点	多为自然保护地和水源涵养区，神仙居国家地质公园完整记录了白垩纪陆相火山活动，仙居国家森林公园和括苍山的森林生态系统完整、物种珍贵，风景名胜区众多，自然与人文资源皆十分丰富
赋值	1	5	3	5
总值	10	13	10	11

（1）潜在规划适宜区①区域综合评分 10。人口密度相对最少，已设立的自然保护地较少，面积较小，且较为分散，相对没有特色亮点，设立国家公园的潜力一般。

（2）潜在规划适宜区②区域综合评分 13。人口密度相对较少，自然生态和自然遗产兼具国家代表性、典型性，现有保护网络分布合理，管理运营较为成熟，特有物种和历史遗址具有世界意义，设立国家公园的潜力巨大。

（3）潜在规划适宜区③区域综合评分 10。物种丰富、生态系统完整、国家代表性较强，保护地类型较多，设立成本低，但也存在管理目标难以统一、空间布局较为分散等问题，且涉及多个建制镇等人类活动密集地区，设立国家公园的潜力较大。

（4）潜在规划适宜区④区域综合评分 11。在 2015 年已设立仙居国家公园，面积约 301.89 km^2，包括仙居神仙居国家地质公园、仙居国家级风景名胜区、仙居国家级森林公园和括苍山省级自然保护区，并获得国家公园试点批复，总体规划通过评审，取得了一定的保护成效和管理经验，未来纳入国家公园体制的可能性较大。因而，此次研究若再次选择此区域，则实际意义不大。

10.3.3.3 国家公园选址规划研究区

依据目视判别和赋值评价选出的最佳规划适宜区存在一定程度的主观臆断，遂根据适宜区内 DEM（高程）地形走势、适宜性指数趋势、人类活动等判断因子，精确划定出国家公园选址的规划研究区。最终确定的规划研究区的面积为 1 116.33 km^2，占浙南优先区面积的 4.05%，涉及了龙泉、庆元和景宁等 3 个县市的 19 个乡镇街道，平均海拔 989.8 m，平均人口密度为 22.6 人/km^2，规避了人类活动密集的建制镇地区。

10.3.4 选址规划方法与内容

10.3.4.1 规划单元的划分

利用 ArcHrydro 工具将规划研究区划分成 6 696 个规划单元，单元总面积 1 108.48 km^2，占规划研究区的 99.30%，不影响计算结果。接着依据浙江环境功能区划分类模拟国家公园建设的相对社会成本，结合现有自然保护地的功能分区，将保护成本设置成“0、10、20、30、40、50”等 6 个层级，形成保护成本图层。随后选定了凤阳山—百山祖国家级自然保护区核心区、缓冲区与庆元国家森林公园作为必选区，城镇区作为必剔除区，其他地区作为考虑区，生成初试状态图层。最后将 cost（成本）和 status（状态）两个图层的数据使用合并（join）工具关联至规划单元的属性中，为每个规划单元赋予成本与状态值。

10.3.4.2 保护对象与目标的设定

从建设国家公园的角度，依据重要性和代表性制定物种选择的赋值标准，最终选取了总值在10 分以上的百山祖冷杉、景宁玉兰、黑麂、黄腹角雉、大鲵、金钱豹、穿山甲、红豆杉、伯乐树等10 类物种作为保护目标物种，通过生境适宜性评价模拟其分布。接着依据目标物种所适宜的生态系统，以及功能重要性和代表性选取了常绿阔叶林、常绿针叶林、针阔混交林、灌丛、草丛、河流等 6 类重要生态系统作为保护对象。通过参考文献与咨询专家，确定赋值总值 16 分以上的物种保护目标为 50%，其余为 30%，所有生态系统保护目标均为 30%。最后将保护目标的两个图层使用 join 工具关联至规划单元的属性中，为每个规划单元赋予物种与生态系统重要性和目标等值。

10.3.4.3 物种惩罚因子（Species Penalty Factor，SPF）值的设定

在确定保护成本和目标及其他参数后，对 SPF 选取了 1.0～10.0 的 10 个值进行敏感性分析，当取值 1.4 时总惩罚值和总成本处于相对最适宜的位置。当确定 SPF 取值 1.4 后，对边界长度调节 BLM 值选取了 0～10.24 的 10 个值进行敏感性分析，在达到所有保护目标的同时，当取值 0.32 时边界长度开始处于较低的水平，总成本值也处于相对适宜的位置，随后总成本逐渐增加。

10.3.4.4 边界长度调节 BLM 值的设定

对模型运算得出的最佳运算作为“模型方案”进行可视化处理，对规划单元选择频率进行不可替代性分析。模型方案仅是 100 次运算中目标函数值最低的一次运算，在选择频率大于 80 的不可替代性最高的规划单元中，有 92.2%的部分被选为模型方案。整体上模型

方案与不可替代性高的区域基本吻合（图 10-6 和图 10-7）。

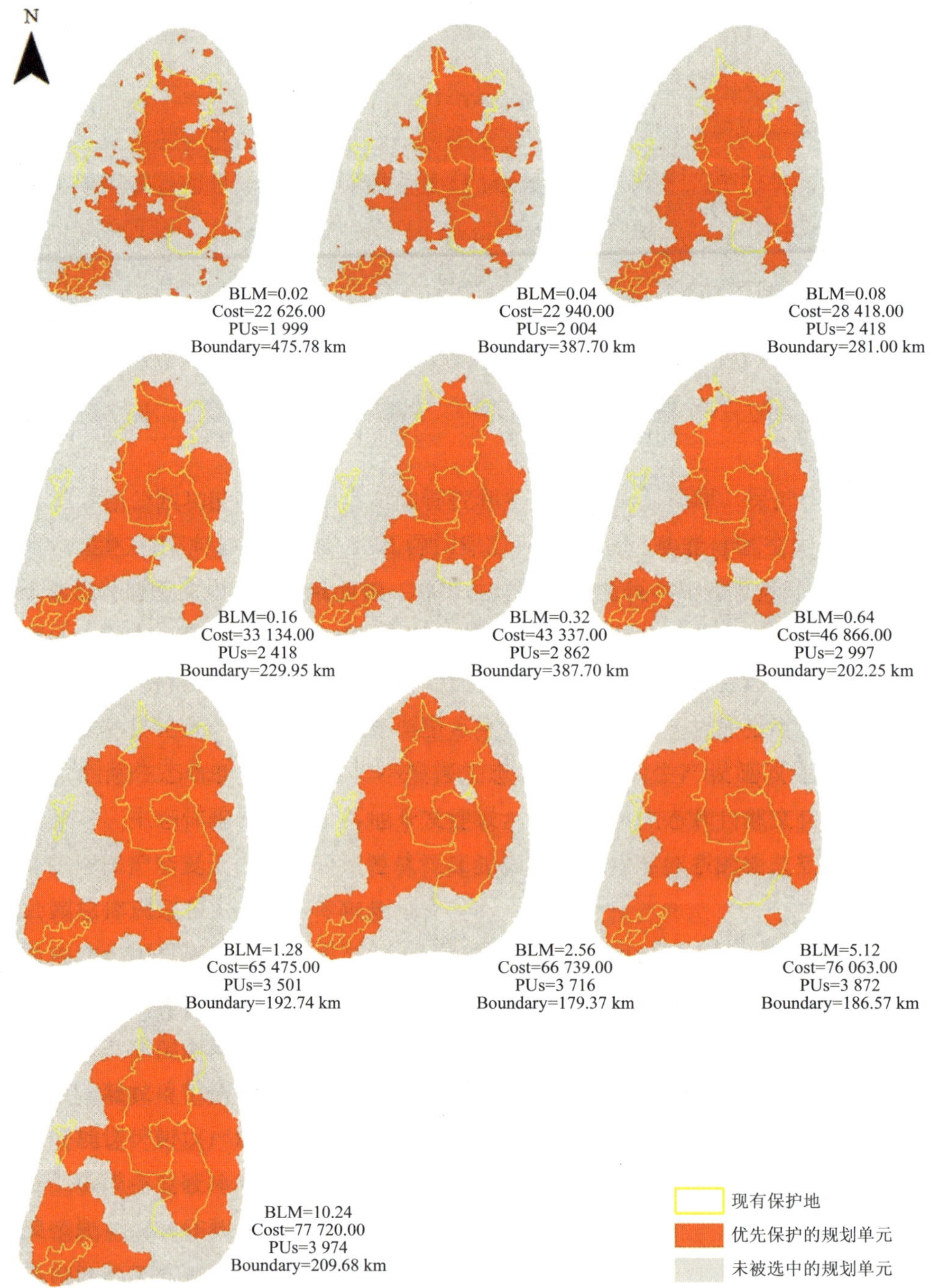

图 10-6 不同 BLM 值的选址规划结果变化

注：BLM 为边界长度修正值，量纲一；Cost 为保护成本，量纲一；PUs 为被选中的规划单元数，个；Boundary 为边界长度，km。

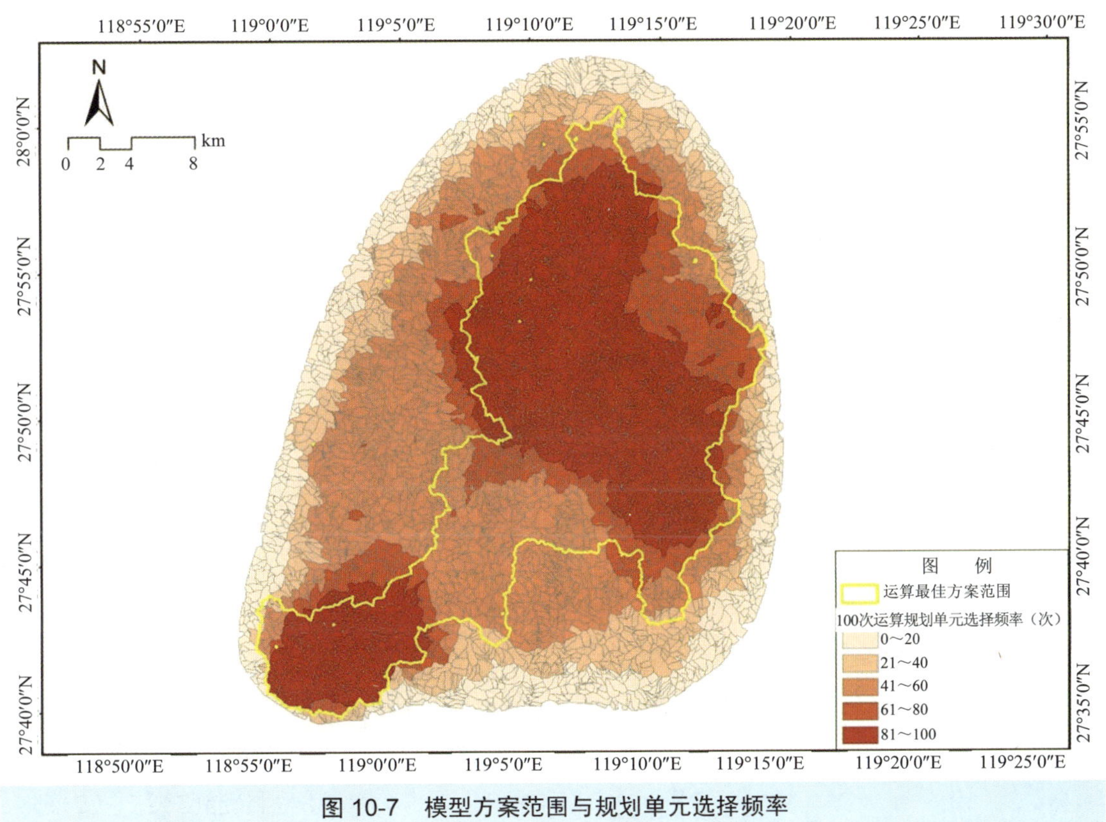

图 10-7　模型方案范围与规划单元选择频率

10.3.5　结果分析与优化

Marxan 模型仅是一个决策支持软件，方案的落地仍需要与现有规划等现实情况进行结合讨论。基于模型方案，给出不可替代性优化方案、自然保护地整合优化方案、遗址公园与生态红线整合优化方案等 3 种可行性方案。

10.3.5.1　模型方案的实地概况

模型方案面积为 485.48 km^2，占总规划研究区面积的 43.49%，涉及松源街道、百山祖镇、贤良镇等 12 个乡镇街道，平均海拔 1 172.5 m，平均人口密度为 15.4 人/km^2。方案覆盖了庆元国家森林公园的整体、凤阳山—百山祖国家级自然保护区 89.95%的范围、生态保护红线区 69.66%的范围，未覆盖到遗址公园。方案在自然生态保护方面的表现较为理想和丰富，整体符合国家公园的建设理念，而在遗址保护方面值得讨论和探索。

10.3.5.2　可行性优化方案

基于不可替代性分析，将选择频率大于 80 的规划单元全部纳入模型方案范畴，形成不可替代性优化方案（图 10-8）。此方案纯粹基于模型运算，具备客观的科学性，但存在过于理想的弊端，推荐与实地情况做进一步讨论。

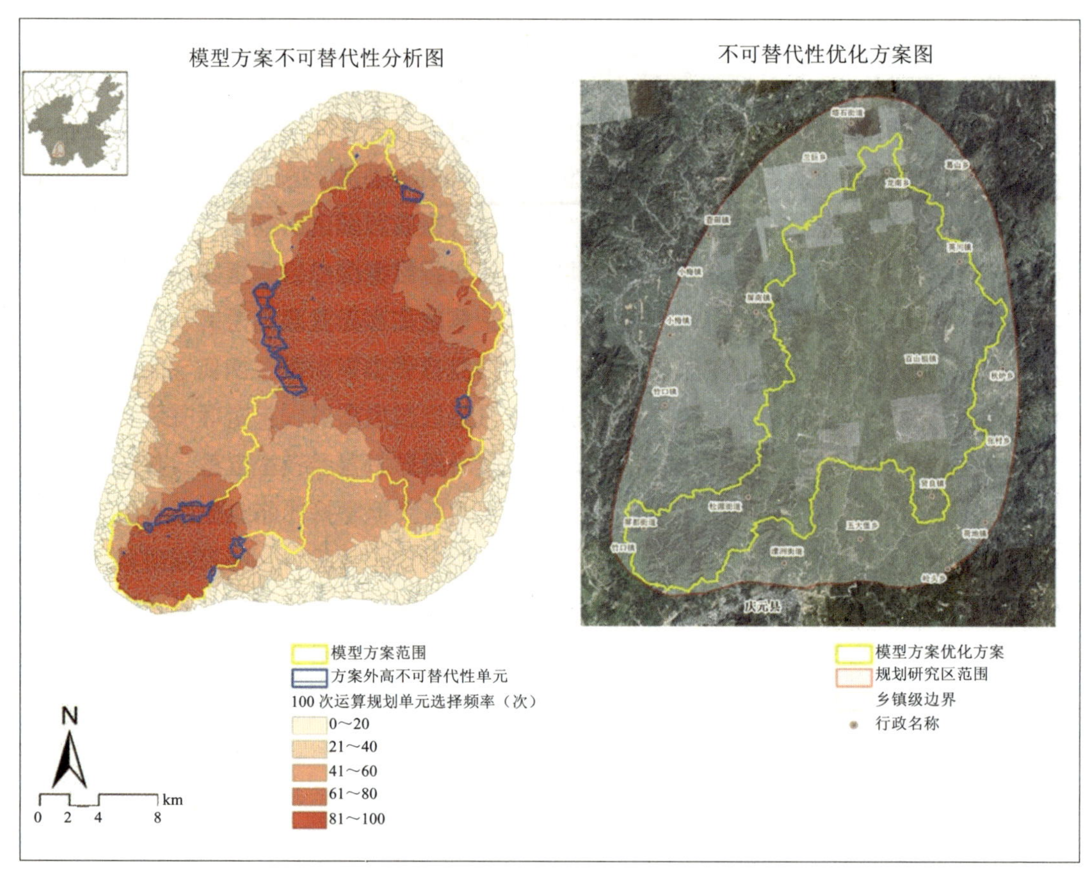

图 10-8 模型方案不可替代性分析与优化方案

在不可替代性优化方案的基础上，将凤阳山—百山祖国家级自然保护区的全部范围（除五岭坑部分）纳入优化方案，形成自然保护地整合优化方案（图 10-9）。此方案在模型运算的科学性上增加了管理保护的落地可行性，体现了国家公园整合现有保护地体系的理念，增强了保护力度。此外，规划研究区外的五岭坑部分可作为特别保护区域进行管理。

在自然保护地整合优化方案的基础上，将大窑龙泉窑国家考古遗址公园、瓯江源生态红线区及中间连接地带纳入优化方案，形成遗址公园与生态红线整合优化方案（图 10-10）。此方案在达到自然生态保护目标的基础上，对我国国家公园的保护体系中融入历史遗址保护的可能进行了探索，旨在丰富我国国家公园建设的内涵。

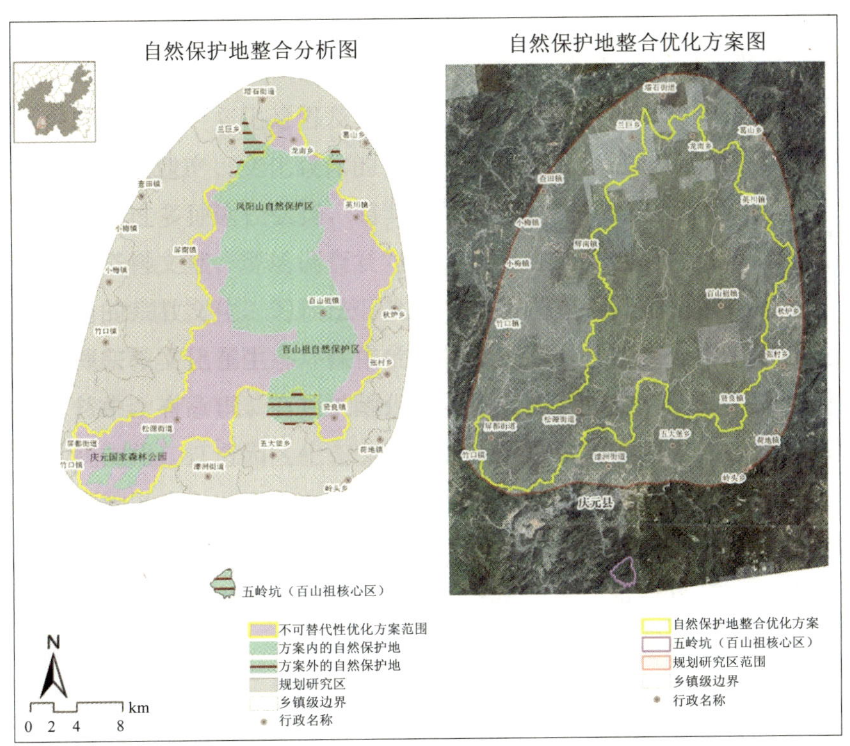

图 10-9　自然保护地整合分析与优化方案

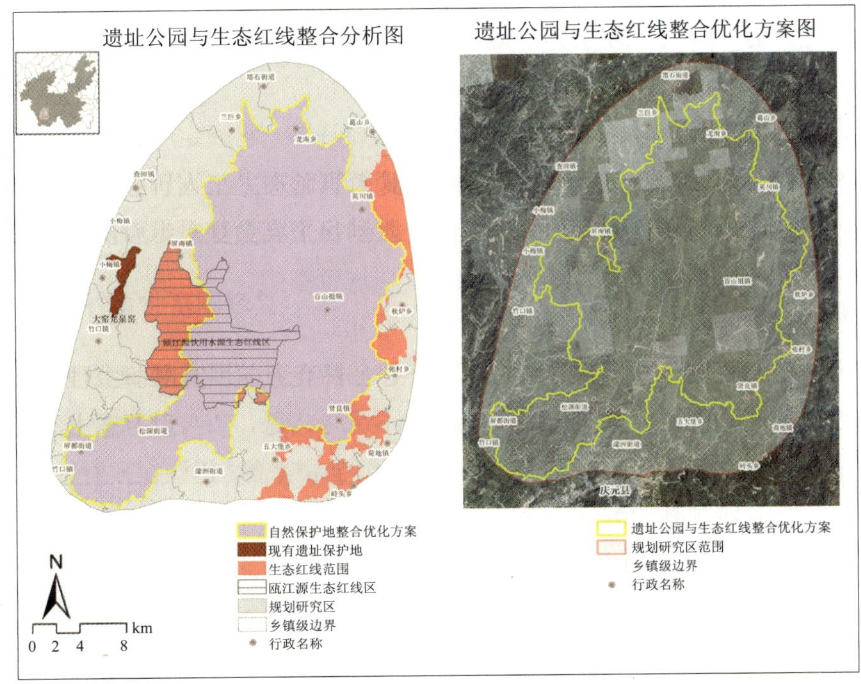

图 10-10　遗址公园与生态红线整合分析与优化方案

第11章　展　望

中国国家公园体制经过试点探索后，2020年正式设立并建设国家公园。在国家公园法律法规尤其是关于国家公园规划的政策文件出台之前，希望通过本书的研究，能为中国国家公园建设提供参考。同时，希望在制定国家公园规划政策时，重点关注以下几个方面。

（1）宏观站位，贯彻落实习近平生态文明思想。

规划是国家公园建设和管理的指导性文件，应贯彻落实习近平生态文明思想，牢固树立新发展理念，以保护自然、服务人民、永续发展为目标，加强顶层设计，确保重要自然生态系统、自然遗迹、自然景观和生物多样性得到系统性保护，提升生态产品供给能力，维护国家生态安全，为建设美丽中国、实现中华民族永续发展提供生态支撑。

（2）分级规范，推进规划编制规范化、制度化。

国家公园发展规划是指导全国层面国家公园发展的宏观性指导文件，总体规划是国家公园建设和管理的纲领性文件，专项规划是针对国家公园重点功能开展的细化文件。三者规划编制的方向和重点必然有所差异，建议加快出台国家公园各级规划编制技术标准，以国家或行业标准进行编制并强制实施，确保各级规划编制的科学、规范和高效。

（3）科技支撑，创新功能分区与空间管控要求。

功能分区是国家公园总体规划和科学管理的重要环节，它规定了国家公园保护和利用的具体空间和管控要求。在对国家公园进行科学调查评估时，根据国家公园功能定位，既严格保护又便于基层操作，科学合理分区，实行差别化空间管控。结合历史遗留问题（探矿采矿、水电开发、工业建设等）处理，制定管理规范细则。

（4）集思广益，推进公众参与政府决策的法治化。

公众参与政府决策是国家治理现代化视域下中国特色社会主义协商民主的基本要义。存在着正当程序缺失、责任机制弱化、动力机制不足等问题，需要从完善公众参与程序、强化参与责任机制、提升公众法律意识等方面加以健全和完善。建议在政府主导的前提下，充分调动公众参与各级规划的编制和评审，广泛征询规划意见，增强决策体制的适应性、形成理性包容的公共文化。

参考文献

[1] 北京大学旅游研究与规划中心. 2014. 旅游规划与设计——国家公园与风景名胜区[M]. 北京：中国建筑工业出版社.

[2] 曹如中. 2006. 企业生态化管理：一种全新的管理范式[J]. 管理科学文摘，1：27-28.

[3] 陈宏辉. 2003. 企业的利益相关者理论与实证研究[D]. 杭州：浙江大学.

[4] 陈宏辉，贾生华. 2004. 企业利益相关者三维分类的实证分析[J]. 经济研究，4：80-90.

[5] 陈利顶，傅伯杰，刘雪华. 2000. 自然保护区景观结构设计与物种保护——以卧龙自然保护区为例[J]. 自然资源学报，15（2）：164-169.

[6] 陈利顶，傅伯杰，徐建英，等. 2003. 基于“源-汇”生态过程的景观格局识别方法——景观空间负荷对比指数[J]. 生态学报，11：2406-2413.

[7] 陈朋，张朝枝. 2019. 国家公园的特许经营：国际比较与借鉴[J]. 北京林业大学学报：社会科学版，18（1）：84-91.

[8] 陈耀华，侯晶露. 2019. 美国国家公园规划体系特点及其启示——以美国红杉和国王峡谷国家公园为例[J]. 规划师，35（12）：72-77.

[9] 程洁. 2019. 济南南部山区生态敏感性评价与生态功能区规划研究[D]. 济南：山东建筑大学.

[10] 戴云菲. 2016. 可持续发展理论文献综述[J]. 商，13：111.

[11] 董靓风. 2014. 风景名胜区规划[M]. 重庆：重庆大学出版社.

[12] 朵海瑞. 2011. 气候变化压力下青藏高原系统保护规划研究[D]. 北京：中国林业科学研究院.

[13] 付梦娣，罗建武，田瑜，等. 2018. 基于最小累积阻力模型的自然保护区网络构建与优化——以秦岭地区为例[J]. 生态学杂志，37（4）：1135-1143.

[14] 桂玲莉，袁春雷. 2019. 美国州立公园系统规划模式与经验借鉴[J]. 世界林业研究，32（3）：101-105.

[15] 国家环保总局. 2002. 生态功能区划暂行规程[S].

[16] 贺艳，殷丽娜. 2017. 管理总体规划动态资源手册（最新版）[M]. 上海：上海远东出版社.

[17] 贺艳，殷丽娜. 2015. 美国国家公园管理政策（最新版）[M]. 上海：上海远东出版社.

[18] 呼延佼奇，肖静，于博威，等. 2014. 我国自然保护区功能分区研究进展[J]. 生态学报，34（22）：6391-6396.

[19] 胡北明，王挺之. 2010. 我国遗产旅游地的利益相关者分析：两个对立的案例[J]. 云南师范大学学报：哲学社会科学版，42（3）：125-130.

[20] 黄丽玲，朱强，陈田. 2007. 国外自然保护地分区模式比较及启示[J]. 旅游学刊，22（3）：18-25.

[21] 黄岩. 2017. 基于 VERP 理论的梅里雪山国家公园雨崩景区分区管理研究[D]. 昆明：云南大学.

[22] 黄勇，时鹏，汪亚峰. 2014. 西部三省（甘青新）生态敏感性评价在重点区域和行业发展战略环境影响评价中的应用[A]//中国环境科学学会. 2014. 2014 中国环境科学学会学术年会（第四章）[C]. 1099-1108.

[23] 戢建华，孙科，陈辉，等. 2010. 我国西部地区退化生态系统的恢复与重建探讨[J]. 福建林业科技，37（1）：115-120.

[24] 贾竞波. 2011. 保护生物学[M]. 北京：高等教育出版社.

[25] 贾丽奇，杨锐. 2013. 澳大利亚世界自然遗产管理框架研究[J]. 中国园林，9：20-24.

[26] 姜雪娇，李海蓉，管磊，等. 2014. 基于 MARXAN 模型的源的识别方法改进及应用[J]. 科学技术与工程，14（26）：309-315.

[27] 蒋洁茹. 2018. 石羊河流域生态环境敏感性评价[D]. 兰州：兰州理工大学.

[28] 蒋霞，倪健. 2005. 西北干旱区 10 种荒漠植物地理分布与大气候的关系及其可能潜在分布区的估测[J]. 植物生态学报，29（1）：98-107.

[29] 金浩然. 2018. 基于生态网络规划的厦门市基本生态控制区空间管控研究[D]. 天津：天津大学.

[30] 金荣. 2019. 日本国家公园入选相关特征研究[J]. 中国园林，10：1-6.

[31] 金宇，周可新，高吉喜，等. 2016. 基于随机森林模型的国家重点保护陆生脊椎动物物种优先保护区的识别[J]. 生态学报，36（23）：7702-7712.

[32] 靳英华，赵东升，杨青山，等. 2004. 吉林省生态环境敏感性分区研究[J]. 东北师范大学：自然科学版，36（2）：68-74.

[33] 康秀亮，刘艳红. 2007. 生态系统敏感性评价方法研究[J]. 安徽农业科学，35（33）：10569-10571.

[34] 孔亚菲. 2015. 基于生态敏感性评价的济西国家湿地公园生态规划研究[D]. 济南：山东建筑大学.

[35] 冷文芳，贺红士，布仁仓，等. 2007. 中国东北落叶松属 3 种植物潜在分布对气候变化的敏感性分析等[J]. 植物生态学报，31（5）：825-833.

[36] 黎晓亚，马克明，傅伯杰，等. 2004. 区域生态安全格局：设计原则与方法[J]. 生态学报，5：1055-1062.

[37] 李宝山，王水莲. 2010. 管理系统工程[M]. 北京：清华大学出版社.

[38] 李迪强，宋延龄. 2000. 热点地区与 GAP 分析研究进展[J]. 生物多样性，8（2）：208-214.

[39] 李纪宏，刘雪华. 2006. 基于最小费用距离模型的自然保护区功能分区[J]. 自然资源学报，21（2）：217-224.

[40] 李俊生，朱彦鹏，罗遵兰，等. 2018. 国家公园体制研究与实践[M]. 北京：中国环境出版集团.

[41] 李龙熙. 2005. 对可持续发展理论的诠释与解析[J]. 行政与法（吉林省行政学院学报），1：3-7.

[42] 李茂祥. 2015. 基于生态安全的三峡库区土地利用功能分区研究[D]. 重庆：西南大学.

[43] 李芮芝. 2017. 韶关南雄市观音棠自然保护区生态敏感性分析[D]. 长沙：中南林业科技大学.

[44] 李想，郭晔，林进，等. 2019. 美国国家公园管理机构设置详解及其对我国的启示[J]. 林业经济，41（1）：117-121.

[45] 李益敏，管成文，郭丽琴，等. 2018. 基于生态敏感性分析的江川区土地利用空间格局优化配置[J]. 农业工程学报，34（20）：267-276，316.

[46] 李智琦，欧阳志云，曾慧卿. 2010. 基于物种的大尺度生物多样性热点研究方法[J]. 生态学报，30（6）：1586-1593.

[47] 林明水，谢红彬. 2007. VERP 对我国风景名胜区旅游环境容量研究的启示[J]. 人文地理，4：64-67.

[48] 林鑫，王志恒，唐志尧，等. 2009. 中国陆栖哺乳动物物种丰富度的地理格局及其与环境因子的关系[J]. 生物多样性，17（6）：652-663.

[49] 刘海龙，王依瑶. 2013. 美国国家公园体系规划与评价研究——以自然类型国家公园为例[J]. 中国园林，11：84-88.

[50] 刘吉平，吕宪国，殷书柏. 2005. GAP 分析：保护生物多样性的地理学方法[J]. 地理科学进展，1：41-51.

[51] 刘伟玮，李爽，付梦娣，等. 2019. 基于利益相关者理论的国家公园协调机制研究[J]. 生态经济，35（12）：90-95，138.

[52] 刘翔宇，谢屹，杨桂红. 2018. 美国国家公园特许经营制度分析与启示[J]. 世界林业研究，31（5）：81-85.

[53] 刘映春. 2019. 基于系统理论及博弈解释结构模型的广东省中职教育发展对策研究[D]. 广州：广东技术师范大学.

[54] 龙丽娟. 2019. 金童山国家级自然保护区明竹老山片区生态敏感性评价研究[D]. 长沙：中南林业科技大学.

[55] 鲁敏，孔亚菲. 2014. 生态敏感性评价研究进展[J]. 山东建筑大学学报，29（4）：347-352.

[56] 鹿奇. 2015. 西湖遗产地利益相关者利益协调机制研究[D]. 杭州：杭州电子科技大学.

[57] 路晓，王金满，李新凤，等. 2017. 基于最小费用距离的土地整治生态网络构建[J]. 水土保持通报，37（4）：143-149，346.

[58] 栾晓峰，孙工棋，曲艺，等. 2012. 基于 C-Plan 规划软件的生物多样性就地保护优先区规划——以中国东北地区为例[J]. 生态学报，32（3）：715-722.

[59] 罗帅. 2017. 国家公园传统利用区规划研究[D]. 广州：广州大学.

[60] 罗亚文，魏民. 2018. 台湾地区国家公园社区规划初探[J]. 中国城市林业，16（2）：63-68.

[61] 罗宇岑. 2017. 麻阳县土地利用生态敏感性分析与评价[D]. 长沙：湖南师范大学.

[62] 欧阳志云，王效科. 2000. 中国生态环境敏感性及其区域差异规律研究[J]. 生态学报，20（1）：9-12.

[63] 欧阳志云，徐卫华，杜傲，等. 2018. 中国国家公园总体空间布局研究[M]. 北京：中国环境出版集团.

[64] 彭福伟，李俊生. 2019. 建立国家公园体制总体方案研究[M]. 北京：中国环境出版集团.

[65] 彭少麟. 2002. 恢复生态学研究进展与我国发展战略[A]//中国生态学学会. 2002. 生态安全与生态建设——中国科协 2002 年学术年会论文集[C]. 97-104.

[66] 全君彦. 2018. 基于 LAC 理论的古村落旅游容量综合管理研究[D]. 杭州：浙江工商大学.

[67] 冉东亚. 2005. 综合生态系统管理理论与实践[D]. 北京：中国林业科学研究院.

[68] 任海. 1998. 中国南亚热带退化生态系统植被恢复及可持续发展[A]//中国科学技术协会. 1998. 生命科学与生物技术：中国科协第三届青年学术年会论文集[C]. 194-197.

[69] 任海，彭少麟，陆宏芳. 2004. 退化生态系统恢复与恢复生态学[J]. 生态学报，8：1760-1768.

[70] 任海，王俊，陆宏芳. 2013. 恢复生态学的理论与研究进展[J]. 生态学报，34（15）：4117-4124.

[71] 任月恒. 2016. 基于时空尺度的东北地区黑嘴松鸡种群分布变化趋势研究[D]. 北京：北京林业大学.

[72] 单继红. 2013. 鄱阳湖鸟类多样性、濒危鸟类种群动态及其保护空缺分析[D]. 哈尔滨：东北林业大学.

[73] 沈海琴. 2013. 美国国家公园游客体验指标评述——以 ROS、LAC、VERP 为例[J]. 风景园林，5：86-91.

[74] 宋晓龙，李晓文，白军红，等. 2009. 黄河三角洲国家级自然保护区生态敏感性评价[J]. 生态学报，29（9）：4836-4846.

[75] 宋增明，李欣海，葛兴芳，等. 2017. 国家公园体系规划的国际经验及对中国的启示[J]. 国家公园与自然保护地，8：12-18.

[76] 孙鸿雁，余莉，蔡芳，等. 2019. 论国家公园的“管控—功能”二级分区[J]. 林业建设，6（3）：1-6.

[77] 唐芳林. 2017. 国家公园理论与实践[M]. 北京：中国林业出版社.

[78] 唐泓凯，许先升，陈有锦，等. 2020. 基于 LAC 理论的海南热带雨林七仙岭国家森林公园旅游综合容量研究[J]. 海南大学学报：自然科学版，38（2）：196-206.

[79] 唐晓岚. 2012. 风景名胜区规划[M]. 南京：东南大学出版社.

[80] 唐小平，张云毅，梁兵宽，等. 2019. 中国国家公园规划体系构建研究[J]. 北京林业大学学报：社会科学版，18（1）：5-12.

[81] 汪永华. 2005. 景观生态学研究进展[J]. 长江大学学报：自然科学版，2（8）：79-83.

[82] 王丹彤，唐芳林，孙鸿雁，等. 2018. 新西兰国家公园体制研究及启示[J]. 林业建设，6（3）：10-15.

[83] 王根茂，谭益民，张双全，等. 2019. 湖南南山国家公园体制试点区游憩管理研究——基于访客体验与资源保护理论[J]. 林业经济，41（8）：10-19.

[84] 王凯，田国行，崔莉. 2009. RS 和 GIS 支持下的铜山风景区生态敏感性分析[J]. 西北林学院学报，24（5）：200-203，228.

[85] 王莉娟. 2017. 系统论视阈下草原生态文明建设研究[D]. 呼和浩特：内蒙古大学.

[86] 王丽枝，高文杰，邢晨宇，等. 2013. 基于生态敏感性分析的湿地保护与开发——以邯郸市永年洼湿

地为例[J]. 湖北农业科学，52（12）：2784-2787，2791.

[87] 王猛. 2012. 基于 GAP 分析法的自然保护区网络体系建设研究及应用[D]. 合肥：合肥工业大学.

[88] 王梦君，唐芳林，孙鸿雁，等. 2017. 我国国家公园总体布局初探[J]. 林业建设，6（3）：7-16.

[89] 王梦桥，王忠君. 2021. VERP 理论在国家公园游憩管理中的应用及启示——以美国拱门国家公园为例[J]. 世界林业研究，34（1）：25-30.

[90] 王敏. 2015. 基于最小覆盖集模型的天目山自然保护区选址研究[D]. 上海：华东师范大学.

[91] 王晓峰. 2011. 景观生态学原理在自然保护区规划中的应用[J]. 黑龙江环境通报，35（4）：67-70.

[92] 王应临. 2015. 英格兰国家公园居民社区规划政策评述——以峰区国家公园为例[J]. 风景园林，11：101-107.

[93] 王祝根，李晓蕾，史蒂夫·J·巴里. 2017. 澳大利亚国家保护地规划历程及其借鉴[J]. 风景园林，7：57-64.

[94] 魏辅文. 2018. 中国保护生物学的未来[J]. 科技导报，36（8）：1.

[95] 魏民，陈战是. 2010. 风景名胜区规划原理[M]. 北京：中国建筑工业出版社.

[96] 邬建国. 2007. 景观生态学——格局、过程、尺度与等级（第二版）[M]. 北京：高等教育出版社.

[97] 吴隽宇，游亚昀. 2014. 游客体验与资源保护技术框架对广东绿道建设的借鉴与启示[J]. 南方建筑，3：67-72.

[98] 吴亮，董草，苏晓毅，等. 2019. 美国国家公园体系百年管理与规划制度研究及启示[J]. 世界林业研究，32（6）：84-91.

[99] 夏赞才. 2003. 利益相关者理论及旅行社利益相关者基本图谱[J]. 湖南师范大学社会科学学报，32（3）：72-77.

[100] 肖海燕，赵军，蒋峰，等. 2006. GAP 分析与区域生物多样性保护[J]. 北京大学学报：自然科学版，2：153-158.

[101] 肖练练，钟林生，周睿，等. 2017. 近 30 年来国外国家公园研究进展与启示[J]. 地理科学进展，36（2）：244-255.

[102] 徐广才，康慕谊，赵从举，等. 2007. 阜康市生态敏感性评价研究[J]. 北京师范大学学报：自然科学版，43（1）：88-92.

[103] 许景权，沈迟，胡天新，等. 2017. 构建我国空间规划体系的总体思路和主要任务[J]. 规划师，33（2）：5-11.

[104] 许学工. 2001. 加拿大自然保护区规划的启迪[J]. 生物多样性，3：109-112.

[105] 许仲林，彭焕华，彭守璋. 2015. 物种分布模型的发展及评价方法[J]. 生态学报，35（2）：557-567.

[106] 严国泰，沈豪. 2015. 中国国家公园系列规划体系研究[J]. 中国园林，31（2）：15-18.

[107] 杨冬冬. 2017. 基于 LAC 理论的古村落旅游容量研究[D]. 徐州：中国矿业大学.

[108] 杨杰，黄磊，罗庆华. 2019. 基于多方法融合的张家界大鲵自然保护区功能分区研究[J]. 生态与农村

环境学报，35（7）：853-858.

[109] 杨金娜，尚琴琴，张玉钧. 2018. 我国国家公园建设的社区参与机制研究[J]. 世界林业研究，31（4）：76-80.

[110] 杨美玲，米文宝，李同昇，等. 2014. 宁夏限制开发生态区生态敏感性综合评价与保护对策[J]. 水土保持研究，21（3）：103-108，321.

[111] 杨锐. 2003a. 从游客环境容量到 LAC 理论——环境容量概念的新发展[J]. 旅游学刊，5：62-65.

[112] 杨锐. 2003b. 建立完善中国国家公园和保护区体系的理论与实践研究[D]. 北京：清华大学.

[113] 杨锐. 2003c. LAC 理论：解决风景区资源保护与旅游利用矛盾的新思路[J]. 中国园林，3：19-21.

[114] 杨锐，马之野，庄优波，等. 2018. 中国国家公园规划编制指南研究[M]. 北京：中国环境出版集团.

[115] 杨若男，盛炎平. 2016. 应用于物种分布模型的多种算法[J]. 大学教育，5：120-121.

[116] 杨志峰，徐俏，何孟常，等. 2002. 城市生态敏感性分析[J]. 中国环境科学，22（4）：360-364.

[117] 姚莉. 2011. LAC 理论指导下的浙江天目山国家级自然保护区生态旅游心理承载力研究[D]. 北京：北京林业大学.

[118] 于贵瑞. 2001. 生态系统管理学的概念框架及其生态学基础[J]. 应用生态学报，5：787-794.

[119] 虞虎，钟林生. 2019. 基于国际经验的我国国家公园遴选探讨[J]. 生态学报，39（4）：1309-1317.

[120] 俞孔坚. 1999. 生物保护的景观生态安全格局[J]. 生态学报，1：10-17.

[121] 俞孔坚，段铁武，李迪华，等. 1999. 景观可达性作为衡量城市绿地系统功能指标的评价方法与案例[J]. 城市规划，8：3-5.

[122] 余莉，孙鸿雁，李云，等. 2020. 我国自然保护地规划体系架构研究[J]. 林业建设，2：7-12.

[123] 于泳，杨伟，李璐，等. 2015. 弃渣场植被恢复与重建研究进展综述[J]. 亚热带水土保持，27（3）：2-5，28.

[124] 余作岳，彭少麟. 1996. 热带亚热带退化生态系统植被恢复生态学研究[M]. 广州：广东科技出版社.

[125] 曾永成. 2003. 生态管理学建设论纲[J]. 成都大学学报：社会科学版，4：13-17.

[126] 曾文静. 2017. 基于景观生态学原理下的美丽乡村规划研究[D]. 绵阳：西南科技大学.

[127] 张劳模，罗鹏，庞丽峰，等. 2020. 运用最大熵模型和随机森林模型对东北红松分布的模拟[J]. 东北林业大学学报，48（3）：60-66.

[128] 张灵杰. 2001. 试论海岸带综合管理规划[J]. 海洋通报，（2）：58-65.

[129] 张路，欧阳志云，徐卫华. 2015. 系统保护规划的理论、方法及关键问题[J]. 生态学报，35（4）：1284-1295.

[130] 张强胜. 2016. 基于最小费用距离模型的基本农田空间连片性评价与分析[D]. 广州：华南农业大学.

[131] 张志东，臧润国. 2007. 海南岛霸王岭热带天然林景观中主要木本植物关键种的潜在分布[J]. 植物生态学报，31（6）：1079-1091.

[132] 赵智聪，彭琳. 2020. 国家公园分区规划演变及其发展趋势[J]. 风景园林，27（6）：73-80.

[133] 郑仕华. 2006. 石林风景区利益相关者及其协调机制研究[D]. 昆明：云南师范大学.

[134] 郑文娟，李想. 2018. 日本国家公园体制发展、规划、管理及启示[J]. 东北亚经济研究，2（3）：100-111.

[135] 钟林生，唐承财，郭华. 2010. 基于生态敏感性分析的金银滩草原景区旅游功能区划[J]. 应用生态学报，21（7）：1813-1819.

[136] 周道玮，姜世成，王平. 2004. 中国北方草地生态系统管理问题与对策[J]. 中国草地，1：58-65.

[137] 左潇潇. 2019. 云南省物种和生态系统保护优先区识别和保护效率分析研究[D]. 昆明：云南大学.

[138] Aber J D，Jordan W. 1985. Restoration ecology an environmental middle ground[J]. Bioscience，35（7）：399.

[139] Bibby C J. 1992. Putting biodiversity on the map：Priority areas for global conservation[M]. Cambridge：International Council for Bird Preservation.

[140] Burley F W. 1988. Monitoring biological diversity for setting priorities in conservation[M]. Washington，DC：National Academy Press：227-230.

[141] Cairns J J. 1977. Recovery and restoration of damaged ecosystems[M]. Charlottesvill：University Press of Virginia.

[142] Caraher D，Knapp W H. 1995. Assessing ecosystem health in the Blue Mountains. Silviculture：from the cradle of forestry to ecosystem management[R]. General technical report SE-88（U. S. Forest），Southeast Forest Experiment Station，U. S. Forest Service，Hendersonville，North Carolina.

[143] Clarkson M E. 1995. A stakeholder framework for analyzing and evaluating corporate social performance[J]. Academy of Management Review，20（1）：92-117.

[144] Cohen K J，Rhenman E. 1971. Games in business and industry-selected references[J]. The Study of Games：310.

[145] Eggermont H，Verchuren D. 2010. Limnological and ecological sensitivity of Rwenzori mountain lakes to climate warming[J]. Hydrobiologia，648（1）：123-142.

[146] Ehrenfeld D. 1981. The arrogance of humanism[M]. London：Oxford University Press.

[147] ESRI（Environment Systems Research Institute）. 1991. Cell-based modeling with grid[M]. US：ESRI，Inc.

[148] Freeman R E. 1983. Strategic management：A stakeholder approach[J]. Advances in Strategic Management，1（1）：31-36.

[149] Game E，Grantham H. 2008. Marxan user manual：For Marxan version 1.8.10. University of Queensland，St Lucia. Queensland and Pacific Marine Analysis and Research Association，Vancouver.

[150] Gene L. 1998. A adaptive approach to planning and decision-making[J]. Landscape and Urban Planning，40：81-87.

[151] Grimble，Wellard. 1997. Stakeholder methodologies in natural resource management：A review of

principles，contexts，experience and opportunities[J]. Agricultural Systems，2：173-193.

[152] Hutchinson G E. 1995. The niche：An abstractly inhabited hyper volume the ecological theatre and the evolutionary play[M]. New Haven：Yale University Press.

[153] Ivan Muzik. 2001. Sensitivity of hydrologic systems to climate change[J]. Canadian Water Resources Journal，26（2）：233-252.

[154] James B，James R，Crystal E，et al. 2006. VERP：Putting principles into practice in yosemite national park[J]. The George Wright Forum，23（2）：73-83.

[155] Janeth，Jesus M，Elisa B. 2014. Maximizing species conservation in continental Ecuador：A case of systematic conservation planning for biodiverse regions[J]. Ecology and Evolution，4（12）：2410-2422.

[156] Kaaapen J P，Scheffer M，Harms B. 1992. Estimating habitat isolation in landscape planning[J]. Landscape and Urbain Planning，23（1）：1-16.

[157] Kauffman R. 1995. Ecological approaches to riparian restoration in northeast Oregon[J]. Restoration and Management Notes，13：12-15.

[158] Lamd D. 1994. Reforestation of degraded tropical forest lands in the Asia-Pacific region[J]. Journal of Tropical Forest Science，7（1）：1-7.

[159] Larson E R，Olden J D. 2012. Using avatar species to model the potential distribution of emerging invaders[J]. Global Ecology and Biogeography，21（11）：1114-1125.

[160] Li W，Wang Z，Ma Z，et al. 1999. Designing the core zone in a biosphere reserve based on suitable habitats：Yancheng Biosphere Reserve and the red crowned crane（*Grus japonensis*）[J]. Biological Conservation，90（3）：167-173.

[161] Lombard A T. 1995. The problems with multi-species conservation：do hotspots，ideal reserves and existing reserves coincide？[J]. South African Journal of Zoology，30：145-163.

[162] Lugo A E. 1988. The future of the forest ecosystem rehabilitation in the tropics[J]. Environment，30（7）：17-25.

[163] Margules C R，Pressey R L. 2000. Systematic conservation planning[J]. Nature，405（6783）：243-253.

[164] Marsili-Libelli S，Giusti E，Nocita A. 2013. A new instream flow assessment method based on fuzzy habitat suitability and larger scale river modelling[J]. Environmental Modelling & Software，41（1）：27-38.

[165] Mesterton-Gibbons M. 2000. A consistent equation for ecological sensitivity in matrix population analysis[J]. Tree，15（3）：115.

[166] Michael J P，Jacquelyn A O. 1998. Exploratory examination of whether marketers include stakeholders in the green new product development Process[J]. Journal of Cleaner Production，6（3）：269-275.

[167] Mitchell A，Wood D. 1997. Toward a theory of stakeholder identification and salience：Defining the principle of who and what really counts[J]. Academy of Management Review，22（4）：853-886.

[168] Myers N，Mittermeier A R. 2000. Biodiversity hotspots for conservation priorities[J]. Nature，403：853-858.

[169] Myers N. 1990. The biodiversity challenge：Expanded hot-spots analysis[J]. Environmentalist，10（4）：243-256.

[170] Parker V T. 1997. The scale of successional models and restoration ecology[J]. Restoration Ecology，5（4）：301-306.

[171] Pearson D L，Cassola F. 2010. World-wide species richness patterns of tiger beetles（Coleoptera：Cicindelidae）：Indicator taxon for biodiversity and conservation studies[J]. Conservation Biology，6（3）：376-391.

[172] Peterson A T，Watson D M. 1998. Problems with areal definitions of endemism：The effects of spatial scaling[J]. Diversity and Distributions，4：189-194.

[173] Podolsky R. 1995. Satellite prospecting：Estimating "hotspots" of biodiversity from digital Earth imagery[J]. Diversity，11：16.

[174] Ren H，Peng S L. 1998. Restoration and rebuilding of degraded ecosystem[J]. Youth Geography，3（3）：7-11.

[175] Rosion H. 1985. Duties to endangered species[J]. BioScience，35：718-726.

[176] Scott J M，Davis F W，Csuti B，et al. 1993. Gap analysis：A geographic approach to protection of biological diversity[J]. Wildlife Monographs，57（4）：1-41.

[177] Shaffer M L. 1981. Minimun population sizes for species conservation[J]. BioScience，31：131-134.

[178] Shawn W L. 2003. Assessing endemism at multiple spatial scales，with an example from the Australian vascular flora[J]. Journal of Biogeography，30：511-520.

[179] Soule M E. 1985. What is conservation biology[J]. Bioscience，35：727-734.

[180] Stankey G H. 1984. Limits of acceptable change：A new framework for managing the Bob Marshall wildness complex[J]. Bioscience，10（3）：453-473.

[181] Svenning J C，Skov F. 2005. The relative roles of environment and history as controls of tree species composition and richness in Europe[J]. Journal of Biogeography，32（6）：1019-1033.

[182] Usher M B. 1986. Wildlife conservation evaluation[M]. London：Chapman Hall.

[183] Vincent B，Wendy F. 2019. Conservation gaps and priorities in the Tropical Andes biodiversity hotspot：Implications for the expansion of protected areas[J]. Journal of Environmental Management，232：387-396.

[184] WCED. 1987. Our common future（Brundtland Commission Report）[M]. New York：Oxford University Press.

[185] Williams P，David G. 1996. A comparison of richness hotspots，rarity hotspots，and complementary areas

for conserving diversity of British birds[J]. Conservation Biology，10：155-174.

[186] Wu T Y，Walther B A，Chena Y H，et al. 2013. Hotspot analysis of Taiwanese breeding birds to determine gaps in the protected area network [J]. Zoological Studies，52（1）：1-15.

[187] Xu Z L，Zhao C Y，Feng Z D. 2012. Species distribution models to estimate the deforested area of Picea crassifolia in arid region recently protected：Qilian Mts. national nature reserve（China）[J]. Polish Journal of Ecology，60（3）：515-524.